U0887917

丘柳东 王牛 李瑞峰 陈阳 | 主编

机器人构建实战

“创意之星”工程套件实践与创意

ROBOT

人 民 邮 电 出 版 社
北 京

图书在版编目（CIP）数据

机器人构建实战 ： “创意之星”工程套件实践与创意 / 丘柳东等主编. -- 北京 ： 人民邮电出版社, 2017.5
ISBN 978-7-115-44990-0

Ⅰ. ①机… Ⅱ. ①丘… Ⅲ. ①机器人—基本知识 Ⅳ. ①TP242

中国版本图书馆CIP数据核字(2017)第073728号

内 容 提 要

随着科技的不断发展，软硬件之间的整合越来越密切，机器人也在这样的大环境下获得了前所未有的发展。本书是一本基础的介绍机器人设计与搭建的指南，能够帮助更多的人了解机器人。

本书通过6篇，共计30章内容，全面细致地向读者介绍了有关机器人的相关知识。本书从基础知识讲起，分别介绍了避障机器人、除障机器人、全向运动机器人以及几个综合项目。

本书内容全面、讲解细致，可作为高等院校的机械、电子、计算机、自动化等相关专业学生的机器人课程与实训的指导用书，也可供机器人爱好者及参加机器人比赛的师生选用。

◆ 主　　编　丘柳东　王　牛　李瑞峰　陈　阳
责任编辑　胡俊英
责任印制　焦志炜
◆ 人民邮电出版社出版发行　　北京市丰台区成寿寺路11号
邮编　100164　　电子邮件　315@ptpress.com.cn
网址　http://www.ptpress.com.cn
固安县铭成印刷有限公司印刷
◆ 开本：800×1000　1/16
印张：18.5　　　　2017年5月第1版
字数：348千字　　　　2024年7月河北第3次印刷

定价：59.00元

读者服务热线：(010)81055410　印装质量热线：(010)81055316
反盗版热线：(010)81055315
广告经营许可证：京东市监广登字20170147号

作者简介

丘柳东，男，博士，重庆工业职业技术学院副教授，参与多个国家及重庆市自然科学基金项目，主要研究与感兴趣的方向为机器人感知、全向视觉、实时图像处理、智能控制等。负责机器人相关课程的教材编写与教学，负责并参与重庆机电骨干师资培训、重庆市骨干专业建设、学院机器人相关实验实训室建设，指导学生多次参加国家级与重庆市的机器人竞赛并获得较好名次。

王牛，男，博士，重庆大学副教授，中国自动化学会智能控制专业委员会委员，中国机器人大赛技术委员会委员，主持并参与多个国家及重庆市自然科学基金，主要研究与感兴趣的方向为智能控制、复杂系统控制、机器人运动控制、系统辨识与建模。作为主要撰写人在国际国内发表 SCI、EI 学术论文 20 余篇，获中国授权发明专利 5 项。自 2003 年以来指导研究生、本科生多次参加国家机器人竞赛并获得国家级一、二等奖。

李瑞峰，男，硕士，中国电子科技集团公司第 26 研究所工程师，多年从事针织装备集成控制技术及相关产品设计与开发方面的科研工作，以及智能机器人和电机系统建模与控制研究，发表学术论文 5 篇，并获授权实用新型专利 15 项。

陈阳，男，博士，2003 年 9 月至 2007 年 7 月本科就读于北京航空航天大学机械学院，2007 年 9 月至 2013 年 1 月师从国内著名机器人专家王田苗教授攻读博士学位，主要从事无人机、机器人的导航、制导与控制技术研究。现工作于龙岩学院机电工程学院，目前主持国家自然科学基金项目一项，福建省教育厅中青年项目一项，校内项目两项，入选福建省高校杰出青年科研人才培育计划。多次指导学生参加中国机器人大赛、福建省及全国光电设计竞赛并获得奖项，其个人获优秀指导老师。

前　言

机器人是 21 世纪发展最为迅速、应用前景最为广阔的科学技术领域之一。机器人技术综合运用了基础科学和应用工程技术的最新成果，是一个国家科技发展水平和国民经济现代化、信息化的重要标志，是世界强国重点发展的高技术之一。

近年来，机器人技术走进了人们工作和生活的各个角落，工业机器人在智能制造和工业 4.0 中发挥着重要作用，空间机器人帮助人类探索未知世界，家庭服务机器人为生活解决烦琐杂事等，这些示例无一不说明机器人技术越来越多地影响着人类的工作与生活方式，是人类不可或缺的帮手。对于以培养工程应用技能技术型人才为目标的现代高等教育体系来说，机器人技术的综合性和系统性，已经促使人们越来越多地将其应用于开展工程综合实践和创新教育了。

“创意之星”是什么

博创尚和科技有限公司生产的“创意之星”机器人套件是一套融合了控制、运动、感知等机器人主流技术，专门用于开展机器人教学、设计与制作的模块化套件，它可以利用各种构件快速搭建机器人主体，采用配套的图形化编程软件进行程序设计，搭建出各种功能与类型的机器人。利用本套产品开展教学与实训，可以激发学生的创新设计意识，加深学生对基础知识的理解，提高他们对各种理论知识与技能的综合应用能力，培养团队协作与互助精神，特别适合作为提升理工科学生系统认知能力的创新实践平台。

这套产品可依照以下方法使用：首先根据本书前 4 篇的内容，掌握本套产品的控制器、传感器、舵机的基本使用技能；其次，通过学习本书的综合项目，读者可以扩展自己的视野，根据工作、学习与生活的环境需求，发挥自己的主观能动性，设计并搭建各种类型的机器人以解决实际问题。

本书特色

本书旨在建立和提升读者的系统性思维、项目分析与实现的能力。在内容编排上，本书以工程应用为主，淡化理论知识。本书首先让读者了解项目要求，分析项目实现过程中需要的知识与技术，然后通过子任务的方式掌握这些知识与技术，最终实现整个项目的设计与实现，锻炼读者知识与技术的综合运用能力。

本书首先介绍了机器人技术的发展概况，通过典型机器人与知名机器人竞赛的介绍让读者对机器人的组成、分类及应用有一个粗略的了解。然后在此基础上，以创意之星机器人套件为对象，介绍了避障机器人、除障机器人、全向运动机器人 3 个项目，基本涵盖了机器人的主流知识与技术。在运动方式上，包含了关节、普通轮式、全向轮式等运动方式；在感知信息获取上，涉及开关量、红外测距、视觉等传感器技术；在控制算法上，详细讲解了轨迹控制、目标跟随等典型控制算法。之后还安排了 5 个综合项目，对之前未涉及但较为常见和重要的技术进行了讲解。在本书的最后，还对基于创意之星平台的实现进行了详细的讲解。

本书由多个单位的相关人员编写，其中重庆工业职业技术学院的丘柳东编写了第 9～21 章，重庆大学的王牛编写了第 1～8 章，中国电子科技集团公司第 26 研究所的李瑞峰编写了第 22～26 章，龙岩学院的陈阳编写了第 27～30 章，全书由丘柳东统稿。另外，重庆工业职业技术学院的易欣、岳海胜、徐浩文、邹东洋、付豪、张远、叶青涛、周圆等同学在机器人主体设计和搭建方面提供了帮助，北京博创尚和科技有限公司的各位工作人员在机器人软件和硬件的使用方面给予了很大的支持，在此表示衷心的感谢!

配套资源下载

本书各章节的实验项目配套有相应的示例源代码，可到博创尚和科技有限公司的网站下载。书中提到的所有配套资源均可在博创尚和公司的网站下载到。

目标读者

本书适合作为高等院校的机械、电子、计算机、自动化等相关专业学生的机器人课程与实训的培训教材使用，也可供高等院校相关专业师生和机器人爱好者自学使用。

联系我们

如果你对本书的内容有任何疑问，可以将问题发送到 lux@uptech-robot.com，或者加入 QQ 群（群号：428558643），我们将竭力为你解答。

目　录

第 1 篇　基础知识

第 2 篇 避障机器人

第 3 篇 除障机器人

第 4 篇　全向运动机器人

第 6 篇 基于创意之星平台的实现

第 1 篇

基础知识

第1章 绪论

1.1 机器人的产生与发展

在 20 世纪工业革命后技术和生产快速发展的背景下，捷克斯洛伐克作家卡雷尔·卡佩克（Karel Capek）根据原意为“劳役、苦工”的古代斯拉夫单词“robota”和原意为“工人”的波兰单词“Robotnik”，造出具有“奴隶机器”含义的新词 robot。其含义是一个具有人的外表、特征和功能的机器，是一种人造的劳力。1920 年在其剧本《罗萨姆的万能机器人》（Rossum's Universal Robots，R.U.R）中第一次公开使用。

机器人技术的产生和发展，主要源于以下 3 个方面。

首先，是人类自身发展的必然结果。随着人们探讨、认识、改造自然过程的不断深入，需要一种工具代替人类去从事复杂和繁重的体力劳动，实现人类对不可达世界的认识和改造。

其次，是二战后世界各国经济恢复与发展需求的必然结果。在第二次世界大战之后，由于人力资源缺乏，迫切需要一种工具代替工人进行大批量的生产制造活动，在提高生产效率的同时，降低人的劳动强度，恢复和促进本国经济的发展。

另外，是科学技术综合发展的必然结果。机械、制造、材料、电子，计算机、自动控制以及人工智能等相关理论与技术的发展，促使多学科交叉领域不断被发掘，这些多学科交叉领域需要一个综合载体进行检验与促进。一方面这些相关理论与技术为现代机器人技术的产生和发展提供了强大的保证，另一方面其综合发展水平决定了机器人技术的发展水平。

因此，机器人技术的产生和发展是人类与社会、科技发展的共同需要，对社会经济发展产生了重大影响。机器人技术汇集了众多主流学科的最新研究成果，是当代科学技术发展最活跃的领域之一。学习机器人技术，有利于了解与掌握当今科学技术的研究成果及其应用，适应当代科技与社会发展的需要。

1.1.1　古代机器人技术的萌芽

制造机器人是机器人技术研究者的梦想，代表了人类塑造自身、了解自身的一种强烈愿望。机器人技术虽然出现得比较晚，然而这一概念在人类的想象中却早已出现。自古以来，就有不少科学家和杰出工匠制造出了具有人类或动物特征的机器人雏形。

西周时期，我国的能工巧匠偃师就研制出了能歌善舞的伶人，这是我国最早具有文字记载的自动机械。

春秋后期，据《墨经》记载，我国著名木匠鲁班制造了一只能在空中飞行三日而不下的木鸟，这也是最早进行仿生研究的文字记载。

东汉时期，著名科学家张衡发明了地动仪、计里鼓车（见图 1.1）和指南车（见图 1.2）。记里鼓车每行进 500m，车上的木人击鼓一下；每行进 5km，击钟一下；具有复杂轮系装置的指南车，若车上木人运动起始指向南方，则该车无论左转右转、上坡下坡，指向始终不变，可谓精巧绝伦。

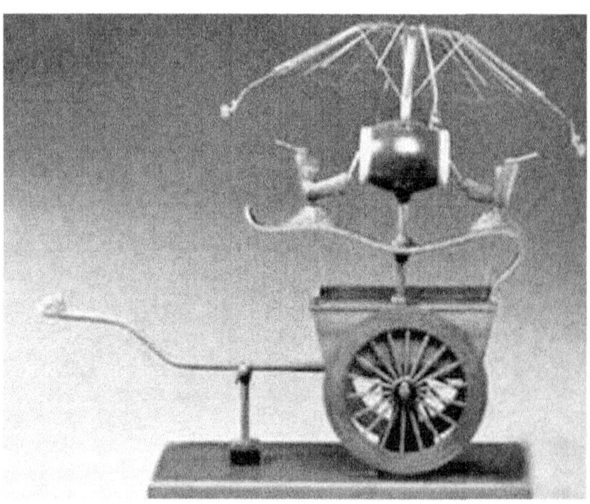

图 1.1　计里鼓车

图 1.2　指南车

1662 年，日本的竹田近江利用钟表技术发明了自动机器玩偶，并在大阪的道顿崛演出。

1738 年，为了实现把生物的功能机械化以进行医学上的分析，法国天才技师瓦克逊发明了一只机器鸭，它会嘎嘎叫，会游泳和喝水，还会进食和排泄。

1768～1774 年间，瑞士钟表匠德罗斯父子 3 人合作制造出 3 个像真人一样大小的机器人——写字偶人、绘图偶人和弹风琴偶人。它们是靠弹簧驱动、由凸轮控制的自动机器，至今还作为国宝保存在瑞士纳切尔市艺术和历史博物馆内。

由于技术水平的限制，古代的自动机械或装置大多只能依靠机械能（如利用弹性元件进行储存），甚至外部自然能源，无法主动获取外部信息进行自主控制，因此不能算是真正的机器人。

但是古代科学家制造的玩偶至今还有其价值。它为现代玩具制造业和近代机器人提供设计思想，激励科研人员不断提出新理论和新技术。

1.1.2 近代机器人技术的发展

能源是实现自动控制的基础，第二次工业革命后，由于电能的广泛使用，越来越多的自动化/半自动化设备应用到工业生产中。

20 世纪 50 年代以后，美国橡树岭国家实验室（Oak Ridge National Laboratory，ORNL）开始研究能搬运核原料的主从型遥控操纵机械手。系统中加入力反馈，可使操作者获知施加力的大小，操作者可通过观察窗或闭路电视对从机械手操作进行有效的监督。

在此前后，美国的戴沃尔（Ceorge G. Devol）设想了一种可控制的机械手。将数控机床的伺服轴与遥控操纵器的连杆机构连接在一起，预先设定的机械手动作经编程输入后，系统就可以离开人的辅助而独立运行。这种机器人的主要技术功能被称为可编程和示教-再现功能，一直在工业机器人领域沿用至今。

在此期间，一些实用化的机器人相继问世，1959 年第一台工业机器人在美国诞生，开创了机器人发展的新纪元。

1.1.3 现代机器人技术的发展

由于工业生产的需求，机器人技术首先在亟需劳动力的工业生产中应用并高速发展。此时的工业机器人以示教-再现方式工作。由人对机器人运动的轨迹、停留位置等进行设置。然后机器人依照设定的行为、顺序和速度重复运动。

随着自动控制技术和传感检测技术的发展，机器人开始安装传感器进行外部环境信息的获取，并通过反馈控制，使机器人能在一定程度上适应变化的环境，使机器人具备了智能性。

将人工智能与智能控制理论应用到机器人后，使得机器人具有了和一般自动化设备进行区分的主要标志。现在的机器人普遍具有多种感知功能，能够进行复杂的逻辑推理、判断及决策，具有发现问题且能自主地解决问题的能力。

机器人技术的发展水平也成为一个国家科技能力的重要评价指标。许多国家成立了机器人协会，相关的国际学术交流活动也日渐增多。不少知名大学也相继开设了机器人课程，开展机器人学的研究工作，并设立了机器人学学位。

1.2　机器人的定义

虽然机器人技术已经问世和发展了几十年，越来越受到人们的重视，并被广泛应用于各个行业。但是由于机器人技术还未完善，机器人这一名词却还没有一个统一、严格、准确的定义。不同国家、不同研究领域的学者给出的定义不尽相同。

结合不同领域科学家和组织给出的机器人定义，本书认为机器人应具有以下两个特性。

① 自主性：机器人可以不依赖人类的帮助，独立完成工作。

② 智能性：机器人能够根据外部环境信息的改变而输出不同的执行动作。

此外，对于以后机器人的发展，学习能力（能够进行自学习自修正）也是其区分于一般智能机器的重要特征。

1.3　机器人系统的组成

不同学科由于研究的侧重点不一样，对机器人的组成也有不同的理解与层次划分。不同的定义也会造成机器人的组成划分不一致。实际上，大部分的机器人系统组成部分或多或少都会存在重叠，并非没有共性。

本书认为一个较为完整的机器人系统由 3 部分、6 个子系统组成，如图 1.3 所示。这 3 部分是感知部分、执行部分和控制部分；6 个子系统分别是信息检测系统、信息融合系统、驱动系统、机械系统、人机交互系统、决策系统。

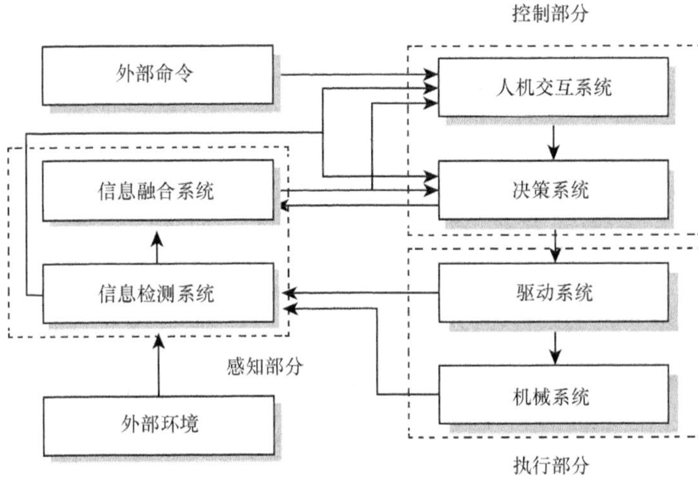

图 1.3 机器人系统的组成

1.3.1 控制部分

控制部分的重要性如同人的大脑，人类如果丧失了脑的思考能力，则变得如木偶一般。控制部分包括人机交互系统与决策系统两部分。

（1）人机交互系统

人机交互系统是使操作人员参与机器人控制并与机器人进行联系交流的子系统，人机交互系统涉及如何获取外部控制命令，以及如何表达自身的状态等。简单的人机交互可能只是一个报警信号，复杂的人机系统则可能涉及许多学科，例如通信技术（如何获取远程甚至是超远程的命令信息）、自然语言处理（如何分析操作人员的语言命令）等。

人机交互系统也有可能会借助感知部分获取必要的信息，例如在接收语音命令时，需要感知部分进行语音的检测与信号的转换，以及语音命令的分析等。

（2）决策系统

控制系统的任务是根据感知部分提供的感知信息以及执行任务要求，进行合理的分析与决策，提供执行指令给执行部分完成指定的运动和功能。感知部分如果对执行部分不进行监测，如一般工业机器人末端的移动，这样的控制方式称为开环控制；如果进行信息的反馈，如具有跟踪功能的机器人，这样的控制方式称为闭环控制。

控制系统可以很简单，如温度报警，只需要温度超过警戒温度立刻报警；也可以很复杂，美国 IBM 公司生产的深蓝超级国际象棋电脑，有 32 个大脑（微处理器），每秒可以计算 2 亿步。1997 年的深蓝超级国际象棋电脑可搜寻及估计随后的 12 步棋，而一名人类象棋高手大约可估计随后的 10 步棋。

1.3.2　感知部分

机器人的感知部分类似于人体中的各种感觉或者它们的综合，例如视觉、听觉等都属于感知部分。感知部分的主要任务是获取外部信息并进行信息处理与融合，对外界环境进行描述和理解，提供给决策部分，作为决策的参考或依据。

（1）信息检测系统

信息检测系统主要由传感器及其数据转换处理模块组成，获取环境状态中有意义的信息。信息检测系统可以分为内部传感器模块和外部传感器模块，内部传感器模块主要检测机器人的状态，例如速度、加速度、能量等，外部传感器模块主要检测机器人工作环境的状态，例如温度、场景分布等。检测到的信息可以直接被控制部分利用，并由控制系统直接做出判断（类似于人的条件或无条件反射），更多的是经过信息融合系统综合处理后再传送至控制部分（类似于人们综合客观环境影响后再做出判断和行动的过程）。

（2）信息融合系统

机器人身上一般会安装多个传感器，以便检测各种有用的环境状态。有些环境状态信息只需要单一的传感器进行检测，例如温度、湿度等状态，而有些环境状态则需要多个传感器进行配合，共同作用才能成功得到该环境状态的信息，这样就需要将多个检测信息进行融合处理，例如轮式机器人的速度，需要将各个轮子的速度检测后，再按照相应速度合成算法进行计算，才能得到最终机器人的速度。信息融合系统将相互独立的检测信息，融合成更高级的感知信息，能够帮助机器人更好地认知自身与外部环境。

1.3.3　执行部分

执行部分相当于人的躯干与血液系统。反映的是机器人最终的执行结果。缺少了执行部分的机器人，事实上只相当于一个信息处理器。执行部分的执行效果直接体现了机器人的控制智能，也在一定程度上影响机器人的总体智能。

（1）驱动系统

驱动系统主要指驱动机械系统的驱动设置，是机器人的动力来源。根据驱动源的不同，驱动系统可分为电动、液压、气动 3 种，以及把它们结合起来应用的综合系统。驱动系统可以与机械系统直接相连，也可通过传动装置与机械系统间接相连。驱动系统影响到机器人反应的快速性与准确性。

（2）机械系统

除了安装感知、控制部分与其他必要结构的机械机构外，机械系统主要是指机器人的运动结构，常见的运动结构有关节式、轮式、复合式等。关节式结构的机器人常见的有工业机器人（典型关节式）、类人型机器人（足式）；轮式机器人常见的有服务机器人、巡逻机器人等，轮式机器人的运动控制相对于足式机器人来说，控制简单，所以在服务领域应用广泛；复合式运动结构主要应用在复杂地形中，利于救援机器人，既要能在平底与低坡度表面运动，又能够做上下楼梯等升降运动。

1.4 典型机器人

当今社会，机器人已广泛地应用于工业、国防、科技、生活等各个领域。工业部门应用最多的当推汽车工业和电子工业，在机械制造行业也有普遍的应用，并逐渐向纤维加工、食品工业、家用产品制造等行业发展。

1.4.1 工业机器人

机器人首先应用于工业，使得工业生产成为机器人应用最成熟、最广泛的领域。随着工业机器人技术日趋成熟，形成了一批国际著名的工业机器人公司。并在工业领域的各个具体应用中各领风骚。各公司生产的典型工业机器人如图 1.4 所示。

(a) ABB 焊接机器人

(b) Staubli 装配机器人

图 1.4 典型工业机器人

(c) FANUC 搬运机器人

(d) KUKA 食品包装机器人

图 1.4　典型工业机器人（续）

（1）瑞典 ABB Robotics 公司

ABB 公司是世界上著名的机器人制造公司。1974 年，ABB 公司研发了全球第一台全电控式工业机器人 IRB6，主要应用于工件的取放和物料的搬运。1975 年，生产出第一台焊接机器人。到 1980 年兼并 Trallfa 喷漆机器人公司后，机器人产品趋于完备。至 2002 年，ABB 公司销售的工业机器人已经突破 10 万台，是世界上第一个突破 10 万台的机器人厂家。ABB 公司制造的工业机器人广泛应用在焊接、装配、铸造、密封涂胶、材料处理、包装、喷漆、水切割等领域。

（2）日本安川公司

1977 年，日本安川（Yaskawa）公司生产的 MOTOMAN-L10 成为日本国内首台全电动型工业机器人。1990 年，MOTOMAN（机器人）中心成立，致力于带电作业机器人的开发与应用。发展至今，安川机器人的总销量超过 30 万台，使得安川成为全球出货量最大的工业机器人生产商。安川公司生产的机器人活跃在焊接、搬运、装配、喷涂等应用领域，除了工业应用，安川机器人在无尘室与半导体制造的自动操作、医疗康复与家庭服务等方面也有较为广泛的应用。

（3）日本 FANUC 公司

FANUC 公司的前身致力于数控设备和伺服系统的研制和生产。1972 年，从日本富士通公司的计算机控制部门独立出来，成立了 FANUC 公司。FANUC 机器人产品系列多达 240 种，负重从 0.5kg 到 1.35t，广泛应用在装配、搬运、焊接、铸造、喷涂、码垛等不同生产环节，满足客户的不同需求。2008 年 6 月，FANUC 成为世界第一个突破 20 万台机器人的厂家；2011

年，FANUC 全球机器人装机量已超 25 万台，市场份额稳居第一。

（4）德国 KUKA Roboter Gmbh 公司

KUKA Roboter Gmbh 公司位于德国奥格斯堡，是世界顶级工业机器人制造商之一，1973 年研制开发了 KUKA 的第一台工业机器人。该公司工业机器人年产量接近 1 万台，已在全球安装了 6 万台工业机器人。这些机器人广泛应用在仪器、汽车、航天、食品、制药、医学、铸造、塑料等工业上，主要应用于材料处理、机床装料、装配、包装、堆垛、焊接、表面修整等领域。

1.4.2 智能汽车

智能汽车是一个集环境感知、规划决策、多等级辅助驾驶等功能于一体的综合系统，是典型的高新技术综合体。智能汽车通过车载传感系统和信息终端实现与人、车、路等的智能信息交换，使车辆具备环境感知能力，能够自动分析车辆行驶的安全及危险状态，并使车辆按照人的意愿到达目的地，最终实现替代人来操作的目的。智能汽车操控如图 1.5 所示。

(a)

(b)

图 1.5 智能汽车操控

IT 巨头与汽车企业采用完全不同的技术路线：IT 巨头凭借强大的后台数据、网络技术、智能软件的支持，能够很好地实现汽车与云端的互联；而汽车企业则更多地考虑到车辆的实用性和安全性，固守汽车本身的优势。

2012 年 8 月，谷歌宣布其研发的无人驾驶汽车已经在计算机的控制下安全行驶了 48 万 km。其装置价格昂贵，大约需 30 万美元，难以大规模推广应用，其本质符合军用智能车的技术特点。

宝马、福特等汽车巨头选择了更具实用性的民用智能车技术路线。在技术装置方面主要采用常规的雷达、摄像机等进行环境感知和识别，通过基于车联网的协同式辅助驾驶技术进行智能信息交互，结合 GPS 导航实现路径规划，并且更加注重机电一体化系统动力学及控制技术的研发，成本低廉，便于大规模推广应用。

现在的智能汽车还处于具有限制条件的无人驾驶层次，实现全工况无人驾驶层次还需要攻克许多技术难关，完善各种交通辅助系统，以及解决相关的法律道德问题。

1.4.3　仿人机器人

仿人机器人能够模仿人的形态和行为，一般分别或同时具有仿人的四肢和头部。在仿人机器人领域，日本和美国的研究最为深入。日本方面侧重于外形仿真，美国则侧重用计算机模拟人脑的研究。

在 2005 年日本爱知世博会上，大阪大学展出了一台名叫 ReplieeQ1expo 的女性机器人。该机器人的外形复制自日本新闻女主播藤井雅子，动作细节与人极为相似，如图 1.6 所示。参观者很难在较短时间内发现这其实是一个机器人。

由日本本田公司研制的仿人机器人 ASIMO（Advanced Step Innovative Mobility，高级步行创新移动机器人），是目前最先进的仿人行走机器人。ASIMO 身高 1.3m，体重 48kg。可以像人类一样行走、奔跑、上楼梯，如图 1.7 所示。它的行走速度是 0～9km/h，可以实现像人类一样地平稳直线慢跑。

图 1.6　藤井雅子与以她为原型的机器人

图 1.7　ASIMO

此外，ASIMO 的多手指机器手令其可以灵巧地展示其执行任务时的灵活性，比如捡起地上的玻璃瓶并可以通过手指将其瓶盖慢慢拧开，或者可以手持一个纸杯去接另一只手侧倾所倒出的液体，并可确保纸杯不发生挤压形变。此外，ASIMO 还可以通过手指的复杂动作来进行手语的正常表达。

1.4.4 仿生机器人

仿生机器人是指模仿生物、从事具有生物特点工作的机器人。仿人机器人也属于仿生机器人的一种。

仿生机器鱼技术是近年来水下机器人领域研究的热点之一。仿生机器鱼技术为研制高效、高机动性和低噪声的水下运载器提供了新的思路。这种机器人的设计基于鱼仔水中游动的力学特性及其身体结构分析，其推进机理引起了越来越多研究者的兴趣。美国研制出一条名叫查理的机器金枪鱼，长 1.32m，由 2843 个零件组成，如图 1.8（a）所示。通过摆动躯体和尾巴，能像真的鱼一样游动，速度为 7.2km/h。

在机器人向智能机器人发展的时程中，美国麻省理工学院的教授布鲁克斯提出“反对机器人必须先会思考才能做事”的观点，并认为，用许多简单的机器人也可以完成复杂的任务。在学生的帮助下，制造出一批蚊型机器人（见图 1.8（b）），取名昆虫机器人。

(a) 机器金枪鱼

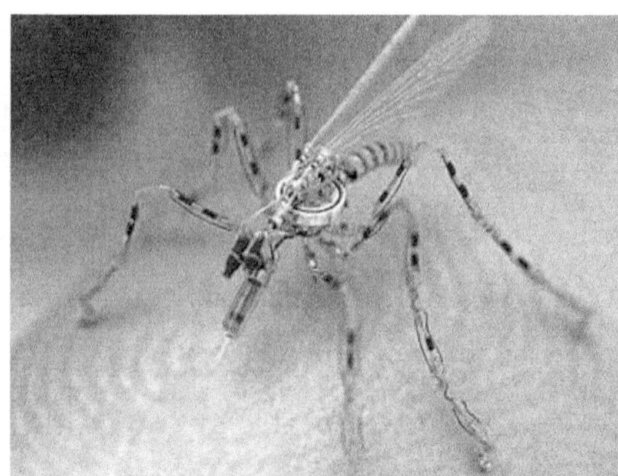

(b) 蚊型机器人

图 1.8 仿生机器人

此外，圣地亚哥市动物园的电子机器鸟，能模仿母兀鹰，准时给小兀鹰喂食；日本和俄罗斯制造了一种电子机器蟹，能进行深海控测，采集岩样，捕捉海底生物，进行海下电焊等作业。

1.4.5　军事机器人

军事机器人是指出于军事目的而研制的自动机器人，在未来战争中，机器人将成为军事行动的绝对主力。

（1）BigDog

大狗机器人 BigDog 是由波士顿动力学工程公司（Boston Dynamics）研究设计，由美国国防部高级研究计划署（DARPA）资助研制的。BigDog 是一种形似机械狗的四足机器人（见图 1.9），其升级版名为 Alpha Dog。

图 1.9　BigDog

BigDog 能够在战场上发挥重要作用：为士兵运送弹药、食物和其他物品。其原理是由汽油机驱动的液压系统能够带动其有关节的四肢运动，陀螺仪和其他传感器帮助机载计算机规划每一步的运动。机器人依靠感觉来保持身体的平衡，如果有一条腿比预期更早地碰到了地面，计算机就会认为它可能踩到了岩石或是山坡，然后 BigDog 就会相应地调节自己的步伐。

（2）Petman

Petman（见图 1.10）是美国波士顿动力公司研制出的一种像真人一样四处活动的机器人，能够保持自身平衡，移动自如，保持稳定的步伐行走，并能暴露在化学武器或者放射性环境下进行各种防护服承压测试运动。同时，这款机器人还能模拟人类生理学特征，在必要情况下穿着防护服实现控制体温、湿度和出汗，从而提供真实的测试状态。

此外，像日本福岛反应堆、消防救灾等危险区域可以让 PetMan 机器人代替人类进行操作，它们不会像人类一样担心遭受放射性物质的辐射。

（3）X-47B 无人机

X-47B 于 2011 年 2 月 4 日在美国加利福尼亚州爱德华兹空军基地首飞成功。并在 2013 年 5 月 14 日成功从乔治 • 布什号航空母舰上弹射起飞成功，是第一架能够从航空母舰上起飞并自行回落的隐形无人轰炸机。

X-47B 无人机（见图 1.11）是人类历史上第一架无需人工干预、完全由电脑操纵的无尾翼、喷气式无人驾驶飞机，可以利用计算机系统处理起飞、降落乃至空中加油等各项指令，也可在无人干预的情况下自动执行预编程任务，以超过 500 英里(约合 800km)的时速在 40000 英尺（约合 12000m）的高空飞行，在躲避雷达监测的同时向千里之外的目标发起攻击。因此，X-47B 可大幅突破人类飞行员的身体承受极限，将美军飞行器的滞空时间从 10h 提升至 30h 左右。

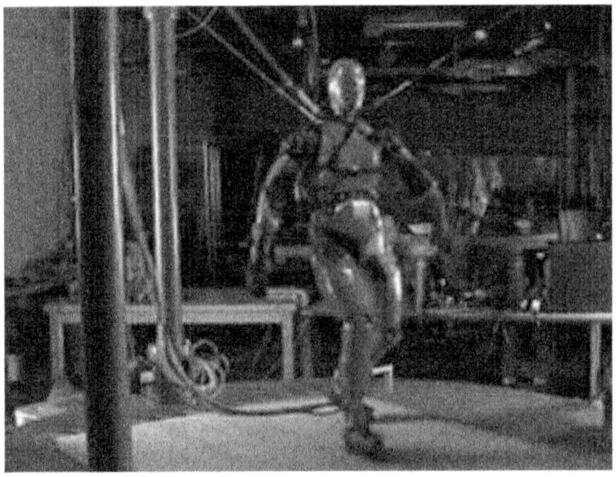

图 1.10 Petman

图 1.11 X-47B 无人机

1.4.6 空间探测器

空间探测器（Space Probe）又称深空探测器或宇宙探测器，是对月球和月球以外的天体和空间进行探测的无人航天器。空间探测器装载科学探测仪器，由运载火箭送入太空，飞近行星进行近距离观测，或着陆进行实地考察分析。

火星探测器是一种用来探测火星的人造卫星，主要用来研究火星的地质结构，探寻生命特征。最早发射火星探测器的是前苏联，比较出名的火星探测器有勇气号、机遇号和好奇号。

（1）勇气号火星探测器

2003 年 6 月 10 日，勇气号火星登陆探测器从美国的卡纳维拉尔角空军基地发射升空，在 206 个昼夜中完成长达 4.8 亿 km 的星际旅行。于 2004 年 1 月 3 日在降落火星表面后将面临着巨大的挑战：寻找火星上可能存在的生命。

① 外形构造。勇气号长 1.6m、宽 2.3m、高 1.5m，重 174kg。探测器前部伸出一个桅杆式结构，装载双目视觉观测四周环境，如图 1.12 所示。以轮式运动为主，为了适应不同地形，6 个轮子安装在可活动的关节机构上，能够改变其高度与朝向。使用一个多关节机械臂作为主要的探测机构，上面带有多种工具。例如，显微镜成像仪、穆斯鲍尔分光计和阿尔法粒子 X 射线分光计，可以用来分析岩石的构成，在机械臂上还有一个精致的钻探设备，能在火星岩石上打出直径 45mm、深约 5mm 的洞，为研究岩石内部提供方便。

② 工作原理。勇气号依靠餐桌大小的太阳能电池板获得能源，理想情况下每天最多可在火星上漫步 20m。由于火星上沙尘暴和尘卷风并没有预计的严重，使得探测器的除尘功能有效发挥，太阳能帆板寿命延长，最终的科学考察时间（预定为 90 天）大大延长。

③ 勇气号的探索历程。

2003 年 6 月 10 日发射、2004 年 1 月 3 日着陆火星表面。 根据原本的设计，工作寿命只有 3 个月。

因为太阳能电池板的蒙尘，勇气号的电力供应一直在持续下降，2005 年 3 月 12 日和 2009 年 2 月 6 日两次大风吹散了尘埃，电力得到恢复。

2006 年，6 个车轮中的右前轮失灵。

2009 年 5 月，在通过特洛伊沙地时，车轮陷入软土，其中一个故障又使勇气号无法动弹，之后的观测一直被限制在原地，此后有过几次解救行动但都失败。

2010 年 1 月 26 日，NASA 宣布放弃拯救，勇气号从此转为静止观测平台。

2011 年 3 月 22 日，NASA 最后一次联络上勇气号。

2011 年 5 月 25 日，NASA 在最后一次尝试联络后结束勇气号的任务。

（2）机遇号火星探测器

机遇号火星探测器（见图 1.13）于美国东部时间 2003 年 7 月 7 日启程，追随先行一步的勇气号火星探测器，踏上了前往火星找寻水和生命存在的痕迹的旅程。

机遇号提供的证据表明，在过去的某个时间，火星表面曾流淌过水。并证实火星远古时期更温暖和潮湿，而非现今的遍布灰尘的寒冷沙漠状态。

机遇号打破了地外天体的运行距离纪录，达到 42.195km，超越了前苏联的月球 2 号，行驶距离比阿波罗登月时使用的月球车还远。

图 1.12 勇气号火星探测器

图 1.13 机遇号火星探测器

（3）好奇号火星探测器

好奇号火星探测器（见图 1.14）是美国第四个火星探测器，也是第一辆采用核动力驱动的火星车，总价值达到 25 亿美元。2011 年 11 月，好奇号火星探测器发射成功，顺利进入飞往火星的轨道。2012 年 8 月 6 日成功降落在火星表面，展开为期两年的火星探测任务。

图 1.14 好奇号火星探测器

2013 年 9 月，好奇号火星车发现，火星表面土壤按质量算约 2%是水分，这意味着每立方英尺（约 0.03m^3）的火星土壤能够获得约 1L 的水。今后如果有人登上火星，只需在火星表面铲起土壤，然后稍稍加热，就可获得水。

2014 年 12 月 9 日，好奇号采集到的数据揭示了火星盖尔陨坑中心位置的夏普山的形成之谜：夏普山极有可能是数百万年前大型河床的沉积物累积、风化形成的，而这对证明火星上曾存在湖泊的假设给出了有力支持。

2015 年 6 月 18 日，好奇号在火星陨石样本中发现大量甲烷，证明了火星上有微生物存在。

好奇号还将对火星的气候及地质情况进行评估，为美国实现将宇航员运送至火星进行探索做准备。

（4）嫦娥三号月球探测器

嫦娥三号月球探测器（见图 1.15）是嫦娥工程二期中的一个探测器，是中国第一个月球软着陆的无人登月探测器。由月球软着陆探测器和月面巡视探测器（又称“玉兔号”月球车）组成。为了能够应付极端温度条件下的恶劣环境，嫦娥三号采用了全球首创的热控两相流体回路以及此前从未在星上用过的可变热导热管，攻克在月球表面生存的难题。

(a)“玉兔号”月球车

(b) 着陆器

图 1.15　嫦娥三号月球探测器

嫦娥三号于 2013 年 12 月 2 日在中国西昌卫星发射中心发射，12 月 14 日成功软着陆于月球雨海西北部，15 日完成着陆器巡视器分离。

嫦娥三号的科学任务有：调查月表形貌与地质构造；调查月表物质成分和可利用资源；探测地球等离子体层和进行月基光学天文观测。

1.4.7　深海探测器

深海探测器（见图 1.16）可以完成多种科学研究及救生、修理、寻找、探查、摄影等工作。过去人们利用潜水器大多是探寻沉船宝物，这些潜水器都是没有动力的，它们须由管子和绳索与水面上的母船保持联系。20 世纪 50 年代以后，出现了各种以科学考察为目的的自航深潜器。

(a) 的里雅斯特号　　(b) 蛟龙号

图 1.16 深海探测器

1948 年瑞士的皮卡德制造出弗恩斯三号深潜器并下潜到 1370m。虽然载人舱严重进水，但开创了人类深潜的新纪元。

1951 年，皮卡德和他的儿子造出了著名的“的里雅斯特”号深潜器。深潜器长 15.1m，宽 3.5m，可载 3 人，1953 年 9 月在地中海成功下潜到 3150m。

1955 年“的里雅斯特”号卖给美国，同时皮卡德和他的儿子为美国建造新型的深潜器。新型“的里雅斯特”号于 1958 年建成，首次试潜就达到 5600m，第二年达到 7315m。

1960 年，美国利用最新研制的的里雅斯特号首次潜入世界大洋最深处——马里亚纳海沟，下潜深度 10916m。

1953 年，第一艘无人遥控潜水器问世，1980 年法国逆戟鲸号无人深潜器下潜 6000m。

1997 年 3 月 24 日，日本海沟号无人潜水探测器在太平洋关岛附近海区，从 4439t 级的“横须”号母船上放入水中，成功地潜到 10911m 深的马里亚纳海沟底部，这是无人探测器的潜水世界最高记录。

的里雅斯特号等深潜器属于探险型深潜器，其特点是一次性使用，空间狭小且不具备深海作业能力。具有实际作用的是载人作业型深潜器，主要任务是深海科研和作业。

美国的艾尔文号载人潜水器，最大下潜深度 4500m，在 1985 年，它找到泰坦尼克号沉船的残骸，如今已经进行过近 5000 次下潜，是当今世界上下潜次数最多的载人潜水器。

俄罗斯是当前世界上拥有载人潜水器最多的国家，比较著名的是 1987 年建成的“和平一号”和“和平二号”两艘潜水器，最大下潜深度 6000m 级，可以在水下停留 17～20h。

中国蛟龙号载人深潜器，最大下潜深度 7000m 级，2002 年建造，已完成热液取样、生物采集、海底布放等多项深海科考项目。2012 年 6 月 24 日，蛟龙号在西太平洋的马里亚纳海沟试验海域成功创造了载人深潜新的历史记录，首次突破 7000m，最深达到 7020m 海底。这意味着蛟龙号已经成为世界上下潜能力最深的作业型载人潜水器，可在占世界海洋面积 99.8%的广阔海域自由行动。

1.5 机器人组织及竞赛

1.5.1 RoboCup

机器人足球世界杯（Robot World Cup，RoboCup）是一个国际性的研究和教育组织，通过提供一个标准问题来促进人工智能和智能机器人的研究。1992 年 10 月，在日本东京举行的“关于人工智能领域重大挑战的研讨会”上，研究人员对制造和训练机器人进行足球比赛以促进相关领域研究进行了探讨。1996 年，RoboCup 国际联合会成立，并在日本举行了表演赛，以后每年举办一届。

RoboCup 选择足球比赛作为基本的领域，所以 RoboCup 通常也指该组织下的机器人世界杯足球锦标赛，以多智能体系统 MAS（Multi-Agent System）和分布式人工智能 DAI（Distributed Artificial Intelligence）为主要研究背景。通过提供一个标准的易于评价的比赛平台，促进 DAI 与 MAS 的研究与发展。

RoboCup 机器人足球（见图 1.17）是在动态不确定环境下对人工智能的考验，是以体育竞赛为载体的高科技对抗，是培养信息、自动化领域科技人才的重要手段，同时也是展示高科技水平的生动窗口和促进科技成果实用化和产业化的有效途径。机器人足球的研究融入了机器人学、机电一体化技术、通信与计算机技术、视觉与传感器技术、智能控制与决策等多学科的研究成果，反映出一个国家信息与自动化技术的综合实力。

目前 RoboCup 机器人足球世界杯的比赛类型包括以下几种：

① 足球比赛（RoboCup Soccer）。仿真组（Simulation League）、小型组（Small Size League）、中型组（Middle Size League）、标准组（Standard Platform League）、类人组（Humanoid League），如图 1.18 所示。

② 救援比赛（RoboCup Rescue）。仿真组（Rescue Simulation League）、机器组（Rescue

Robot League）。

③ 家庭（组）比赛。

④ 青少年比赛（RoboCup Junior）。足球机器人（Soccer Challenge）、救援机器人（Rescue Challenge）、舞蹈机器人（Dance Challenge）。

(a) 小型组

(b) 中型组

(c) 类人组

(d) 四腿组

图 1.17　RoboCup 主要比赛项目

中国机器人大赛暨 RoboCup 公开赛作为 RoboCup 的中国选拔赛，由中国自动化学会机器人竞赛工作委员会、RoboCup 中国委员会、科技部高技术研究发展中心主办，是中国最具影响力且最权威的机器人技术大赛、学术大会和展览，基本覆盖了中国现有最顶级的机器人专家和众多日本、美国、德国知名机器人学者，为当今中国乃至亚洲机器人尖端技术产业竞赛和国际顶尖人才汇集的活动之一。大赛从 1999 年开始已成功举办了十多届，北京、上海、广州、合肥、苏州、济南、中山、鄂尔多斯、兰州、徐州等地成功举办了历届大赛，其宗旨是通过组织机器人比赛和技术研讨，让更多的群众尤其是青少年学生了解机器人，喜爱机器人，向他们普及现代科学知识，为我国的机器人事业培养更多的优秀人才。同时通过机器人比赛和技术研讨，也为推动和促进机器人与自动化技术的发展与创新，为我国的快速持续发展贡献力量。机器人研究涉及多个学科，如力学、机械学、电子学、控制论、计算机科学等，学生在参加机器人比赛过程中不仅可以扩展知识面，还能促进学科交叉，迅速提高学生动手能力，培养学生的创新能力。

1.5.2　FIRA 组织及其竞赛

FIRA（见图 1.18）是国际机器人足球联合会（Federation of International Robot-Soccer Association）的缩写。1997 年 6 月，第二届微机器人足球比赛（MiroSot97）在 KAIST 举行，期间国际机器人足球联合会宣告成立。此后 FIRA 在全球范围内每年举行一次机器人世界杯比赛（FIRA Robot-Soccer World Cup），同时举办学术会议，供参赛者交流他们在机器人足球研究方面的经验和技术。

FIRA 至今已举行了十多届世界杯比赛，足迹遍布亚洲、欧洲、美洲和大洋洲，成为各类国际机器人竞赛中最具水平和影响力的赛事之一。除了一年一度的世界杯比赛以外，每年还有许多地区性的 FIRA 机器人足球比赛。蓬勃发展的机器人足球比赛对机器人足球的研究起到了巨大的推动作用。

FIRA 机器人足球主要比赛种类如下。

① HuroCup：类人机器人世界杯，由篮球、举重、足球等多个子项目组成，如图 1.18（a）所示。

② Amiresot：全自主（微型）机器人足球。

③ MiroSot：半自主（微型）机器人足球，如图 1.18（b）所示。

④ RoboSot：全自主（小型）机器人足球，如图 1.18（c）所示。

⑤ AndroSot：安卓类人机器人足球，如图 1.18（d）所示。

⑥ NaroSot：半自主（微小型）机器人足球。

⑦ SimuroSot：仿真机器人足球。

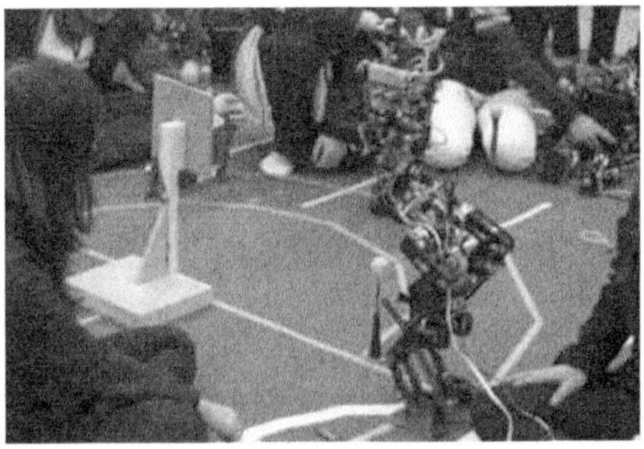

(a) HuroSot

(b) MiroSot

(c) RoboSot

(d) AndroSot

图 1.18 FIRA 部分比赛项目

(a) 2011 年第 10 届（主题：荷灯祈福）

(b) 2012 年第 11 届（主题：平安大吉）

图 1.19 亚太大学生机器人比赛现场

1.5.3 亚太大学生机器人大赛

亚太大学生机器人大赛（见图 1.19）的前身是日本广播协会的机器人比赛。该项赛事从 1988 年开始，于 1989 年成为日本 NHK 每年的赛事，命名为“全日本机器人大赛”。1990 年第一次邀请除日本之外的国外代表队参赛。2002 年由亚洲太平洋地区广播电视联盟（ABU）

倡导，每年举办一届，以选拔国内制作机器人的冠军队参加亚太区桂冠的争夺，自此成为一项国际性比赛。该赛事的宗旨是致力于培养各国青少年对于开发、研制高科技的兴趣与爱好，提高各参与国的科技水平，为机器人工业的发展发掘培养后备人才。涉及机械制图、电子技术、单片机、传感检测、自动控制、图像处理、计算机编程、电机拖动等多门学科的知识，通过赛事使学生对机器人有完整的系统认识，增强理论联系实践的能力，培养创新思维能力。

全国大学生机器人大赛（ROBOCON），也称全国大学生机器人电视大赛，之前为“CCTV 全国大学生机器人电视大赛”（2002-2012 年由中央电视台主办），是由团中央主办的全国性大学生科技活动，为亚太大学生机器人大赛中国地区的选拔赛。

亚太大学生机器人电视大赛每届都有一个不同的主题。在已举办的 14 届大赛中，中国代表队参加了 13 届，并取得了 5 次冠军、3 次季军的好成绩。

1.5.4　飞思卡尔杯智能车竞赛

飞思卡尔杯智能车竞赛（见图 1.20）起源于韩国，是韩国汉阳大学汽车控制实验室在飞思卡尔半导体公司资助下举办的以飞思卡尔单片机为核心的大学生课外科技竞赛。现在已发展成为一个国际性赛事。

大赛组委会提供一个标准的汽车模型、直流电机和可充电式电池，参赛队伍要制作一个能够自主识别路径的智能车，在专门设计的跑道上自动识别道路行驶，最快跑完全程而没有冲出跑道并且技术报告评分较高为获胜者。竞赛融科学性、趣味性和观赏性为一体，以迅猛发展、前景广阔的汽车电子为背景，涵盖控制、模式识别、传感技术、汽车电子、电气、计算机、机械、能源等多个学科的知识，对学生的知识融合和实践动手能力的培养，具有良好的推动作用。

(a) 光电组　　(b) 摄像头组

图 1.20　飞思卡尔杯常见组别的智能车

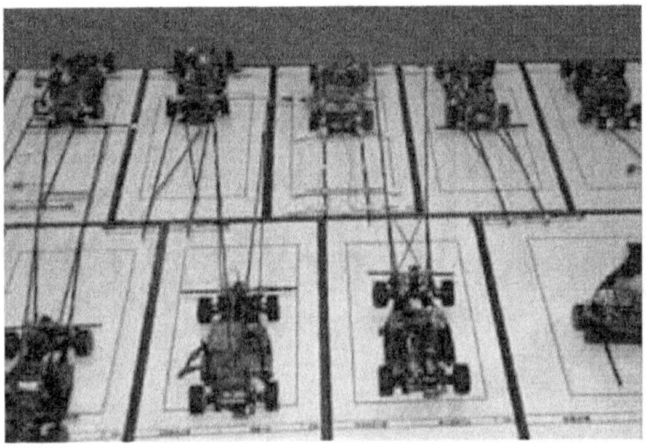

(c) 电磁组

(d) 直立组

图 1.20 飞思卡尔杯常见组别的智能车（续）

全国大学生飞思卡尔杯智能汽车竞赛为飞思卡尔杯国际赛选拔参赛队伍，由于参赛成本低、实验环境搭建比一般竞赛简易，使得全国 30 个省市自治区近 300 所高校积极响应，已发展成全国广泛参与的大学生课外科技竞赛。

竞赛分别设立光电组、摄像头组、电磁组、创意组等多个组别，常见组别的智能车如图 1.21 所示。全国竞赛首先在各个分赛区进行报名、预赛，各分赛区的优胜队将参加全国总决赛。

第2章 CDS5516 数字舵机调试与参数设置

学习目的

了解舵机的工作原理和运动特点，掌握舵机的调试与参数设置，为后续的机器人设计与制作打下基础。

任务要求

① 了解舵机的工作原理和运动特点。

② 能够正确对调试器进行硬件连线与设置。

③ 能够利用舵机专用软件测试舵机和进行参数设置。

2.1 舵机的基础知识

2.1.1 舵机及其工作原理

舵机主要用来控制转向，在船舶、飞机、航模等场合有着广泛的应用，如图 2.1 所示。机器人技术的兴起，足式和复合型运动机构运来越多地出现在机器人上，而这些机构都是舵机大展拳脚的地方。

除了外壳，舵机的核心组成部分（见图 2.2）包括直流电动机、减速齿轮（组）、角度传感器和控制电路，这 4 个部分使舵机成为一个带有角度反馈的自动控制系统。

其工作流程如图 2.3 所示，具体如下。

① 控制电路接收外部角度控制信号，判断直流电动机的转动方向。

② 驱动直流电动机转动，通过减速齿轮组将动力传至舵机摆臂。

③ 角度传感器检测当前角度信息并反馈给控制电路。

④ 判断是否已经到达指定角度，如果到达停止转动，否则继续转动。

(a) 船舶方向舵　　(b) 飞机方向舵　　(c) 航模舵机

图 2.1　常见小型舵机

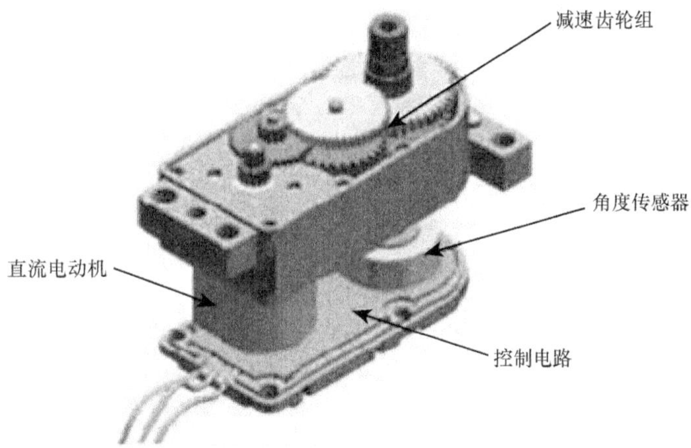

图 2.2　舵机的核心组成部分

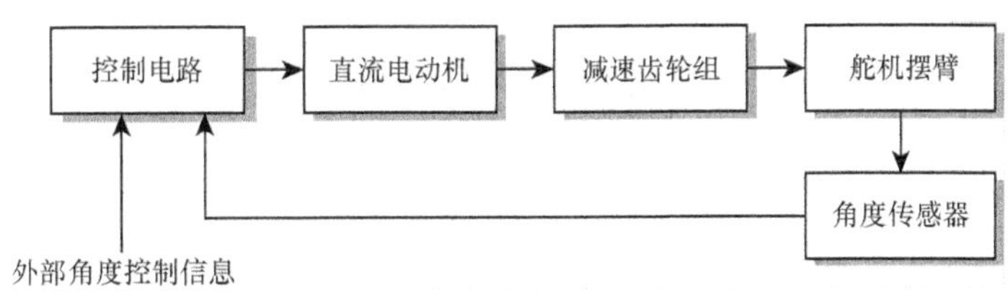

图 2.3　舵机的工作流程

舵机与普通直流电动机的区别如下。

转动范围不同：舵机在一定角度范围内运动，而直流电动机则是 360° 范围内转动。

反馈有无不同：普通直流电机无法反馈转动的角度信息，需要加装检测模块，舵机由于集成了角度传感器，能够反馈角度信息。

应用场合不同：普通直流电机一般是做动力用，主要是对转动的速度进行控制，舵机用于精确的角度控制，到达指定角度后会停止。

2.1.2　舵机的主要参数

舵机的参数是用来判断舵机性能高低的标准。舵机具有以下主要参数。

转动范围：舵机的最基础参数。舵机的转动范围一般在 360°以内，范围越大，适用场合越多。但是有可能角度分辨率越低。

最大转矩：代表舵机的负载能力。转矩的单位是 kg/cm，表示舵机在摆臂长度 1cm 处，能吊起几千克重的物体；

最大转动速度：表示运动性能的高低。转动速度的常见单位是/60°，意思是舵机转动 60°所需要的时间。

角度分辨率：表示舵机的角度转动精度，受到转动范围和量化值范围的共同影响。如果量化值固定，那么转动范围越大，角度分辨率则越低。

此外，舵机输出轴、减速齿轮采用的材质（常见为塑料和金属），也是判断舵机品质的一个重要标准。

2.1.3　数字舵机

传统的模拟舵机需要外部不断地提供 PMW 信号进行角度的定位。PWM 信号一般以 20ms 为一个周期，用一个（1.5±0.5）ms 的脉冲来控制舵机的角度。

数字舵机只需要发送一次 PWM 信号就能保持在指定的某个位置。由于具有模拟舵机没有的微处理器，数字舵机具有以下优势。

① 数字舵机可以在将动力脉冲发送到舵机马达之前，根据设定的参数对输入信号进行处理。这意味着控制脉冲的宽度，可以根据微处理器的程序运算而调整，以适应不同的功能要求，并优化舵机的性能。

② 数字舵机向电动机发送控制脉冲的频率更高。使得电动机在同一时间里收到更多的激励信号，反应更快。

因此，数字舵机的加速和减速更迅速、更柔和，能够提供更高的精度和更好的固定力量，防抖动功能更强。

2.1.4 博创 CDS5516 数字舵机

博创 CDS5516 数字舵机（见图 2.4）属于一种集电动机、伺服驱动、总线式通信接口为一体的集成伺服单元，主要用于微型机器人的关节、运动轮、履带驱动，也可用于其他简单位置的控制场合。CDS5516 数字舵机的特点如下。

① 大转矩：16kgf · cm 的持续转动输出转矩，大于 20kgf · cm 的位置保持转矩。

② 位置伺服控制模式下转动范围 0～300°。

③ 高转速：最高 0.16 s/60°输出转速。

④ 在速度控制模式（电动机模式）下可连续旋转，调速。

⑤ 总线连接，理论上可串联 254 个单元。

⑥ 0.32°位置分辨率，高达 1M 通信波特率。

⑦ 具备位置、温度、电压、速度反馈。

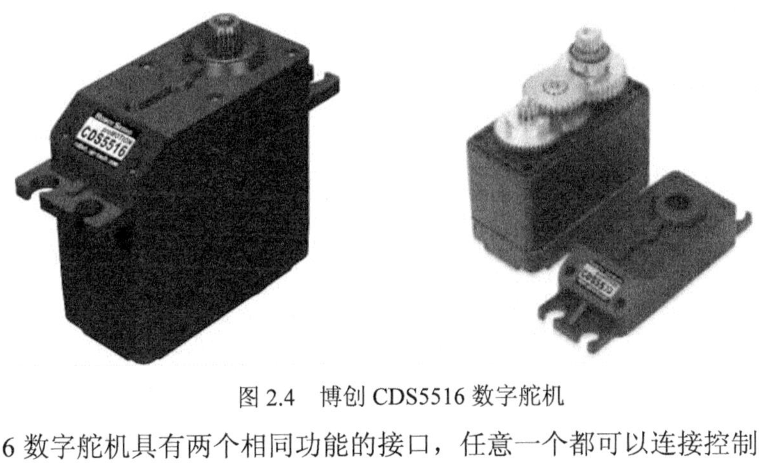

图 2.4 博创 CDS5516 数字舵机

CDS5516 数字舵机具有两个相同功能的接口，任意一个都可以连接控制器或其他舵机，满足在搭建的机器人进行舵机的串联。

2.2 利用舵机专用测试软件测试舵机及进行参数设置

博创提供了舵机的专用测试软件——Robot Servo Terminal，该软件的使用有以下几个步骤。

① Robot Servo Terminal 软件安装。

② UP-Debugger 多功能调试器的驱动安装。

③ UP-Debugger 多功能调试器的硬件连接及设置。

④ 搜索已连接的舵机与舵机性能测试。

⑤ 舵机 ID 的修改。

在完成步骤①和②后，以后的舵机测试及参数设计可以从步骤③开始。Robot Servo Terminal 软件的安装与一般软件安装没有区别，这里不再赘述。

Robot Servo Terminal 软件默认是英文界面，如果使用中文界面，关闭软件后，打开软件的安装目录，删除 EnDll.dll 文件，再次打开软件时则变成中文界面。

本书中使用的 Robot Servo Terminal 软件均采用英文界面。

2.2.1　UP-Debugger 多功能调试器的驱动安装

UP-Debugger 多功能调试器是 CDS5516 舵机的主要调试硬件。相对于其他的调试方式，通过调试器和 Robot Servo Terminal 可以调试和设置更多的舵机参数，以判断舵机的局部或总体性能。

图 2.5 显示了 UP-Debugger 多功能调试器进行舵机调试时所需的接口、指示、设置部件，通过模式选择按钮可以将调试器的工作模式在 RS232、AVRISP、SERVO 之间相互切换。调试舵机时，需要通过模式选择按钮将功能切换到 SERVO 模式。

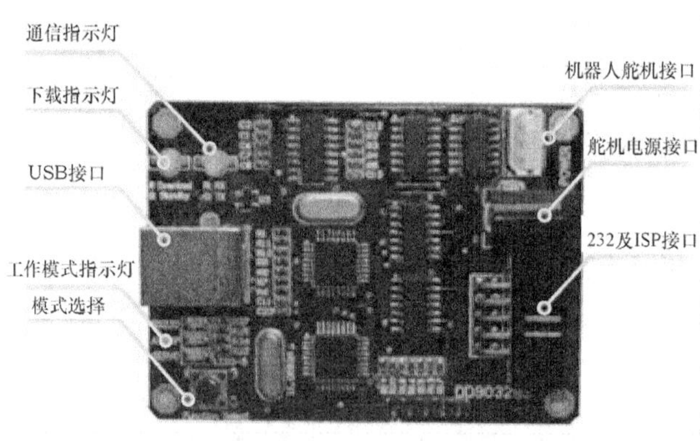

图 2.5　UP-Debugger 多功能调试器

在安装驱动程序之前，需要用数据线（见图 2.6）将调试器与计算机进行连接。如果是

WIN7 32 位和 WIN XP 操作系统，在数据线连接成功后，会自动弹出对话框进行安装驱动提示。用户可以通过制定路径来安装驱动。安装过程如下。

图 2.6 数据线

① 在界面选择“否、暂时不”，单击“下一步”按钮。

② 在新弹出的界面选择“从列表或制定位置安装（高级）”，单击“下一步”按钮。

③ 在弹出的对话框中找到驱动程序的文件夹，单击“确定”按钮开始安装驱动。

驱动安装成功后会在设备管理器中出现这个调试器的端口号。打开设备管理器有多种方式，以下是其中一种。

① 右击“我的电脑”或“计算机”图标，选择“管理”。

② 单击设备管理器，单击“端口（COM 和 LPT）”。

图 2.7 安装成功的端口

在列表中会添加系统分配给该调试器的端口号，如图 2.7 所示。括号内的“COM1”中的数字 1 即为端口号。

连接 USB 端口的不同，会导致端口号也不一样，由于可能安装了其他占用端口的软件，即使是同一品牌的计算机端口号也会有所区别，所以在每次利用 Robot Servo Terminal 软件测试舵机时，都需要到设备管理器去确定所使用的端口号。

当没有自动弹出对话框时，也可以打开设备管理器，按照 WIN7 64 位及以上操作系统进行驱动安装。与 WIN7 64 位及以上操作系统不同的是，只需要一次即可安装成功。

现在大多数计算机安装的是 WIN7 64 位或更高级的操作系统，在利用数据线连接调试器后，需要到设备管理器去手动更新驱动程序，打开设备管理器界面，进行以下操作。

① 右击新增带黄色问号的串口设备，一般标题为“”。

② 选择“浏览计算机以查找驱动软件”，单击“下一步”按钮。

③ 找到驱动文件，系统自动安装驱动，完成后关闭界面，端口设备的标题一般变为“USB Serial Port”，没有指名端口号，带黄色感叹号。

④ 如果黄色图标未消失，继续步骤①②。

⑤ 串口设备标题为“USB Serial Port（COM1）”时，带有端口号，驱动安装完成（COM 后面的 1 不固定，只起示意作用）。

2.2.2　UP-Debugger 多功能调试器的连接

测试舵机，需要调试器将舵机与计算机进行相连，具体步骤如下。

① 利用 USB 数据线连接调试器和计算机，数据线给调试器供电并传输测试指定和回传舵机的反馈信息。

② 利用舵机线将舵机连接至调试器。

③ 将电源适配器连接到调试器，实现舵机的供电。

④ 利用模式按钮切换到 SERVO 模式。

图 2.8　调试器电气连接示例

连接中需要注意以下几点。

① 对多个串联舵机进行测试时，需要明确每个舵机的 ID 是唯一的。如果存在两个舵机具有相同的 ID，则无法得到正确的调试结果或者软件出现错误。

② 调试器与计算机连接后，如果绿色指示 LED 灯不亮，需要检查调试器或数据线是否损坏。

③ 在软件界面操作时（向舵机发送指令），如果未能得到预期的结果，而此时红色指示 LED 灯没有闪烁，需要检查调试器是否损坏以及数据线是否连接好。

④ 电源适配器用来给舵机提供电源，必须接到调试器，否则无法检测到舵机。

2.2.3 利用 Robot Servo Terminal 检测舵机及 ID 修改

在 Robot Servo Terminal 软件打开后的操作界面如图 2.9 所示，包含以下 6 个功能组合框。

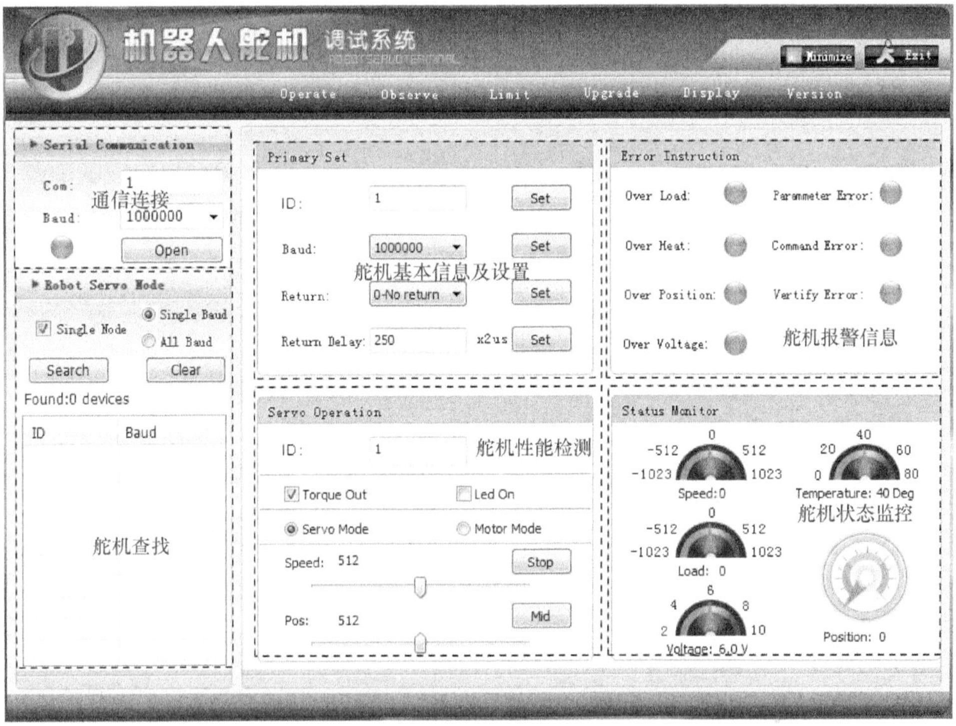

图 2.9　Robot Servo Terminal 软件操作界面

① 通信连接组合框：进行舵机与测试软件相连接的操作。

② 舵机查找组合框：进行舵机查找的操作。

③ 舵机基本信息及设置组合框：进行舵机基本参数的查看与设置操作。

④ 舵机性能检测组合框：进行舵机的性能检测操作。

⑤ 舵机报警信息组合框：显示舵机的报警信号。

⑥ 舵机状态监控组合框：一般与舵机性能检测组合框一起，为舵机性能的优劣判断提供必要的依据。

软件一开始默认显示的界面为 Operate 菜单的显示界面，对于其他菜单的显示界面及其操作可查阅相关资料。

（1）通信连接

通信连接是舵机测试的第一步，在设备管理器查找正确的端口号，填写到软件界面的 COM 文本框，如果端口号正确，按下“Open”按钮后，指示灯变成红色，按钮标题变成“Close”。

一般情况下，波特率 Baud 保持默认即可。

（2）舵机查找

打开端口后，可以接着查找连接到调试器的舵机，如图 2.10 所示。如果串联了多个舵机，需要将“Single Node”选项去掉。如果只是单个舵机，那么选择“Single Node”选项可以加快查找速度。

图 2.10　查找舵机

按下“Search”按钮，连接到调试器的舵机 ID 将显示在左下角的列表框内。此时“Search”按钮变成“Stop”按钮，按下“Stop”按钮，结束查找过程。

选择列表框中的一个舵机 ID，可以进行舵机基本信息的设置与舵机性能检测。

需要注意的是，如果没有选择舵机 ID 而直接进行其他操作，有可能会弹出乱码对话框，此时需要到任务管理器中去结束整个软件的运行，再重新打开软件进行操作。

（3）修改舵机 ID

每个 CDS5516 舵机都有自己单独的 ID 号，作为舵机的身份识别依据。即使断电后舵机

ID 也会自动保存。在同一个控制平台内，绝大部分情况舵机的运动各不相同，如果存在两个及以上相同 ID 的舵机，控制器无法正确控制舵机。所以需要在搭建之前，将所用的舵机 ID 设置成唯一。

舵机出厂时默认 ID 是 1。下面通过实例来介绍修改舵机 ID 的方法，将 ID 为 1 的 CDS55xx 的 ID 设置为 10，如图 2.11 所示。

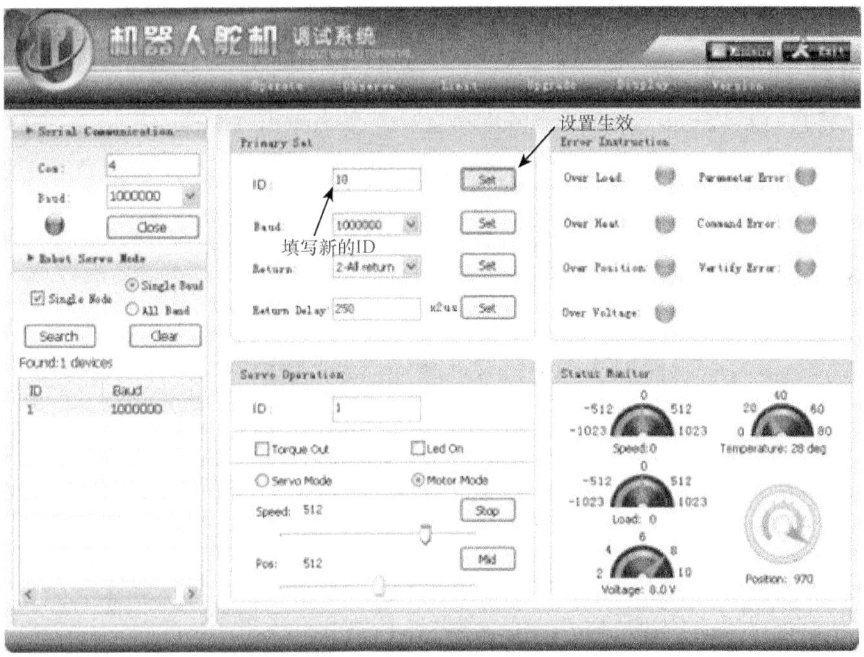

图 2.11　舵机 ID 修改

操作之前要确认单击了列表框中某个舵机的 ID（假设为 1），此时右侧 Primary Set 组合框中的 ID 输入框的内容自动替换成 1，将 ID 输入框中的内容修改为 10，单击旁边的 Set 按钮，这样舵机 ID 号由 1 变为 10。列表框中的舵机 ID 也会自动更新。

波特率（Baud）、返回值（Return）、返回延时（Return Delay）的设置方法与 ID 设置一样，一般不需要改变。

（4）舵机调试

舵机调试在 Servo Operation 组合框完成，功能介绍如下。

ID 输入框：用于输入当前组中操作对应的舵机 ID，此输入框自动更新为在搜索过程中选中舵机的 ID，或者是重新设置后的 ID，不建议手动输入。

Torque Out 复选框：选择后舵机输出转矩，否则舵机将保持转矩卸载状态。

Led On 复选框：打开 CDS5516 舵机内部的 LED 指示灯。

Servo Mode：设置舵机工作模式为（角度伺服）舵机模式。

Motor Mode：设置舵机工作模式为（直流调速）电动机模式。

Stop 按钮：电动机模式下，停止转动。

Mid 按钮：舵机模式下，回到中间角度（150°）。

电动机模式的测试：选择 Motor Mode 单选框，在 Speed 栏中拖动滑块，可以控制电动机相应的转速，正常情况下，速度绝对值越大，舵机的转速越大。当速度为负时，表示电动机反转。按 Stop 按钮可以将电动机停止。

电动机模式的调试需要注意以下几点。

① 界面显示的速度值不是真正的转速，但与实际转速成线性对应关系。

② 速度绝对值太小时，舵机会转动缓慢甚至无法启动，属于正常情况。一般在使用电动机模式下，速度绝对值不小于 300。

③ 在设置较大速度绝对值时，舵机转动缓慢，即使其他状态正常，那么此舵机也是有问题的舵机。

舵机模式的测试：选择 Servo Mode 单选框，在 Pos 栏中拖动滑块，可以将舵机转到相对应的位置（角度），按 Mid 按钮可以将舵机置于中间位置（512）。

舵机模式的调试需要注意以下几点。

① CDS5516 舵机的转动范围（0～300°）被线性放大到 0～1023，界面显示的角度值需要进行换算才能得到真正的角度值。

② 舵机的角度测试应在 0～1023 之间较为均匀地选择若干个测试点，测试舵机是否可以稳定到达设定的角度值，如果此时舵机无法停止或者发生抖动，则说明舵机出现问题。

（5）舵机状态监控

Status Monitor 组合框包含若干虚拟仪表盘，功能如下。

Speed：速度仪表盘。显示当前舵机的速度值，速度范围-1023～1023。

Temperature：温度仪表盘。显示当前舵机的温度，范围 0～80℃。

Load：Load 仪表盘。显示当前舵机的负载，范围−1023～1023。

Voltage：电压仪表盘。显示当前舵机的工作电压，范围 2～10V。

Position：位置仪表盘。显示当前舵机的位置，范围 0～1023。

在测试舵机的电动机模式时，Position 位置仪表盘可以间接辅助判断舵机的好坏。

① 如果 Position 位置仪表盘的指针能够在 0～1023 有效范围之间匀速转动，那么大致可以确定舵机的电动机与舵机模式均正常。

② 如果指针不动，说明舵机的舵机模式无法定位。

③ 如果指针在有效范围的某段直接跳过，则舵机模式会在此段范围内发生抖动。

在测试舵机的舵机模式时，Position 位置仪表盘显示的位置与设置的角度位置可能存在−3～3 的差值，属于正常误差范围，不应作为舵机有问题的依据。

（6）舵机报警信息说明

Error Instruction 组合框用于显示当前舵机的错误状态，在使用过程中，任何一种错误状态被触发，相应的状态指示灯都会变成红色。默认情况下，发生过载或过热时将强制卸载以保护舵机。错误标志的含义见表 2.1。

表 2.1 错误 LED 说明（红色）

名 称	详 细 说 明
Command Error	如果收到一个未定义的指令或收到 ACTION 前未收到 REG WRITE 指令
Over Load	位置模式运行时输出扭矩小于负载
Vertify Error	校验和错误
Parameter Error	指令超过指定范围
Over Heat	温度超过指定范围
Over Position	角度超过指定范围
Over Voltage	电压超过指定范围

在测试过程中，可能会出现 Over Position 变红的情况。如果舵机正常，那么一般是舵机在使用舵机模式时，定位的最终位置超出了 1023，此时将舵机位置设置在有效范围内即可取消该警示信号（使红灯变绿灯）。

2.2.4　舵机的完整测试过程

结合以上说明，可以得到完整的舵机测试过程。

① 按要求将舵机与计算机通过调试器连接。

② 打开 Robot Servo Terminal 软件，设置好端口号，查找舵机。

③ 选择需要测试的舵机 ID，如果需要修改 ID，在 Primary Set 组合框的 ID 框中输入修改后的 ID，按相应的“Set”按钮完成修改。

④ 电动机模式测试：选中 Motor Mode 单选框，在 Speed 栏中拖动滑块，查看电动机转速是否正常。此时可以通过 Position 位置仪表盘大致判断舵机模式是否正常。

⑤ 舵机模式测试：选中 Servo Mode 单选框，在 Pos 栏中拖动滑块，将舵机转到相对应的位置（角度），按 Mid 按钮可以将舵机置于中间位置（512）。通过 Position 位置仪表盘可以确定是否转动到设定位置。

第3章 图形化软件的使用

学习目的

了解 LUBY 控制器的特点与接口，初步掌握利用 crater 软件进行图形化编程和 MDK 进行直接 C 编程的步骤与要点。

任务要求

① 能够正确进行 LUBY 与计算机之间的硬件连接。

② 掌握相关控件的使用，能够正确编写液晶屏显示的图形化程序。

③ 了解相关系统函数，能够编写液晶屏显示的 C 语言程序。

④ 掌握两种不同编程方式下的程序下载。

3.1 LUBY 控制器简介

3.1.1 LUBY 控制器的特点

控制器是一款高性能机器人通用控制器。其接口丰富，使用方便，支持 U 盘下载程序，可储存多个用户程序并连行切换。控制器具有 IO、AD 数据输入接口，以及数字舵机输出接口，并支持蓝牙数据传输，是一款专为机器人竞赛而研制的控制器。

控制器采用意法半导体（ST）最新的 Cortex-M3 处理器作为主处理器，处理器频率为 72MHz，内部自带 265KB 程序存储器（Flash Rom）和 48KB 数据存储器（Ram），并通过外扩的 Flash 芯片，具有高达 1MB 的用户程序存储空间。

控制器功能高度集成，具有 16 路 IO 输入、4 路 IO 输出、16 路 12 位精度的 ADC 接口、一个支持级联的 CDS 系列数字舵机接口以及一个蓝牙无线传输模块，同时还具有 12 路可配置的外部中断输入接口，足以胜任一般机器人的控制要求。

控制器配置如下。

① 主处理器：STM32F103VCT6@72MHz。

② 1 个机器人数字舵机接口（支持级联），完全兼容 Robotis Dynamixel AX12+。

③ 8 路 R/C 通用接口。

④ 16 路 12 位精度 ADC 输入（0～5V）。

⑤ 4 路复用的 TTL 电平 IO 输出端口。

⑥ 16 路复用的 TTL 电平 IO 输入端口，GND/+5V/SIG 三线制。

⑦ 4 个用户可配置的按键输入。

⑧ 12 路复用的用户可配置的外部中断输入，其中包括 4 路按键输入。

⑨ 4 个用户可支配的计时器，最小计时单位 1μs，支持用户自定义计时器中断。

⑩ 用户程序 U 盘复制、删除方式。

⑪ 1MB 用户程序存储空间，单个程序最大 200K，最多可储存 20 个用户程序。

3.1.2　LUBY 控制器接口

控制器的接口分布在控制器的四周。如图 3.1 所示，控制器左侧一共有 9 个接口（分别是 6 个列排接口和 3 个横排接口），其中，GPIO 口为数字 IO 口，用于输入、输出信号，可以外接 LED、光电传感器等；UPLOAD 是使用 crater 图形化编程软件时的下载器对接口，三角处对应下载器三角。RS232 为板级间的 232 串口通信。

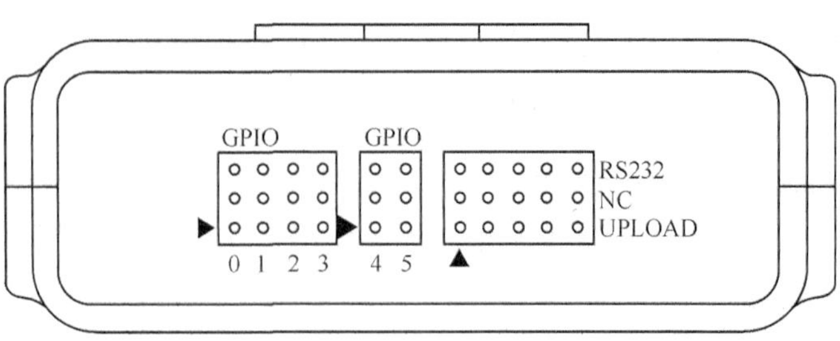

图 3.1　控制器左侧接口

控制器右侧分布了 ID 为 4～15 的 ADC 模拟输入端口，如图 3.2 所示。

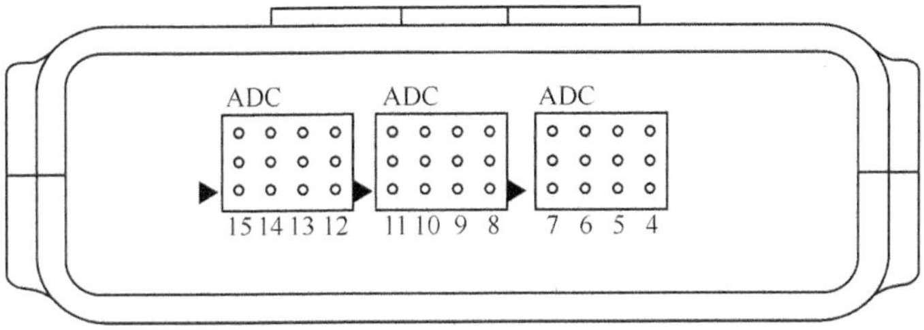

图 3.2　控制器右侧接口

控制器的前侧，左边分布了 ID 为 0～3 的 ADC 模拟输入端口，右边有两个舵机接口，其中 1 个接舵机线与外部电池相连接，另一个舵机口则接舵机。两个舵机端口可以互换，如图 3.3 所示。控制器的后侧提供了 mini USB 口，用于 MDK-ARM 模式下的下载程序以及 USB 下载方式，如图 3.4 所示。

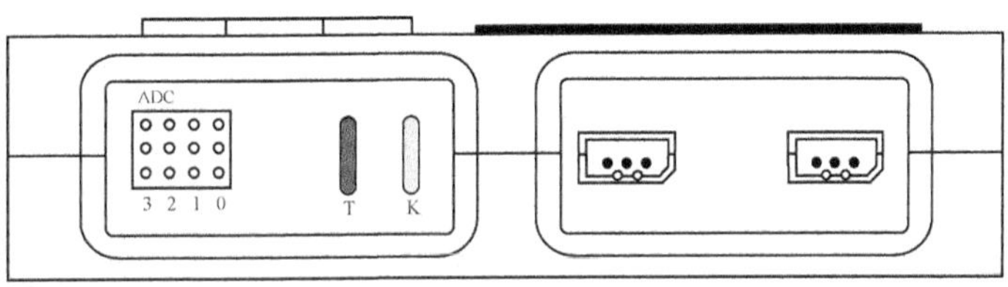

图 3.3　控制器前侧接口

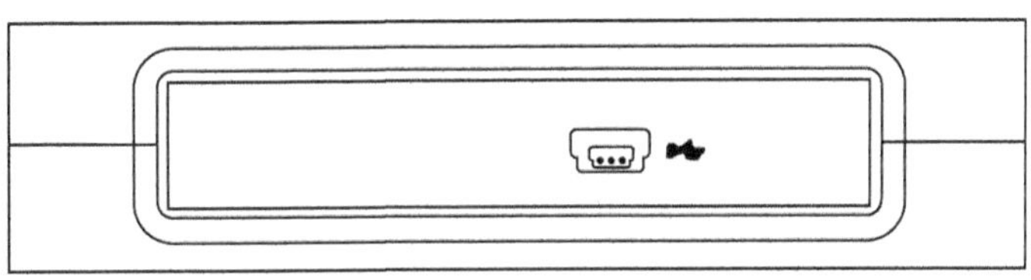

图 3.4　控制器后侧接口

控制器必须外接电池才能工作，电池盒上具有开关，使用时应注意。

3.2　工程新建、保存、打开与关闭

双击桌面的 Luby Crater 图标，打开图形化编程软件。Luby Crater 软件初始界面如图 3.5 所示，主要由菜单、工具栏、工具箱、输出 4 个模块组成。工具箱右侧的区域为预留的图形化编程区域和图形化程序对应的 C 语言代码显示区域。

图 3.5　Luby Crater 软件初始界面

3.2.1　新建工程

在“文件（F)”菜单下选择“新建项目”选项，在弹出的对话框（见图 3.6）中进行如下设置。

图 3.6　控制器选择与工程存放

控制器（选择）：保持默认，选择 LUBY 控制器。

（设置）存放路径：按“浏览”按钮，在弹出的路径选择界面上选择好工程文件的存放路径。

（填写）项目名称：项目名称的命名要求与一般文件的命名要求相同。

最后，按下“确定”按钮，新工程即建立完成。

3.2.2　保存、打开与关闭工程

保存工程：在工程编辑过程中，如果需要对项目进行保存，可以选择“文件”菜单下的“保存项目”选项。

打开工程：如果要打开已有的工程，可以选择“文件（F)”菜单下的“打开项目”选项，在弹出的打开对话框中按照一般打开文件的形式打开所需的工程文件，也可以直接到工程文件所在路径下打开工程文件。

关闭工程：在打开工程的情况下，选择“文件（F)”菜单下的“关闭项目”选项，即可退出该项目，如果选择“退出”选项，则退出整个图形化软件。

工具栏的前 4 个图标分别代表新建项目、打开项目、保存项目、关闭项目，可以快速实现本节的功能。

3.3 图形化编程界面说明

工程被打开或新建后，图形编程化界面如图 3.7 所示，除了原有的菜单及工具栏外，图形化软件会刷新和增加以下几个区域。

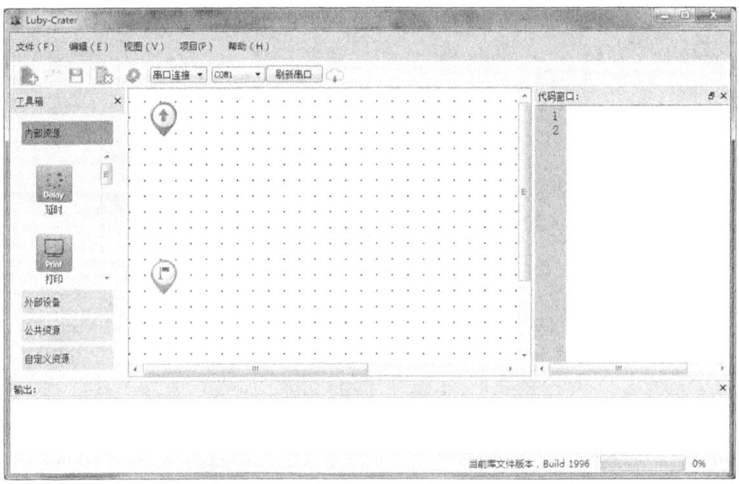

图 3.7 Crater 图形化编程界面

工具箱：刷新出 4 类不同的图形化编程控件类型，内部资源主要为控制器提供的输入输出功能，外部设备主要是连接到控制器的外部功能模块，公共资源为程序编写中使用到的各种流程控制与计算，自定义资源主要为中断等高级功能。

图形化编程窗口：将工具箱中的各种控件拖入到此窗口，通过合理的顺序进行连接，形成满足各种功能的图形化程序。

代码窗口：将图形化程序转换成 C 程序，也可以直接在此窗口中编写程序实现所需的功能，需要注意的是，图形化程序如果没有形成完整的连线（从开始控件到结束控件），代码窗口只会显示从开始控件连接到的控件，一般不会显示其他控件。另外，代码窗口的代码可以由图形化编程窗口的程序自动生成，但是不能反过来由代码窗口的代码生成图形化程序，而且一旦图形化程序被更新，代码窗口的代码也会随之更新，可能导致自行编写的代码被覆盖。

3.4　本节所使用控件的说明

介绍控件之前，对控件的注释先进行说明。每一个控件都具有“显示注释”选项，如果被选址，则将其左侧文本框中的信息在图形化编程窗口中进行显示，对程序的运行不造成任何影响。

工程被新建后，自动出现开始与结束控件（见图 3.8），代表程序的开始与结束。不能被删除，也没有参数设置。

开始　　结束　　延时　　打印

图 3.8　本节使用控件的图标样式

双击控件，会出现控件的设置界面，每个控件由于功能不同，其界面也会有所区别。以下介绍延时与打印控件的设置（位于工具箱中的内部资源栏）。

延时控件：设置界面如图 3.9 所示，需要设置延时时间，默认单位是毫秒（ms），也可以通过右侧的下拉列表选择为微秒（μs）。

图 3.9　延时时间设置

打印控件：设置可以在控制器显示屏上显示的文字，最大行数为 4，每行最多可以显示 16 个字符，后续多余的字符将不会被显示。

如图 3.10 所示，属性界面中，左侧为需要输入的字符串或（整型）数据，右侧的复选按钮为是否在显示前进行清除该行原有的显示内容。

如果字符串为空，那么该行信息不进行处理。需要注意的是，空格也属于字符串的内容。

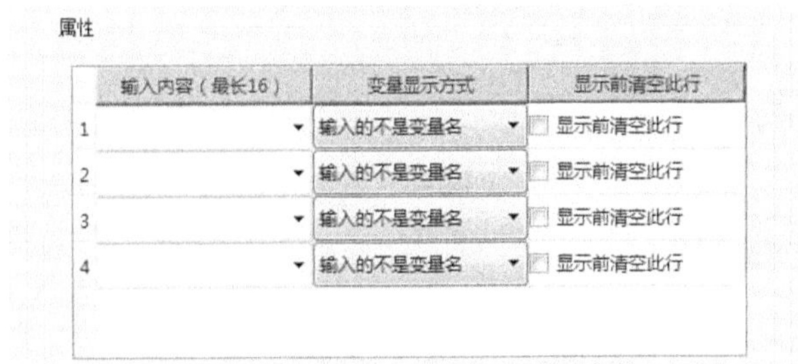

图 3.10 打印控件的设置

3.5 图形化编程

选择打印与延时控件，通过连线连接成以下形式。图 3.11 所示的图形化程序中，对于控件的放置位置没有要求，只根据连线的顺序确定程序的执行逻辑。

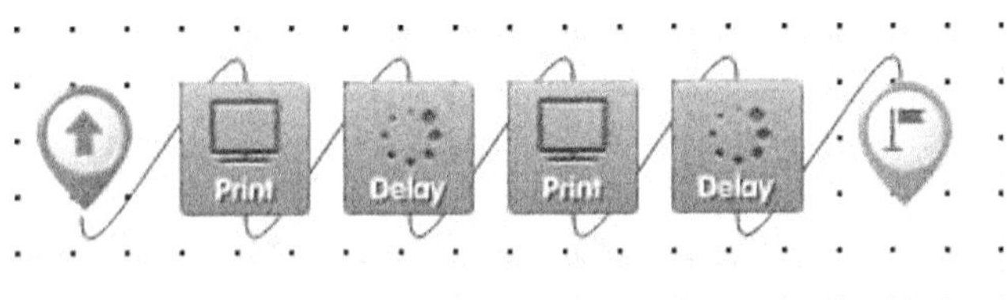

图 3.11 图形化程序

图形化程序中相关控件的设置如下。

延时控件：1000ms。

打印控件：前后两个控件设置分别如图 3.12 所示。

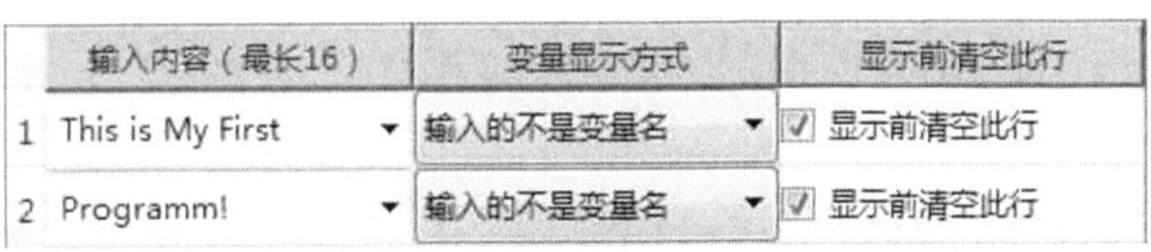

(a) 第一个打印控件设置内容

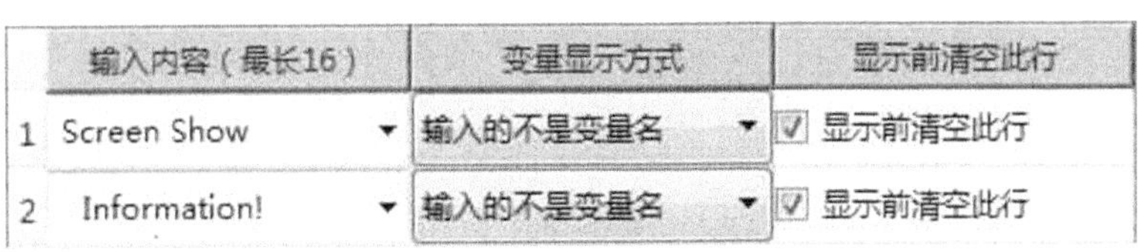

(b) 第二个打印控件设置内容

图 3.12 打印控件设置

3.6 程序编译与下载

项目的编译与下载选项位于“项目”菜单下，同时也存在于工具栏中。

（1）程序编译

程序编写完成后，按下编译按钮，如果程序流程正确，会弹出“编译完成”的消息框，否则会弹出“请检查代码错误”的消息框。此时需要进行图形化程序的检查以排除错误。

（2）程序下载

准备好下载线，一端为 USB 的 A 型公口、一端为 mini USB 的 A 型公口的 USB 连接线，将控制器与计算机进行连接。

将控制器与电源进行连接，打开电源开关（置为 on），在控制器显示屏的进度条还在显示时，按下控制器的右侧按钮，进入到程序选择界面，然后再按下右侧按钮，显示屏出现“usb connected”信息，此时转换到计算机上进行操作。

此时计算机上会出现一个容量大约为 1MB 的 U 盘，将编译好的 bin 文件复制到 U 盘内，整个下载过程完成。

U 盘内的程序如果过多，或者新程序的添加造成容量不足，可以删除已有的程序。

（3）程序运行

新程序下载至控制器后，需要进行设置，控制器才会启动新程序，否则继续运行旧程序。

新程序运行设置：在重新上电后，启动进度条未完成时，按下控制器右侧按钮，利用上下侧按钮进行新程序的选择，然后按下左侧按钮进行新程序启动的确认。

3.7 利用代码窗口进行程序编辑

图形化程序相对应的 C 语言代码在图形化程序编辑过程中，会随着图形化程序的操作在代码窗口进行实时显示和刷新。

图形化程序编辑完成后，代码窗口显示图 3.13 所示的代码。

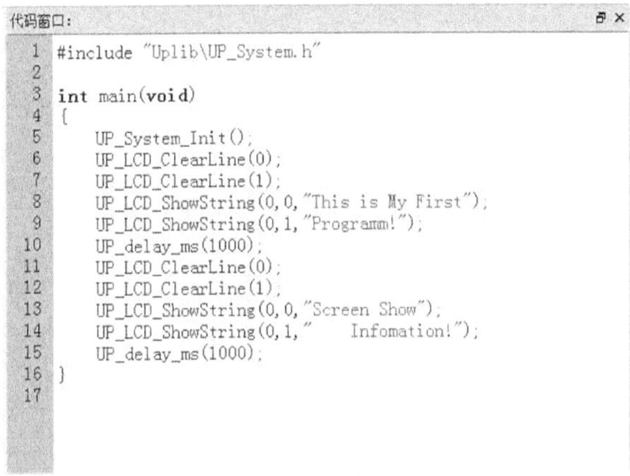

图 3.13　代码窗口

从中可以看到，控件的使用在 C 语言中以函数进行替换，利用代码窗口编写的 C 语言程序，编译与下载过程与图形化程序一样，由于利用 MDK-ARM 可以实现更灵活的编程方式，所以本书对在代码窗口进行直接编程不做介绍。

3.8　利用 MDK-ARM 进行程序编辑

控制程序也可以直接采用 MDK-ARM 软件进行开发，博创公司为控制器编写了功能完善的服务程序模板，并将所有功能函数进行封装，提供方便调用的 API 接口，用户可以直接调用 API 编写程序，将注意力放在机器人上层控制算法上。

为了简化 MDK-ARM 的设置流程，可以使用提供的工程模板进行程序编写，编程模板可以在套件提供的光盘中找到。编程模板中的文件夹和工程文件的名称可以改成适合的名称。

打开工程文件，其编程界面如图 3.14 所示，左侧的工程树包含了 4 个文件夹，其中 UpLib 存放的是博创提供的 API（后续简称为 UP-API），供用户进行内外部硬件资源的使用；Stm32Lib 存放的是 STM32 硬件库函数；StartUp 存放启动文件。Usr 存放的是用户设计的文件。

利用 MDK-ARM 实现图形化程序的相应功能，实际上是一个调用 UP-API 的过程。本节使用到的库函数见表 3.1。

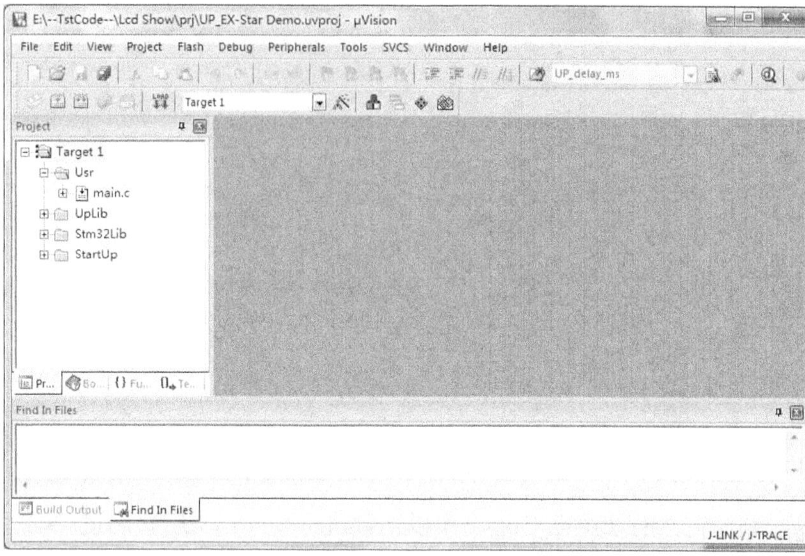

图 3.14 模板的 MDK 编程界面

表 3.1 本节使用到的库函数

函 数 原 型	void UP_System_Init(void)
作用/说明	系统初始化，放在主程序开始位置
返回说明	/
形参说明	/
函数原型	**void UP_delay_ms(u32 ms)、void UP_delay_us(u32 us)**
作用/说明	系统延时，延时时间有参数设定。一般用于舵机转动到位，或者实现周期性控制
返回说明	/
形参说明	ms：延时的时间，以毫秒为单位
函数原型	**void UP_LCD_ClearLine(u8 *y*)**
作用/说明	清除第 y 行的信息
返回说明	/
形参说明	*y*：行号，范围为 0～3，代表第 1～4 行
函数原型	**u8 UP_LCD_ShowString(u8 *x*, u8 *y*, char *pstring)**
作用/说明	在第 *y* 行的第 *x* 列开始插入字符串 pstring
返回说明	发送的字符总数，以字节为单位
形参说明	*x*：列号，范围为 0～15，代表第 1～16 列 *y*：行号，范围为 0～3，代表第 1～4 行

由于版本的更新，部分函数的原型及使用可能与本书有一些出入，请查阅相关文档进行确认。

根据以上知识，加上包含库函数的头文件 background.h，可以直接调用 UP-API 编写 LCD 显示程序，如图 3.15 所示。

```
#include "Uplib\UP_System.h"

int main(void)
{
   UP_System_Init();
   UP_LCD_ClearLine(0);
   UP_LCD_ClearLine(1);
   UP_LCD_ShowString(0,0,"This is My First");
   UP_LCD_ShowString(0,1,"Programm!");
   UP_delay_ms(1000);
   UP_LCD_ClearLine(0);
   UP_LCD_ClearLine(1);
   UP_LCD_ShowString(0,0,"Screen Show");
   UP_LCD_ShowString(0,1,"    Infomation!");
   UP_delay_ms(1000);
}
```

图 3.15 C 语言程序

按照 MDK-ARM 的编译要求对程序编译成功后，单击“Options for Target”图标，在 Output 标签下的“Name of Executable”填入希望生成的可执行文件名，如图 3.16 所示。

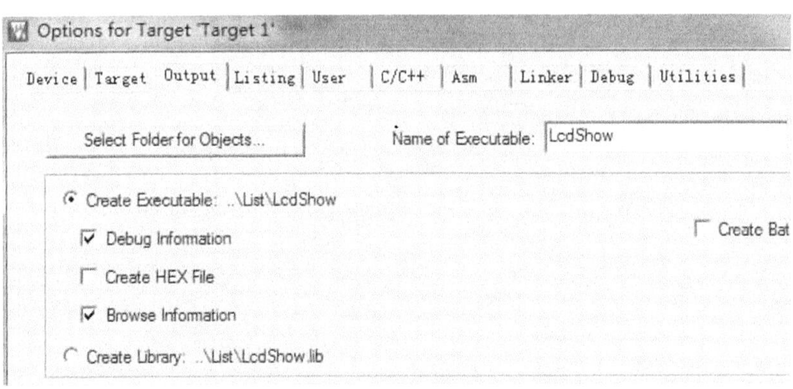

图 3.16 设置生成的可执行文件名

在 User 标签界面的“After Build/Rebuild”节点下的“Run #1”填写 User Command 如下：

D:\Program Files\Keil_v5\ARM\ARMCC\bin\fromelf.exe "..\List\LcdShow.axf" --bin --output

"..\LcdShow.bin"，如图 3.17 所示。

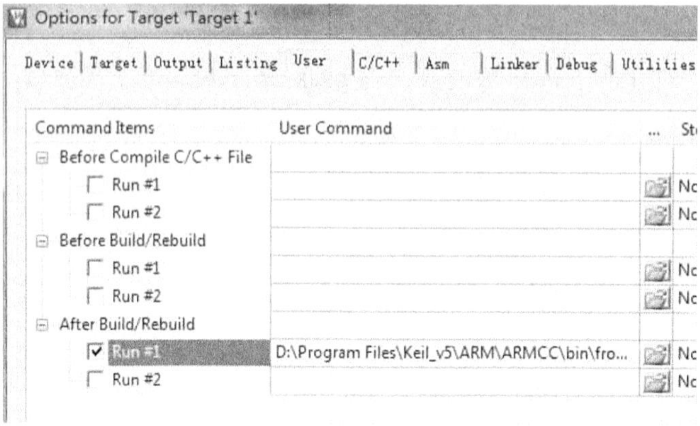

图 3.17　bin 文件设置

其中，“D:\Program Files\Keil_v5”属于 MDK-ARM 的安装目录，“LcdShow.axf”和“LcdShow.bin”中的“LcdShow”与之前 Output 标签中的设置保持一致，而“LcdShow.bin”则是需要下载至控制器的 bin 文件。

由于 MDK-ARM 版本的原因，fromelf.exe 文件路径可能会存在差异，需要在安装目录下进行 fromelf.exe 文件的搜索，将其绝对路径进行替换。

最后，要确认“After Build/Rebuild”节点下的“Run #1”被选中，这样才能生成可供控制器使用的 bin 文件。

第2篇

避障机器人

第 4 章 避障机器人项目说明

4.1 项目来源

对于一般的智能机器人，其工作环境往往不是一成不变的，不可避免地存在着障碍物，所以，避障是机器人在完成任务过程中所需要实现的一个基本功能。例如服务机器人和巡检机器人（见图 4.1），主要应用于家庭、展馆等人多或者设备多的场合，不仅存在着静态障碍物（家具、展台等），而且还可能存在着动态障碍物（例如人），显然机器人在完成工作任务之外，最主要的就是合理避障。

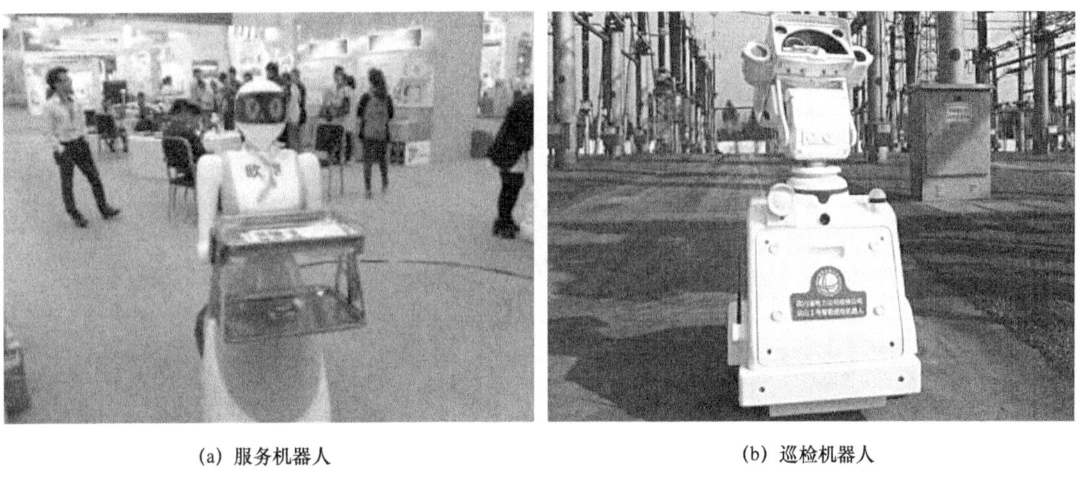

(a) 服务机器人　　　　(b) 巡检机器人

图 4.1　避障机器人的典型应用

本项目利用机器人套件搭建一个四轮驱动的避障机器人，对避障机器人的工作流程进行设计与实现，使读者对开关量感知信息获取与融合、轮式结构的轨迹运动等机器人相关知识有一个基础的认识。

4.2　项目要求

本项目模拟一个机器人自动通过未知路径的情形，路径两旁为封闭状态，仅有起点与终点两个出入口，利用自身的开关量距离传感器进行路径判断，使机器人顺利从起点到达终点，中途不触碰障碍物。

具体要求如下。

① 以普通四轮驱动作为机器人的运动方式。

② 以若干开关量距离传感器进行感知信息的获取。

③ 封闭路径应包含至少两个不同的转向。

④ 机器人能够自主避障，运动期间不能触碰两边的障碍物。

搭建完成的避障机器人如图 4.2 所示。

图 4.2　避障机器人的实体示例

4.3　项目分析与任务分解

本项目包含较多的功能需求，首先需要实现机器人的运动，完成前进、后退、右转等功能，能够检测到路径两边的障碍物，然后以此确定路径的走向。本节首先分析项目流程的基本运行，提取出所需掌握的知识与技术，然后以任务的形式学习这些知识与技术，最终完成整个项目的设计与制作。

4.3.1 项目流程与功能分析

项目整体运行流程的可行性，是项目是否能够最终实现的基础。通过分析项目要求，可以得到以下的项目运行流程。

SP① 机器人位于未知路径的起点并开始运动。

SP② 机器人采用传感器检测周围障碍信息。

SP③ 机器人根据检测信息判断运动方式与速度。

SP④ 机器人的运行机构完成设定的走向与速度。

SP⑤ 采用周期控制，机器人返回 SP②，循环运行。

以上流程所涉及的功能需要由感知、控制、执行 3 个模块完成。各个模块在流程中所负责的工作如下。

① 控制模块：合理的运动设置（SP③、SP⑤）。

② 感知模块：障碍检测（SP②）。

③ 执行模块：各关节配合运动至定点（SP④）。

得到的项目系统结构图如图 4.3 所示。

图 4.3 项目系统结构图

4.3.2 技术提取与任务分解

为了完成项目要求，必须实现各个主要模块所涉及的新知识与技术。

（1）控制模块

FN① 机器人运动状态分析。

（2）感知模块

FN② 障碍检测传感器的选择与使用。

（3）执行模块

FN③ 机器人运动速度及朝向控制。

根据项目需要实现的主要技术功能，本章将这些功能融合在各个分任务中，在掌握分任务中的技术后，再进行综合项目的设计与实现。分任务有以下几种。

① **轮式机器人直行运动控制**（实现 FN③）：介绍轮式运动的特点，并在机器人套件的基础上，搭建直行机器人，对直行效果进行测试以及改进。

② **轮式机器人运动轨迹控制**（实现 FN③）：由于存在弯曲道路，利用最简单的二次曲线圆弧来解决走曲线的问题，并进行调试与改进。

③ **简易扫描跟踪平台**（实现 FN②）：掌握光电传感器（光电开关）的应用，搭建扫描跟踪平台，实现搜索、跟随目标的功能。

④ **避障机器人的设计与制作**（实现 FN①）：根据示例的项目要求设置自己的项目要求，利用之前分任务实现的功能与技术，完成综合项目的设计制作与实现。

第 5 章 轮式机器人直线运动控制

任务说明

搭建一个四轮驱动的机器人，完成不同速度下的机器人的前行、后退功能，并在设置速度与实际速度不匹配的情况下，实现多个轮子的速度匹配。

任务要求

① 了解机器人电源模块的作用。

② 了解微型直流电动机的特点。

③ 能够按照示例搭建四轮驱动的机器人主体。

④ 能够正确设置多电动机运行速度。

⑤ 掌握简单速度匹配的原理，能够修正电动机的速度值从而实现速度匹配。

⑥ 能够编写正确的图形化与 C 语言程序。

使用套件与软件说明

本任务使用高级版机器人套件和 Crater 软件实现，也可以使用标准版的机器人套件和 NorthSTAR 实现，实现流程与参数设置可以参考本章，具体实现程序见第 28 章的 28.1 节。

5.1 基础知识

5.1.1 电源

机器人的电源部分是为机器人上的控制子系统、驱动及执行子系统提供能源。通常小型或微型机器人采用直流电作为电源，并且由于移动机器人的移动性，要求电源子系统具有可携带性，最常用到的是电池，如锂电池、镍氢电池等。

小型机器人由于体积、尺寸、重量的限制，对其采用的电源有各种要求。例如，移动机器人通常不能采取线缆供电的方式（除一些管道机器人、水下机器人外），必须采用电池或内燃机供电；相对于汽车等应用，要求电池体积小、重量轻、能量密度大；并且要求在各种振动和冲击条件下，接近或者达到汽车电池的安全性、可靠性。

机器人套件使用 7.4V 锂离子电池，内置 8A 放电能力的充放电保护板。在电池的使用过程中，需要注意以下几点。

① 电池输出电压会随着电池电量的下降而下降，充满电时电池电压约为 8.4V，使用过程中可能会降低到 6.5V。

② 电池电压过低时（低于 6.5V），要切断电源，给电池充电。如继续使用会使电池过度放电，造成永久性损伤。也可以选择使用外接直流稳压电源为控制器供电。

③ 充电器和电池独立成一个模块，不要自行拆卸。如果需要更大容量的电池，在确认电池符合要求（额定电压 6.5～8.4V）后，将电池直接连接到用于连接外接直流稳压电源的圆形插座上，而不是替换原装电池。

机器人套件的耗电量会随着采用的部件不同而有所不同。例如一个采用 8 个舵机的四腿机器狗的构型，其运动时大约需要 2A 的电流，即功率为 10W 左右。

5.1.2　微型直流电机

微型直流电机是指输出或输入为直流电能的微小型的旋转电机，一般具有以下特点。

① 微型直流电机的效率一般都要高于其他类型的电机，所以达到相同的输出功率，直流电机的体积一般都比较小。在安装位置有限的条件下，微型直流电机相对比较合适。

② 相对于交流电机，微型直流电机可以根据负载大小，自动降速，来达到极大的启动转矩。

③ 微型直流电机比较容易吸收负载大小的突变，电机转速可以自动适应负载大小。

由于机器人套件中的数字舵机可以作为微型直流电机使用，因此在本书中舵机控件可以同时作为舵机和电机使用。

5.2　四轮驱动机器人的搭建

本节搭建的轮式小车采用四驱方式，重点讲述运动轮组件的搭建。

（1）运动轮组件

运动轮组件是轮式机器人的核心运动组件，由舵机组件和轮子组件构成。一个轮子组件由图 5.1（a）中的配件按照①②③的顺序依次组合而成，如图 5.1（b）所示。

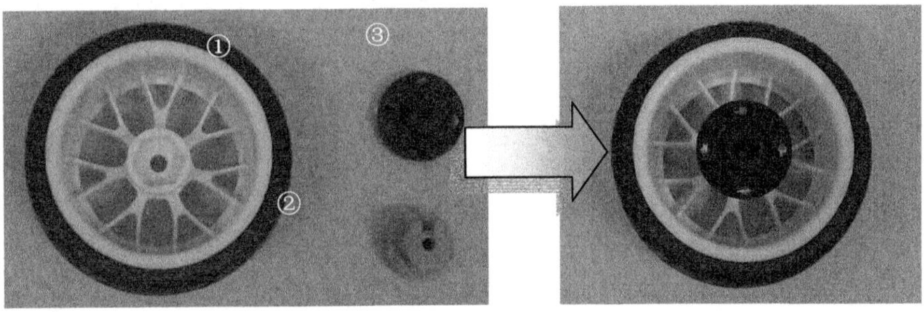

(a) 运动轮配件　　(b) 运动轮组

图 5.1　轮子组件的组装过程（①运动轮　②联轴节　③舵机连接件）

将舵机放入舵机安装结构件，利用短螺钉和螺母将其固定，构成舵机组件，如图 5.2 所示。

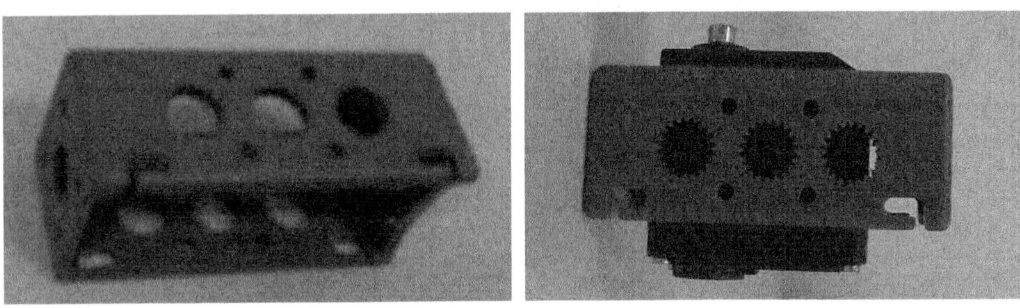

(a) 舵机安装结构件　　(b) 舵机组件

图 5.2　舵机组件的组装

将舵机转轴与轮子组件进行连接，并用长螺钉将二者固定，运动轮组件组装完成，如图 5.3 所示。实际使用中，由于运动轮组件一般连接在运动底盘上，需要使用连接件将二者连接在一起，所以需要预先将构件连接件安装在舵机组件里面，如图 5.4 所示。

（2）四轮驱动机器人搭建过程

为了获得最大的运行速度和便于进行机器人的速度分析，四轮驱动机器人舵机（电机）及轮子的安装，需要注意舵机的转动轴线最好与机器人的正前方垂直，即左右两边的舵机和轮子呈对称分布。

图 5.3　运动轮组件

图 5.4　实际使用的运动轮组件

完整的搭建过程如下。

① 搭建 4 个运动轮组件，将一个运动轮组件与底盘连接，以准备和机器人底板相连接与固定，如图 5.5（a）所示。

② 利用衔接件将电动机组件与底盘相连接，如图 3.2.6（b）所示，按照此步骤，实现 4 个运动轮组件在底盘上的安装，如图 5.5（c）、（d）所示。

③ 在电池板上添加一个直条 3 孔的结构件，如图 5.5（e）所示，搭建 2 个如图 5.5（f）所示的支撑件，将控制器固定在运动底盘上，如图 5.5（g）、（h）所示。

④ 为控制器安装支撑架，如图 5.5（i）、（j）所示，将控制器安装在运动底盘上，如图 5.5（k）、（l）所示。

⑤ 进行必要的硬件连线，四轮驱动机器人搭建完成。

搭建过程中需要注意以下两点。

① 舵机利用舵机线进行串联时，应根据串联距离选择合适长度的舵机线，以免舵机线拖地，对机器人的运动造成影响。

② 舵机线最终要接回控制器，所有被控舵机都应串联在舵机链（线）上。

(a) 加载运动轮组件

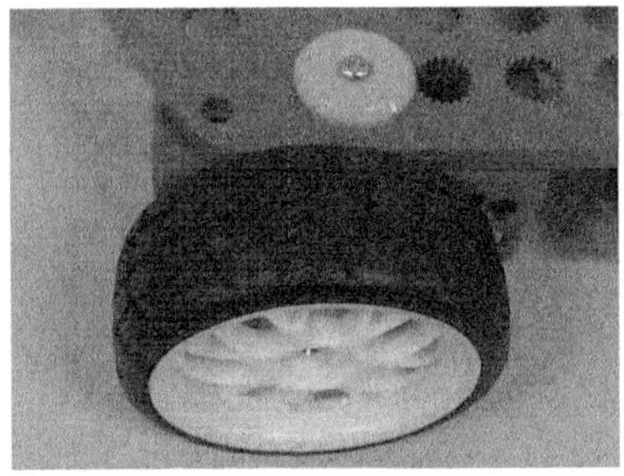

(b) 固定于底盘

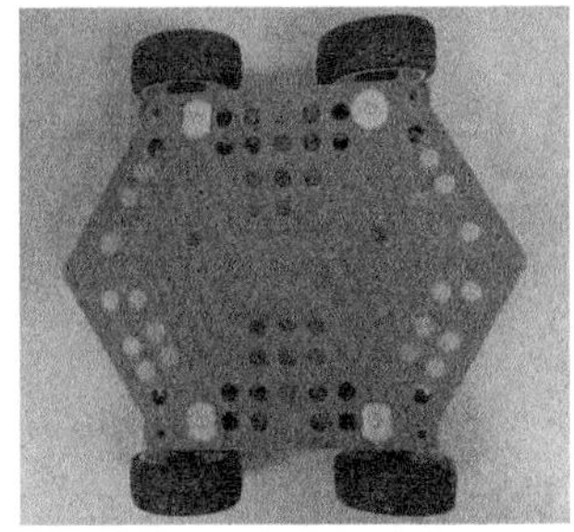

(c) 运动平台俯视

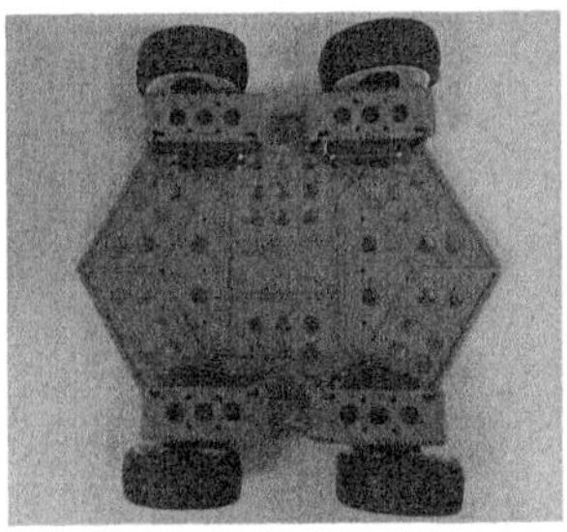

(d) 运动平台底部

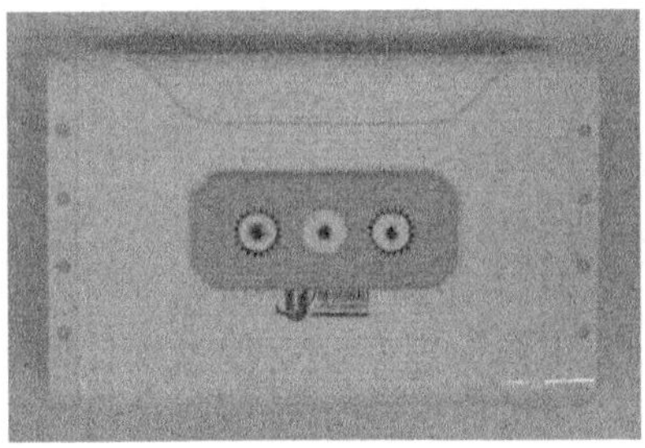

(e) 电池加垫片

(f) 支撑架构建

(g) 电池安装侧视图

(h) 电池安装后视图

(i) 控制器支撑架 1

(j) 控制器支撑架 2

(k) 完整机器人前俯视图

(l) 完整机器人侧视图

图 5.5　四轮驱动机器人的搭建过程

5.3　Mservo 舵机控件的使用

舵机控件属于外部设备，位于工具箱的外部设备分类下，命名为 Mservo，如图 5.6 所示。舵机控件不存在默认设置，所以使用时必须打开设置界面进行控件属性或参数的设置。

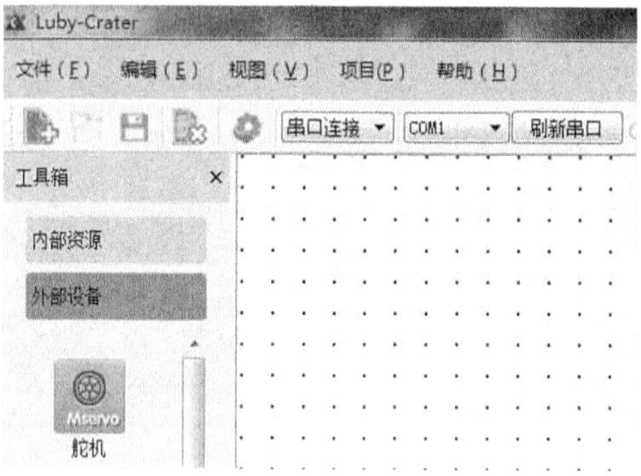

图 5.6　舵机控件

拖动一个 Mservo 舵机控件（以后简称舵机控件）到图形化编程界面，对其双击，在弹出的“舵机设置”对话框中（见图 5.7），按下添加按钮，会在列表框中增加一条舵机参数信息，可以通过对舵机号等信息的修改实现舵机参数的设置或重新设置。

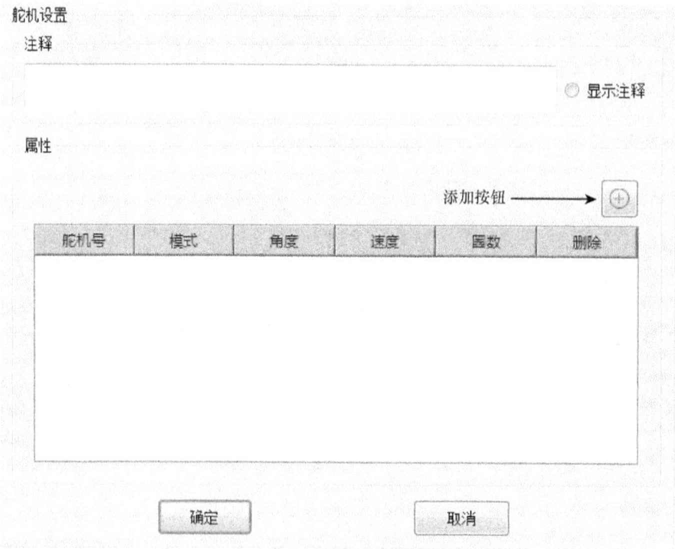

图 5.7　舵机设置界面

将舵机号修改成所需的舵机 ID，在模式选项框中选择是舵机模式还是电机模式。如果是舵机模式，需要设置随后的角度信息，如图 5.8（a）所示；如果是电机模式，需要设置速度信息，如图 5.8（b）所示。

舵机号	模式	角度	速度	圈数	删除
1	舵机模式 ▾	512	512	255	⊗

(a) 舵机模式下的有效设置参数

舵机号	模式	角度	速度	圈数	删除
1	电机模式 ▾	512	500	255	⊗

(b) 电机模式下的有效设置参数

图 5.8　有效设置参数

输入有效范围：设置的数值项预先规定了范围，输入的数值超出该范围时，将保持为之前的数值。

删除舵机设置：如果需要删除某个舵机 ID 的设置，按下该舵机 ID 设置行右侧的删除按钮即可实现。

舵机参数的设置需要注意以下两点。

① 电机模式下，速度值的设置范围为−1023～1023，与实际转速并没有直接对应关系，不过在实际应用中，可以认为速度值与实际转速存在近似线性关系。

② 具体的速度值与机器人的负载和舵机的驱动能力有关，如非特殊情况，一般不宜设置在绝对值 300 以下。这是因为舵机在小于某个数值后，由于驱动不足，舵机会出现无法转动的情况。

③ 参数可以设置为已定义的变量，参数的数值范围也要满足第①点。

5.4　图形化程序设计

本小节任务中，让机器人以不同的速度先后 3 次实现直行与后退运动，并针对实际轮速与设置值存在误差的情况，找到解决办法。

5.4.1　程序编写前的准备

为每一个舵机设置唯一的 ID，本节中为 1～4，其分布如图 5.9 所示。

后续章节如无特别说明，普通轮式机器人均采用图 5.9 所示的布局。并假设舵机 A、C 的转动正方向相同，舵机 B、D 的转动正方向相同。

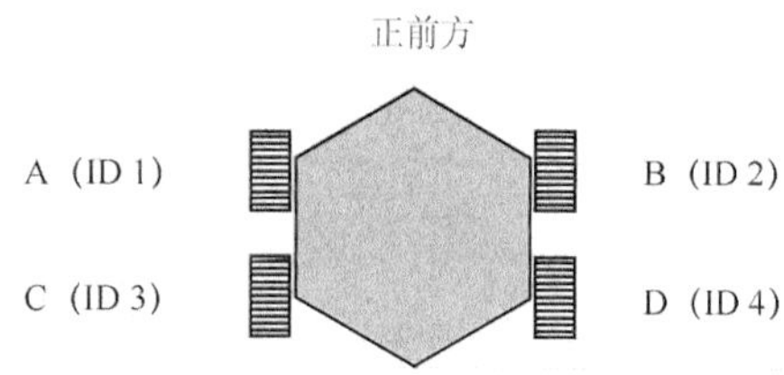

图 5.9　舵机分布及 ID 设置

5.4.2　图形化程序的编写

添加两个舵机和延时控件，假设舵机 A 的运行方向与机器人运动方向一致，设置机器人以 300 的速度整体前进和后退，前进或后退的时间均为 3s。对应的图形化程序如图 5.10 所示，舵机的设置如图 5.11 与图 5.12 所示，延时设置如图 5.13 所示，单位保持默认（ms）。

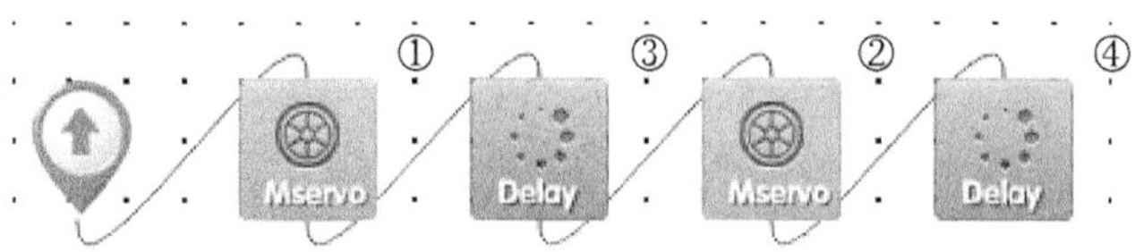

图 5.10　前进与后退（速度 300）

舵机号	模式	角度	速度	圈数	删除
1	电机模式 ▾	512	300	255	⊗
2	电机模式 ▾	512	-300	255	⊗
3	电机模式 ▾	512	300	255	⊗
4	电机模式 ▾	512	-300	255	⊗

图 5.11　舵机控件①的设置（前进）

舵机号	模式	角度	速度	圈数	删除
1	电机模式 ▾	512	-300	255	⊗
2	电机模式 ▾	512	300	255	⊗
3	电机模式 ▾	512	-300	255	⊗
4	电机模式 ▾	512	300	255	⊗

图 5.12　舵机控件②的设置（后退）

图 5.13　延时控件③④的设置

按序增加速度为 500、700 的图形化控件并连接，完整的图形化程序设计如图 5.14 所示。

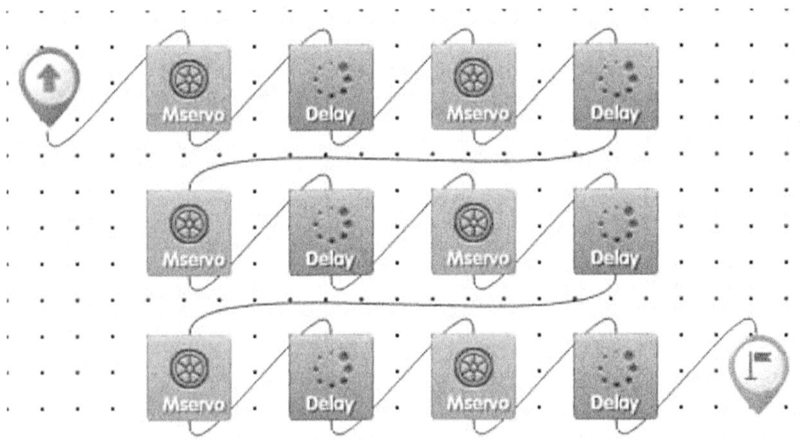

图 5.14　完整的图形化程序

5.5　C 语言程序设计

在利用 MDK-ARM 软件编写 C 语言程序中，需要设置舵机的运行模式和速度，UP-API 提供的相关设置函数见表 5.1 和表 5.2。

表 5.1　舵机模式设置

函数原型	void UP_CDS_SetMode(u8 id, u8 mode)	
作用	设置舵机（电机）模式下的转动速度	
返回说明	/	
形参说明	id	舵机的 ID，取值范围 1～253
	mode	舵机运行模式，可以设置的常量为 CDS_SEVMODE（舵机模式）或 CDS_MOTOMODE（电机模式）

表 5.2 舵机速度设置

函数原型	void UP_CDS_SetSpeed(u8 id, s16 speed)	
作用	设置舵机（电机模式）的转动速度	
返回说明	/	
形参说明	id	舵机的 ID，取值范围 1～254
	speed	舵机转动速度，取值范围-1023～+1023，通常绝对值不小于 300

根据 5.4 节的图形化程序流程，利用数组和循环，可以得到图 5.15 所示的 C 语言程序。

```
#include "Uplib\UP_System.h"

int main(void)
{
    int  i;
    s16  arSpeed[3] = {300,500,700};          //速度数组
    UP_System_Init();

    for (i=1; i<5; i++)                        //设置舵机运行模式
    {
        UP_CDS_SetMode(i, CDS_MOTOMODE);
    }

    for (i=0; i<3; i++)                        //设置机器人速度
    {
        //     前进
        UP_CDS_SetSpeed(1,arSpeed[i]);
        UP_CDS_SetSpeed(2,- arSpeed[i]);
        UP_CDS_SetSpeed(3, arSpeed[i]);
        UP_CDS_SetSpeed(4,- arSpeed[i]);
        UP_delay_ms(3000);
        //     后退
        UP_CDS_SetSpeed(1,- arSpeed[i]);
        UP_CDS_SetSpeed(2, arSpeed[i]);
        UP_CDS_SetSpeed(3,- arSpeed[i]);
        UP_CDS_SetSpeed(4, arSpeed[i]);
        UP_delay_ms(3000);
    }
}
```

图 5.15 四轮驱动机器人直行 C 代码

由于四轮驱动的应用普遍性，UP-API 提供了 UP_CDS_Set4MotoSpeed 函数用来同时驱动 4 个舵机（电机模式）的转动，以减轻重复代码的编写，具体使用见表 5.3。

表 5.3 舵机组速度设置

函数原型	void UP_CDS_Set4MotoSpeed(u8 id[4], s16 speed[4])	
作用	设置 4 个舵机（电机）模式下的转动速度	
返回说明	/	
形参说明	id[4]	舵机的 ID 数组
	speed[4]	对应舵机（电机模式）需要设置的速度数组

利用循环、二维数组和新的 API，可以得到图 5.16 所示的 C 语言程序。二维数组第一维表示 3 次速度下的前进和后退的次数，共 6 次，第二维表示每一次运行时对应舵机的所需的速度设置值。

```
#include "Uplib\UP_System.h"

int main(void)
{
    int  i;
    u8  arID[4] = {1,2,3,4};                        //舵机 ID 数组
    //    各舵机每次状态下对应的速度值
    s16  arSpeed[6][4] = {  300,-300,300,-300, -300,300,-300,300,
                           500,-500,500,-500, -500,500,-500,500,
                           700,-700,700,-700, -700,700,-700,700};
    UP_System_Init();

    for (i=1; i<5; i++)                             //设置舵机运行模式
    {
        UP_CDS_SetMode(i, CDS_MOTOMODE);
    }

    for (i=0; i<6; i++)
    {
        UP_CDS_Set4MotoSpeed(arID, arSpeed[i]);
        UP_delay_ms(3000);
    }
}
```

图 5.16 采用 UP_CDS_Set4MotoSpeed 的 C 代码

5.6 运行及调试

每个舵机由于实际加工的原因，其参数与性能不可能完全相同，即如果都给电机设置 500 的速度，那么两个电机的转速可能存在差异，如果考虑到其他因素，例如电流不足、摩擦不

均衡、启动不同时等因素，那么实际转速就有可能存在较大的偏差。

在不考虑任何因素影响的情况下，让机器人直线行走 100cm，观察机器人与开始状态的差别。

从图 5.17 中可以看到，机器人在行走了 100cm 后，朝向大致往左偏移了 5 度，位置大致移动了 4cm，可以看出存在不小的偏差。

(a) 起始位置

(b) 终点位置

图 5.17　未优化的直线行走偏差

可以通过适当地调整提高机器人直线行走的精度。引起的偏差的原因很多，这里采用匹配电机转速的方式达到减小偏差的目的。

选取一个舵机作为基准舵机，选取一个常用速度作为基准速度，依次将其他 3 个舵机与基准舵机进行速度匹配，采用图 5.18 所示的结构进行两个电机的速度匹配，如果两个电机的转动使得机器人小车沿直线行走，则匹配成功。

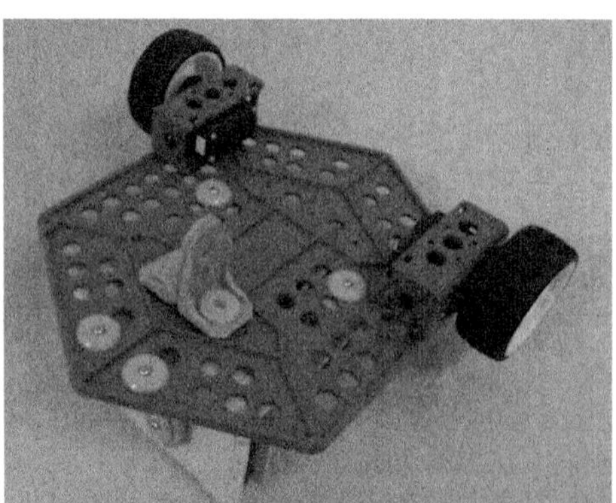

(a) 匹配机构底部

(b) 匹配机构侧视

图 5.18　速度匹配机构

如图 5.19 所示，当 4 个电机的转速匹配成功后，重新搭建机器人，再次进行测试时，会发现机器人直线行走的效果比之前要好。

(a) 起始位置

(b) 终点位置

图 5.19 优化后的直线行走误差

机器人的运动受很多因素的影响，例如运动机构的制作精度、轮子与地面摩擦力、电机的加速特性等，想达到某一段速度范围内比较精确的匹配，可以查阅关于机器人运动控制方面的资料。

第6章

轮式机器人运动轨迹控制

任务说明

搭建一个四轮驱动的机器人，实现自转、转向等功能，使机器人完成较为精确的矩形与圆形轨迹运动。

设计要求

① 掌握轨迹运动的分析方法。

② 掌握矩形（正方形）和圆弧轨迹的运行原理。

③ 能够按照示例搭建四轮驱动的机器人主体。

④ 能够根据轨迹要求正确设置多电机运行速度。

⑤ 能够编写正确的图形化与C语言程序。

使用套件与软件说明

本任务使用高级版机器人套件和 Crater 软件实现，也可以使用标准版的机器人套件和 NorthSTAR 实现，实现流程与参数设置可以参考本章，具体实现程序见第28章28.2节。

6.1 轨迹运动的原理及计算

本节介绍普通两轮轮式机器人各种典型运动的原理，给出具体的计算公式，方便后续图形化编程时使用。如果相邻前后两轮的速度值一样，此原理也可以用于四轮驱动的速度分析。

为了方便计算及表示，对机器人进行一些必要的假设和符号定义。

假设如下。

① 机器人左右轮轴线在同一直线上。

② 机器人左右轮的速度方向平行。

③ 左右轮轴线与速度方向所在的直线垂直。

所需符号的含义如下。

L_W：左右轮的距离（简称轮距）。

V_L、V_R：左右轮速。

T：运行时间。

L_L、L_R：经过时间 T 后，左右轮的运行距离。

P_{L1}、P_{L2}：左轮 0 时刻和 T 时刻的位置。

P_{R1}、P_{R2}：右轮 0 时刻和 T 时刻的位置。

6.1.1 直线运动

机器人左右轮以相同速度运行时间 T 后，由 P_{L1}、P_{L2}、P_{R1}、P_{R2} 可以得到图 6.1 底部的四边形，由于需要实现的是直线运动，可知线段 $\overline{P_{L1}P_{R1}}$ 与 $\overline{P_{L2}P_{R2}}$ 平行且相等，并且由于 $\overline{P_{L1}P_{R1}}$ 与 $\overline{P_{R1}P_{R2}}$ 垂直，所以得出：

$$L_L = L_R$$

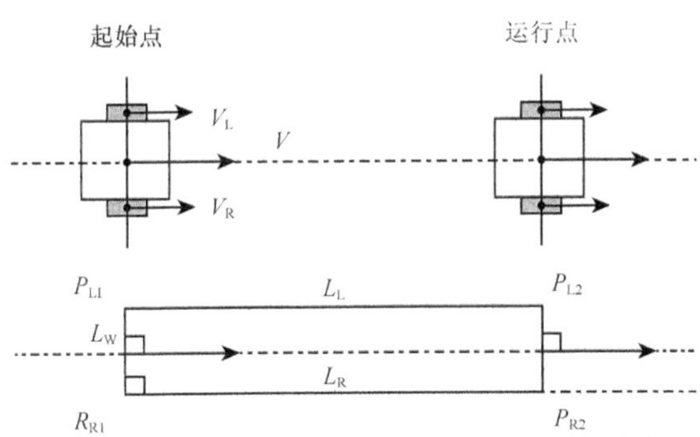

图 6.1 直线运动分析

因为：

$$L_L = L_L\,T，\ L_R = V_R\,T，$$

所以：

$$V_L = V_R = V$$

即左右轮速和合速度相等，可实现直线运动。

6.1.2 曲线运动

机器人除了直线运动外，曲线运动也很常见，一般由于曲线运动中的曲线表示较为复杂，特别是高次方的曲线，为了简化，由于圆是简单的二次曲线并且使用频率较高，往往都将曲线简化为圆弧插补运动，并将整段的曲线分解成为一段段的曲线，然后用圆弧进行插补。很明显，插补数量越多，曲线的拟合精度越高。

由于机器人一般属于刚体，机器人的运动属于刚体运动，如图 6.2 所示，如果给机器人的左右轮加上不同的速度，并且右轮速度大于左轮，则机器人实际上会向左做圆弧运动。

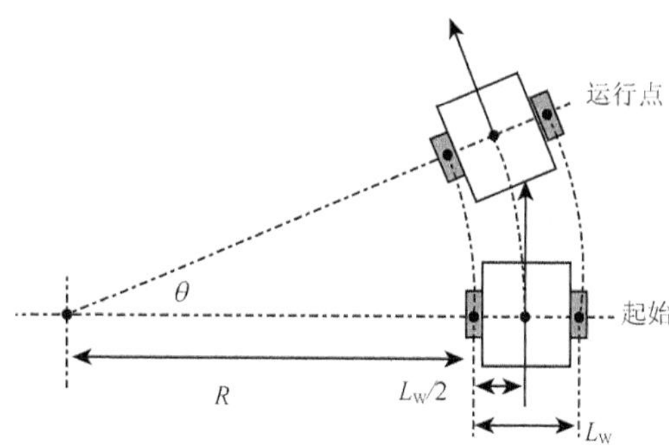

图 6.2 圆弧运动分析

如果左右轮的间距为 L，中心点为机器人的中心，左右轮的速度分别为 V_L、V_R，假设机器人经过时间 t 从起始点到达运行点，则可以计算出机器人所绕圆弧的半径及机器人的线速度。

根据圆周运动知识可以得到：

$$\begin{cases} \dfrac{V_L}{2\pi R} = \dfrac{\theta}{2\pi} \\ \dfrac{V_R}{2\pi(R+L_W)} = \dfrac{\theta}{2\pi} \\ \dfrac{V}{2\pi(R+L_W/2)} = \dfrac{\theta}{2\pi} \end{cases}$$

通过计算可得：

$$\begin{cases} R = \dfrac{V_L L_W}{V_R - V_L} \\ V = \dfrac{V_R + V_L}{2} \end{cases}$$

反过来，如果是确定了机器人运行半径（$R=R_{L}+L/2$）和运行速度 V，也可以求出左右轮速：

$$\begin{cases} V_{L}=\dfrac{V(R-L_{W}/2)}{R} \\ V_{R}=\dfrac{V(R+L_{W}/2)}{R} \end{cases}$$

相关名词解释如下。

刚体：在任何力的作用下，体积和形状都不发生改变的物体叫做刚体（Rigid Body）。在物理学中，理想的刚体是指一个固体的、尺寸值有限的、形变情况可以被忽略的物体。不论有否受力，在刚体内任意两点的距离都不会改变。在运动中，刚体上任意一条直线在各个时刻的位置都保持平行。

刚体运动（变换）：三维空间中，把一个几何物体做旋转、平移的运动，称为刚体运动（变换）。刚体运动也可以理解为保持长度、角度、面积等不变的仿射变换，即保持内积和度量不变。

6.1.3 左右转向与原地转向

左右转向：在 6.1.2 节中的圆弧运动也可以当作左转向，如果左右轮速相反，则可以当作右转向，读者可自行分析，此处不再赘述。

原地转向：此时合速度 V 为 0，由上述公式可得：

$$\begin{cases} R=-L_{W}/2 \\ V_{R}=-V_{L} \end{cases}$$

如果 V_{L} 为正，则实现原地顺时针转向，否则为原地逆时针转向。

6.2 四轮驱动机器人的搭建

本章所搭建的四驱运动机器人与第 5 章一样，这里不再赘述。

读者也可以搭建其他样式的四驱运动机器人，如更换不同的轮子和布局等。

6.3　Var 变量定义控件的使用

在程序编译时，所有的自定义变量都要求预先定义。自定义变量由 var 变量定义控件（以后简称为变量控件）实现，位于控件窗口中的程序模块下，如图 6.3 所示。

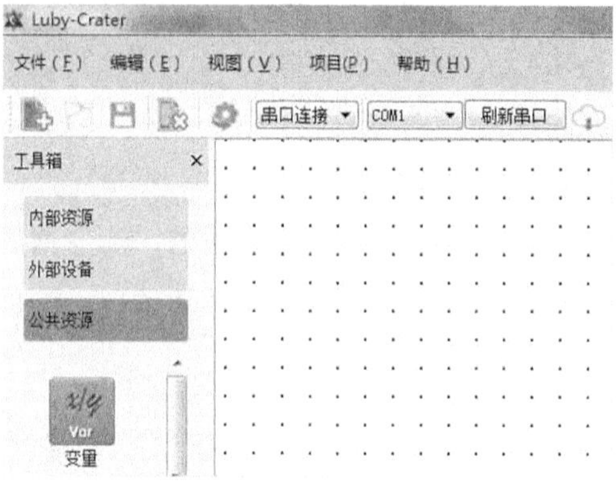

图 6.3　var 变量定义控件

拖曳一个变量控件到图形化编程窗口，对其双击出现图 6.4 所示的设置界面。

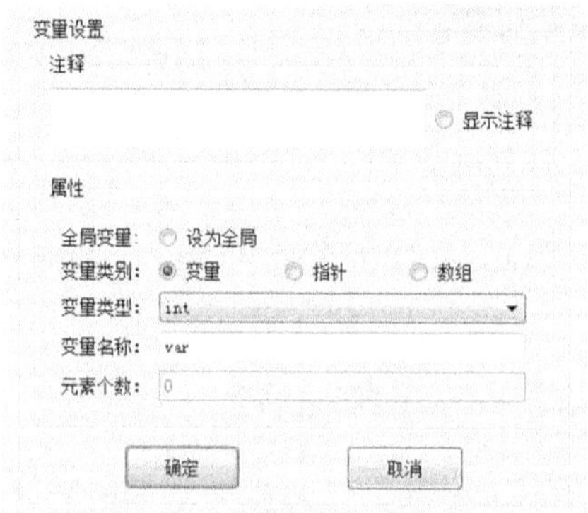

图 6.4　变量控件设置界面

全局变量：如果被选中，可以不接入图形化程序的连线中，而图形化程序中主流程的任何一个地方都可以使用该变量。

变量类别：可以选择该变量是一般变量、指针还是数组。

变量类型：确定变量的数据类型，下拉列表提供 int、bool、float、double 以及 u8、u16、u32 等类型，后面 3 种为无符号整数，存储空间分别为 8、16、32 位二进制，分别对应 1、2、

4 个字节。

变量名称：可以定义符合 C 语言语法的自定义变量名称，即由大小写字母、数字 0～9、下划线组成，首字符不能是数字。

元素个数：如果“变量类别”选择的是数组，那么可以在此设置数组元素的个数。

需要注意的是，如果没有选中成为全局变量，那么需要将变量控件放置在图形化程序的最前端，所以除非特殊说明，否则本书后续内容都认为变量控件设置的变量为全局变量。

6.4 图形化程序设计

在电机参数设置上，由于是四轮驱动，为了分析简单，可以将左边两轮的轮速设置为相同，右边两轮的轮速相同。

具体速度值与延时值，可根据实际数据（运行路径长度、轮距等）带入 6.1 节中的公式进行计算，不再赘述。

图形化程序编写过程如下。

① 对于正方形运动，分为 4 段直线运动和 4 段原地转动运动，每一段运动的延时时间需要根据实际的速度值和距离合理设置，使得机器人正好运行到场地另一标志点或刚好转至 90°方向，具体图形化程序如图 6.5 所示。

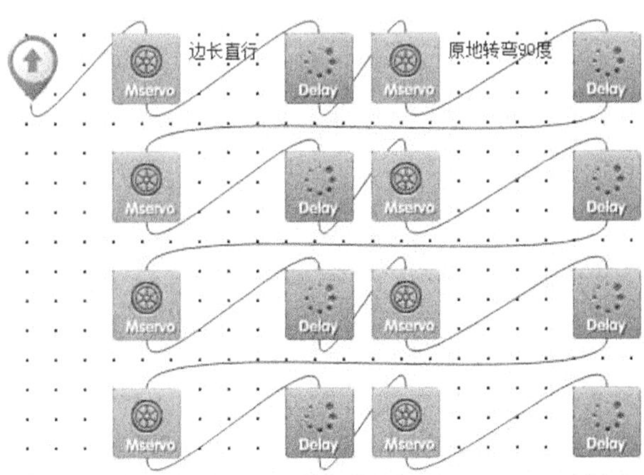

图 6.5 正方形轨迹程序

② 圆弧运动完整过程分为 3 段轨迹，第一段首选转好角度，使得转动圆的圆心和机器人

连线与机器人朝向垂直，由于需要经过正方形轨迹的 4 个顶点，所以应使机器人的运动方向转至与相连的正方向对角线垂直；第二段进行圆弧运动，靠近圆内的轮速绝对值小于外部轮子的速度绝对值，其差值应使得机器人刚好经过 4 个正方向顶点，正确设置延时时间，使得机器人正好转过一圈，回到起始点；第三段为第一段的逆过程，使运动小车恢复初始状态并停止。

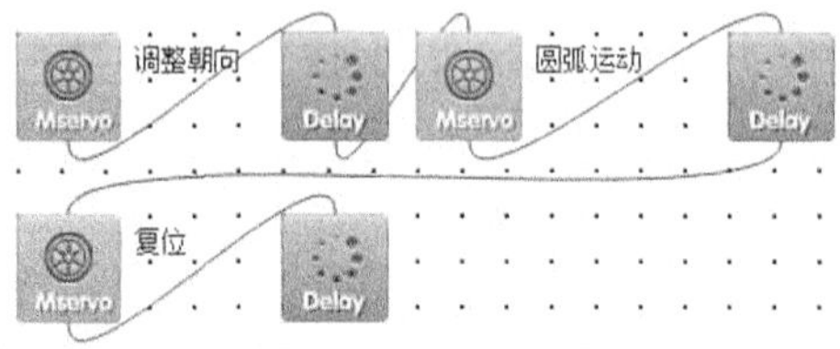

图 6.6　正方形轨迹程序

最后使机器人速度为 0，整个运行过程结束，完整的图形化程序如图 6.7 所示。

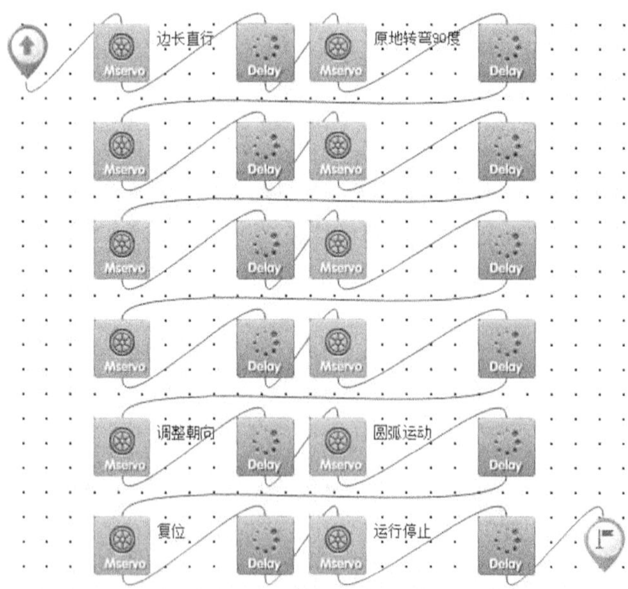

图 6.7　完整的图形化程序

6.5　C 语言程序设计

本节主要通过 UP_CDS_Set4MotoSpeed 函数实现运动小车的轨迹运动，由于每段轨迹都对小车最终的运行轨迹有着较大影响，所以对每段轨迹的速度设置都以单独的一维数组进行存储，便于调试过程中对速度的修改。此外，对于每段轨迹的运行时间也利用数组进行存储。

具体的 C 语言程序如图 6.8 所示。

```
#include "Uplib\UP_System.h"

int main(void)
{
    int  i;
    u8  arID[4] = {1,2,3,4};                          //舵机 ID
    u16 arTime[5]={2000,600,300,6000,300};            //延时时间
    s16 arLineSpd[4]={500,-500,500,-500};             //直线运行时各舵机的速度值
    s16 arTurnSpd[4]={500,500,500,500};               //转弯、复位的速度值
    s16 arCFSpd[4]={-500,-500,-500,-500};             //调整朝向的速度值
    s16 arCircleSpd[4]={400,-600,400,-600};           //圆弧轨迹的速度值
    s16 arStopSpd[4]={0,0,0,0};                       //0 速度

    UP_System_Init();
    //    正方形轨迹
    //    直线轨迹
    UP_CDS_Set4MotoSpeed(arID, arLineSpd);
    UP_delay_ms(arTime[0]);
    //    姿态 90 度调整
    UP_CDS_SetSpeed(arID, arTurnSpd);
    UP_delay_ms(arTime[1]);
    //    直线轨迹
    UP_CDS_Set4MotoSpeed(arID, arLineSpd);
    UP_delay_ms(arTime[0]);
    //    姿态 90 度调整
    UP_CDS_SetSpeed(arID, arTurnSpd);
    UP_delay_ms(arTime[1]);
    //    直线轨迹
    UP_CDS_Set4MotoSpeed(arID, arLineSpd);
    UP_delay_ms(arTime[0]);
    //    姿态 90 度调整
    UP_CDS_SetSpeed(arID, arTurnSpd);
    UP_delay_ms(arTime[1]);
    //    直线轨迹
    UP_CDS_Set4MotoSpeed(arID, arLineSpd);
    UP_delay_ms(arTime[0]);
    //    姿态 90 度调整
    UP_CDS_SetSpeed(arID, arTurnSpd);
    UP_delay_ms(arTime[1]);

    //    圆弧轨迹前的姿态调整
```

图 6.8　C 语言代码

```
        UP_CDS_Set4MotoSpeed(arID, arCFSpd);
        UP_delay_ms(arTime[2]);
        //    圆弧轨迹
        UP_CDS_Set4MotoSpeed(arID, arCircleSpd);
        UP_delay_ms(arTime[3]);
        //    恢复至初始位置
        UP_CDS_Set4MotoSpeed(arID, arCLSpd);
        UP_delay_ms(arTime[4]);
        //    运动小车停止运动
        UP_CDS_Set4MotoSpeed(arID, arStopSpd);
    }
```

图 6.8　C 语言代码（续）

需要注意的是，**程序中的速度与时间常数需要根据实际运行情况进行修正，代码中给出的数值不具有任何实际作用，请勿直接使用。**

6.6　运行及调试

为了检测轨迹运动的效果，在场地上设置 4 个点，构成一个边长为 80cm 的正方形（矩形），同时与正方向同中心，直径大致为 113cm 的圆，也经过此 4 个点，根据与 4 个点的重合程度判断机器人轨迹控制的效果。

由于并非是精确设计下的电机，机器人在走圆弧轨迹的时候，并不能完全精确地进行圆弧轨迹跟随，所以同样需要进行电机之间的速度匹配，并且由于多段运动轨迹都需要较为精确的控制，所以需要两个轮子之间的速度匹配曲线，以方便查询各个轮子实际应该设置的速度。

第 7 章 简易扫描跟踪平台

任务说明

设计与搭建一个扫描跟踪平台，在没有目标的时候可以进行转动搜索，发现目标后可以跟随目标。

设计要求

① 掌握光电传感器的工作原理；

② 能够按照示例搭建扫描跟踪平台；

③ 能够根据光电传感器的信息正确设置转动速度；

④ 能够编写正确的图形化与 C 语言程序。

使用套件与软件说明

本任务使用高级版机器人套件和 Crater 软件实现，也可以使用标准版的机器人套件和 NorthSTAR 实现，实现流程与参数设置可以参考本章，具体实现程序见第 28 章的 28.3 节。

7.1 光电传感器

光电传感器又称光电开关、红外接近传感器。它是利用障碍物对光束的遮挡或反射，从而检测障碍物的有无。光电传感器将输入电流在发射器上转换为光信号射出，接收器再根据接收到的光线的强弱或有无对目标物体进行探测。多数光电传感器选用的是波长接近可见光的红外线光波型，因此也称为红外开关。

由于红外线是不可见光，红外探头体积小巧，隐蔽性非常高，所以各种规格的光电传感器、常用于安防保卫领域。

常见的光电传感器可以分类如下。

① 收发一体式。如图 7.1（a）所示，集发射器和接收器于一体，当有被检测物体经过时，物体将发射器发射的光线通过某种方式，例如漫反射或镜面反射等，反射到接收器，当光线数量足够多时，光电开关就产生了开关信号。

② 对射式。如图 7.1（b）所示，包含了在结构上相互分离且光轴相对放置的发射器和接收器，发射器发出的光线直接进入接收器，当被检测物体经过发射器和接收器之间且阻断光线时，光电传感器就产生了开关信号。当检测物体为不透明时，对射式光电传感器是最可靠的检测装置。

③ 槽式。通常采用标准的 U 形结构如图 7.1（c）所示，其发射器和接收器分别位于 U 型槽的两边，并形成一光轴，当被检测物体经过 U 形槽且阻断光轴时，光电传感器就产生了开关量信号。槽式光电传感器比较适合检测高速运动的物体，并且它能分辨透明与半透明物体，使用安全可靠。

(a) 收发一体式　　(b) 对射式　　(c) 槽式

图 7.1　光电传感器

7.2 光电传感器的使用

机器人套件所使用的光电传感器为收发一体式，接 GPIO0～GPIO5 的任意一个接口都可以通过 crater 软件进行数值读取。由于输出是开关量（高低电平），只能判断在测量距离内有无障碍物，不能给出障碍的实际距离。

7.2.1 光电传感器的感应距离与连接

该传感器尾部带有一个感应距离调节旋钮，可以调节传感触发的距离。同时底部还有一个 LED 指示灯，如果发现障碍则 LED 亮，否则暗。一般情况下，可以根据这个信息对光电传感器的好坏进行初步判断。

光电传感器需要连接到控制器上才可以使用，由于 GPIO 接口没有防插反措施，需要将光电传感器的连接接口上的 GND 端（标有“▲”符号）与控制器上的 GPIO 接口的 GND 端（标有“▲”符号）正确连接。

7.2.2　光电传感器的调试

利用 crater 软件的项目菜单下的 Luby 常规监控器可以对光电传感器的好坏进行测试，按照之前的说明进行连接后，在弹出的 Luby 监控器右上侧可以看到光电传感器的测试界面，如图 7.2 所示。

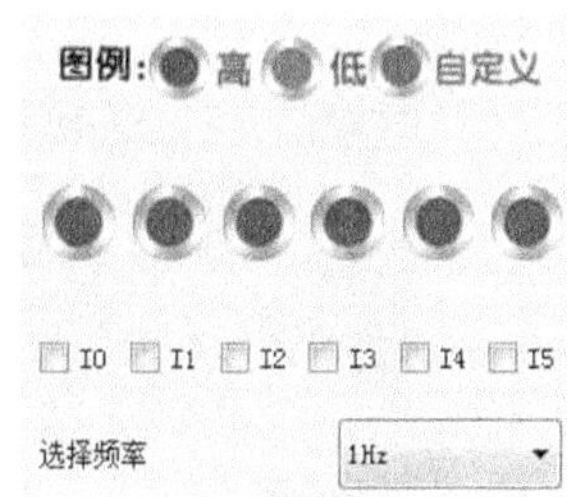

图 7.2　光电传感器的测试界面

选中光电传感器连接的 GPIO 接口号（I0～I5），可以多选，即同时测试多个光电传感器，在选择检测频率后，可以利用障碍物遮挡光电传感器，以观察传感器的好坏。

7.3　简易扫描跟踪平台的搭建

搭建过程主要分为两部分：一是转动底座；二是光电开关探测模块。搭建过程如下。

① 在一个基本舵机组件里面增加 4 个 T 形连接件（见图 7.3（a）），并与 4 个 2×3 孔 L 形结构件连接在一起（见图 7.3（b）），构成转动底座。

② 由于光电传感器需要借助外连件才能与其他结构件相组合，将光电传感器与其外连件进行组合（见图 7.3（c）），在光电传感器上依次放入防护盖、光电开关连接件、防护盖，拧紧后构成光电开关组件（见图 7.3（d））。

③ 将其与 1×2 孔的 L 形连接件相连接构成单探测模块（见图 7.3（e）），利用 2 个单探测模块和一个 5 孔 I 型构件进行连接，构成光电传感器测试模块，如图 7.3（f）所示。

④ 在转动底座上安装舵机连接件（见图 7.3（g）），用螺钉把转动模块与光电传感器测试模块相连，接上必要的连接线至控制器，整个硬件搭建过程完成，完整的示例效果如图 7.3（h）所示。

(a) 舵机模块

(b) 转动底座

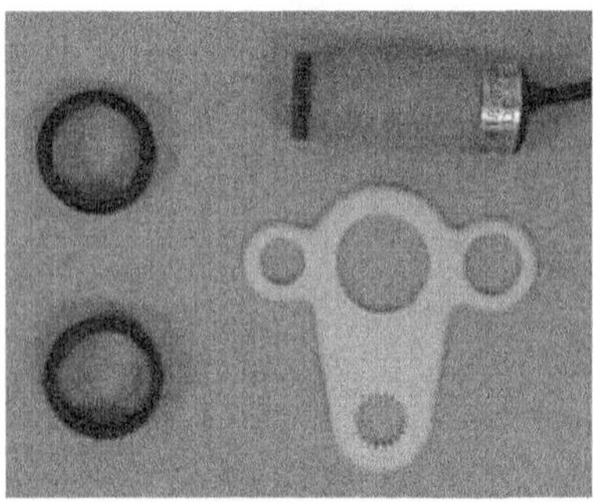

(c) 光电开关模块构件

(d) 光电开关模块

(e) 单探测模块

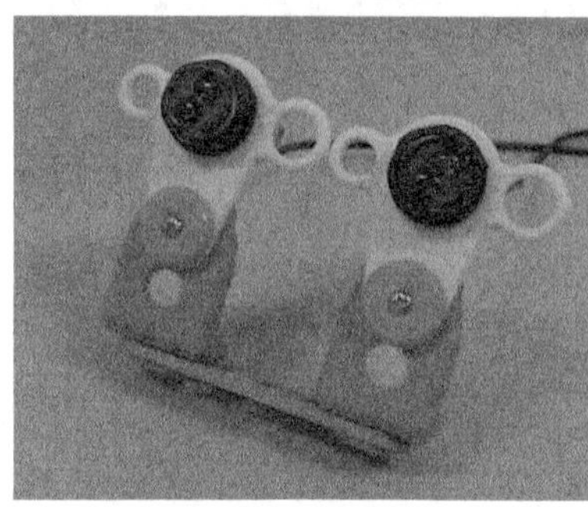

(f) 光电开关探测模块

(g) 安装舵机连接件

(h) 完整平台

图 7.3　光电传感器探测模块的搭建

7.4　关系与逻辑运算符及其表达式

所有的条件/选择控件和循环控件都会使用到关系与逻辑运算符及其表达式，本书在此节进行一个总的说明，在后续控件中将不再说明。

关系运算符用来表示两个数的大小关系，其表达式表示的是两个数进行比较后的结果（真或者假），具体使用见表 7.1。

表 7.1　关系运算符及其表达式

<table>
<tr><th>运算符</th><th>说明</th><th>表 达 式</th><th>含 义</th><th>示 例</th></tr>
<tr><td>></td><td>大于</td><td rowspan="6"><i>Exp</i>1 opt <i>Exp</i>2
（opt 为运算符，<i>Exp</i>1 与 <i>Exp</i>2 为左右两侧的表达式）</td><td>如果 <i>Exp</i>1 的值大于 <i>Exp</i>2 的值，表达式为真，否则为假</td><td rowspan="6">假设 <i>i</i>=2
5>3（结果为假）
<i>i</i>>4（结果为假）
2>=<i>i</i>（结果为真）
1<=<i>i</i>（结果为真）
<i>i</i>!=3（结果为真）
<i>i</i>==3（结果为假）</td></tr>
<tr><td><</td><td>小于</td><td>如果 Exp1 的值小于 Exp2 的值，表达式为真，否则为假</td></tr>
<tr><td>>=</td><td>大于等于</td><td>如果 Exp1 的值大于等于 Exp2 的值，表达式为真，否则为假</td></tr>
<tr><td><=</td><td>小于等于</td><td>如果 Exp1 的值小于等于 Exp2 的值，表达式为真，否则为假</td></tr>
<tr><td>!=</td><td>不等于</td><td>如果 Exp1 的值不等于 Exp2 的值，表达式为真，否则为假</td></tr>
<tr><td>==</td><td>等于</td><td>如果 Exp1 的值等于 Exp2 的值，表达式为真，否则为假</td></tr>
</table>

逻辑运算符表示的是左右两个逻辑量的关系，常用的有逻辑与和逻辑或，具体使用可参考表 7.2。

表 7.2　逻辑运算符及其表达式

<table>
<tr><th>运算符</th><th>说明</th><th>表 达 式</th><th>含 义</th><th>示 例</th></tr>
<tr><td>&&</td><td>逻辑与</td><td>Exp1 && Exp2</td><td>如果 Exp1 和 Exp2 都为真或都不为 0，则整个表达式为真，否则为假</td><td rowspan="2">假设 i=2
5 && 3（结果为真）
i>3 || i<1（结果为假）</td></tr>
<tr><td>||</td><td>逻辑或</td><td>Exp1 || Exp2</td><td>如果 Exp1 和 Exp2 都为假或都为 0，则整个表达式为假，否则为真</td></tr>
</table>

需要注意的是，在非常规使用下，所有非零的数都可以当做“逻辑真”，零则表示“逻辑假”。为了表达的意思明确，应尽量避免用数字直接表达逻辑真或逻辑假。

7.5　控件的使用

本节介绍 3 个控件（组）的使用，分别为 IOinput 数字输入控件、IF 选择控件组、While 循环控件组，如图 7.4 所示。

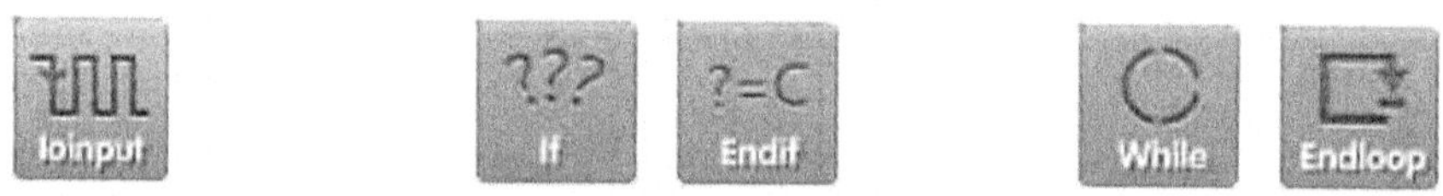

(a) IOinput 数字输入控件　　(b) IF 选择控件组　　(c) While 循环控件组

图 7.4　本章涉及的新控件（组）

7.5.1　IOinput 数字输入控件的使用

IOinput 数组输入控件（以后简称数字输入控件）位于工具箱中的内部资源栏，拖到一个数字输入控件到图形化编程窗口，双击出现设置界面，需要设置的属性如图 7.5 所示。

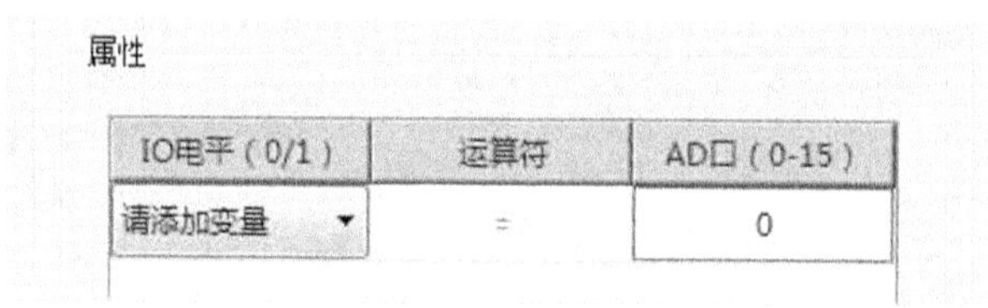

图 7.5　数字输入控件设置界面

等号左侧只能选择下拉列表中存在的变量，不支持常量；等号右侧支持 0～15 的常量，也支持变量，但范围应限制在 0～15。

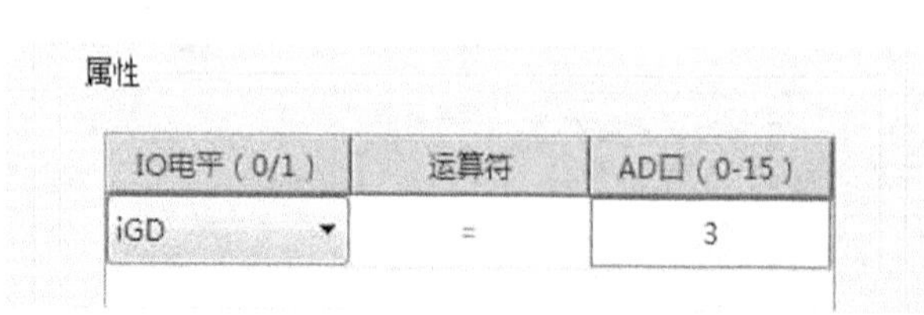

图 7.6　数字输入控件的设置示例

一般在使用数字输入控件之前，需要额外添加一个变量控件，假设添加的变量为 iGD，光电传感器连接到 GPIO3，进行图 7.6 所示的设置后，如果图形化程序运行至该数字输入控件，则可以实现光电传感器信息的检测，并将检测值返回给 iGD。

数字输入控件在运行至该控件时才进行采集，初学者应避免运行一次后，程序全程都会自动更新的想法。

7.5.2 IF 选择控件组的使用

IF 选择控件主要用于根据不同条件进行不同处理的情况，需要与 Endif 控件联合使用，两个控件位于工具箱中的公共资源列表下，添加 IF 选择控件时，会自动添加 Endif 控件。

IF 控件有两条输出连线，这两条下连线连接其他控件后，最终要回到 Endif 控件，作为 Endif 控件的两条输入连线。两条连线之间可以没有其他控件（即不做任何事情，也需要将其进行直接相连），但是两条分支不能在 Endif 控件之前存在连接。

Endif 选择结束控件不需要进行任何设置。

IF 选择控件可以组成图 7.7 所示的几种结构类型，其中前两种为常见类型。

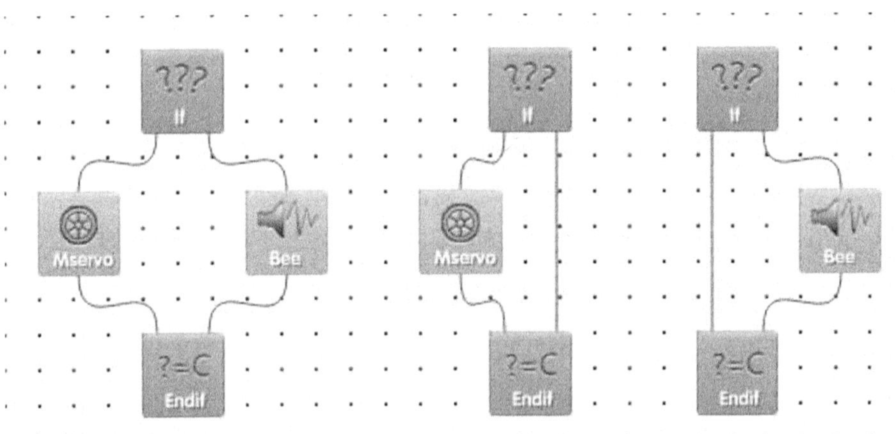

图 7.7 IF 选择控件组的常见结构类型

在 IF 选择控件里面设置判断条件，当程序运行至此控件时，如果判断条件为真，则选择左边的输出连线，否则选择右边的输出连线。

双击 IF 选择控件后，在弹出的对话框（见图 7.8）中设置 IF 控件的判断条件，第一列表格表示的是各个判断条件之间的逻辑关系（第一行的逻辑关系可以忽略），第二列表格为判断条件，第三列为删除该行判断条件。

按下（判断条件）增加按钮，增加一行判断条件。假设存在两个光电传感器 S1、S2 与变量 iGD1、iGD2 相连，图 7.9 和图 7.10 分别实现两个光电传感器同时检测到目标（或障碍物）和任意一个传感器检测到目标则为真。

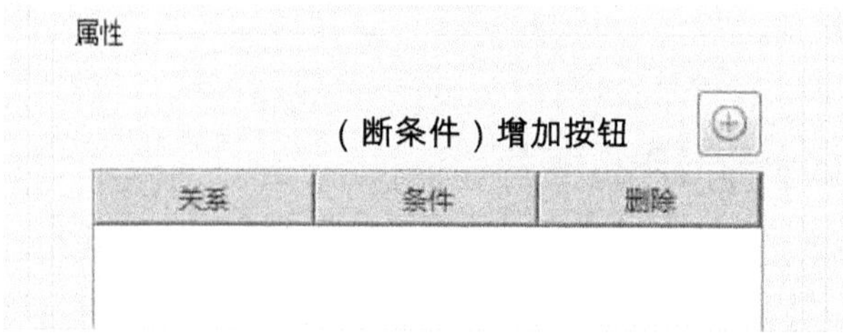

图 7.8　IF 选择控件设置界面

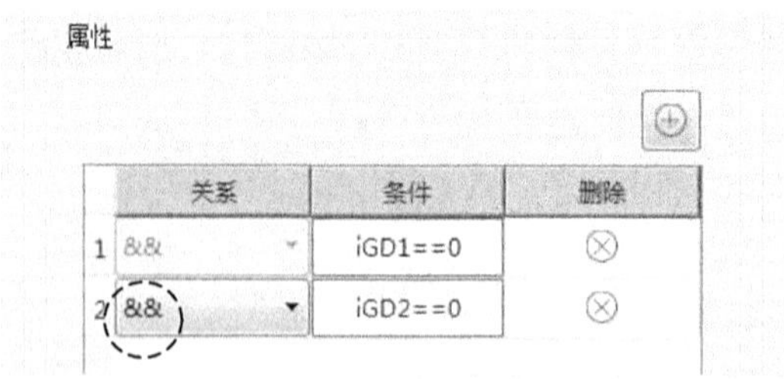

图 7.9　两个传感器同时检测到目标

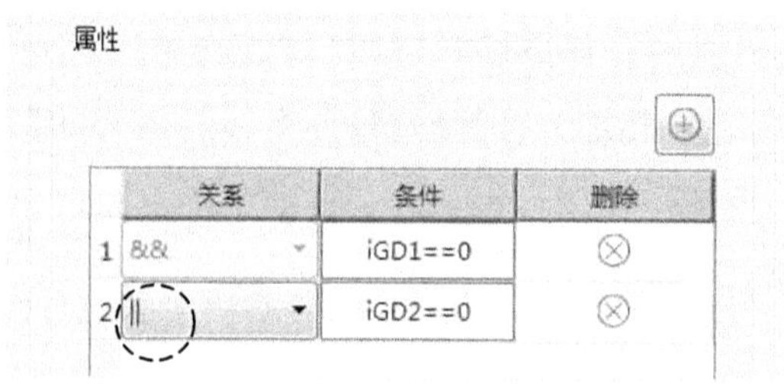

图 7.10　任意一个传感器检测到目标

7.5.3　While 循环控件组的使用

循环控件 While 与 Endloop 成对使用，一般情况下，如果不满足 While 控件设置的条件，程序执行 Endloop 后的连接控件，跳出循环；满足则执行其与 Endloop 控件之间的接连控件的功能，然后再次判断是否满足 While 控件设置的条件，从而构成循环。

While 循环空间组位于工具箱的公共资源栏，双击 While 控件，可以在弹出的“条件循环设置”对话框中进行循环条件的设置，如图 7.11 所示。默认设置下，While 循环控件构成无限循环。

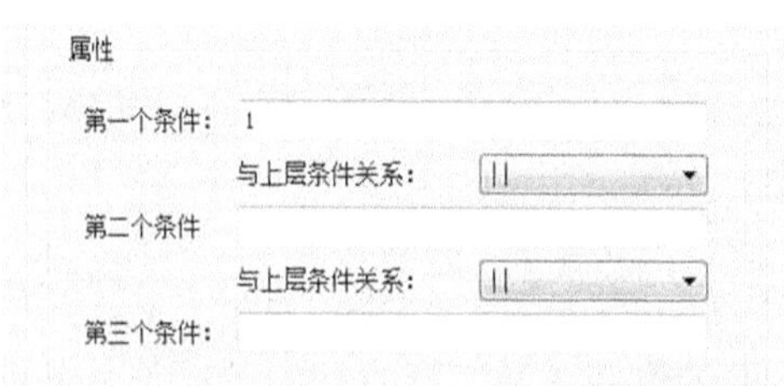

图 7.11　While 循环控件属性页

对于 While 循环控件的条件和关系，与之前所学过的 IF 选择控件的设置内容相似，这里不再赘述。

Endloop 循环结束控件是通用的循环结束控件，不需要进行属性设置。

7.6　图形化程序设计

本任务虽然简单，但是机器人的 3 个组成部分（感知、控制、执行）都包含在内，如图 7.12 所示。

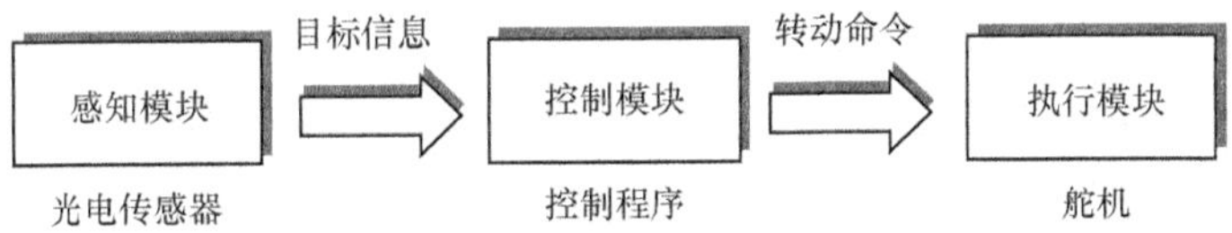

图 7.12　各组成部分运行流程

感知信息是控制的依据，控制模块（控制程序）首先要得到感知模块（光电传感器）提供的信息，然后才决定是转动还是停留在障碍物方向上。如果控制模块首先执行转动命令，再去获取感知信息，那么此时是否有障碍物都无法对舵机转动造成影响，从而无法实现本任务要求的功能。所以在流程的流程控制上，控制程序首先需要获取光电传感器的障碍物信息，然后根据这个信息决定舵机是否应该转动。

7.6.1　IF 选择控件的简单应用

为了帮助本节图形化程序的理解，本小节先进行一个简单选择功能的实现：只使用一个光电传感器，如果没有发现目标则转动，发现则停止。假设光电传感器连接到 GPIO1 接口。

图形化程序编写过程如下。

① 添加变量控件，定义全局变量 *iGD*，如图 7.13（a）所示。

② 利用 While 循环控件，保持默认设置，实现无限循环，如图 7.13（b）所示。

③ 将 *iGD* 与数字输入控件相关联，关联式子为：$iGD = 1$，如图 7.13（c）所示。

④ 添加 IF 选择控件，判断条件为：$iGD == 0$，为真设置舵机转速为 300，为假则设置转速为 0，并将两条分支连接与 Endif 控件，如图 7.13（d）所示。

⑤ 最后利用延时控件，设置合适的控制周期，连接 Endloop 控件与结束控件，完成整个图形化程序的编写，如图 7.13（e）所示。

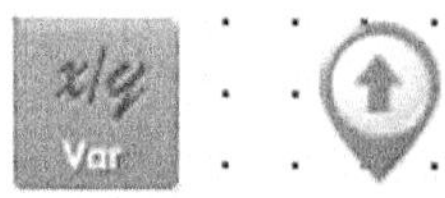

(a) 添加全局变量

(b) 添加 While 无限循环

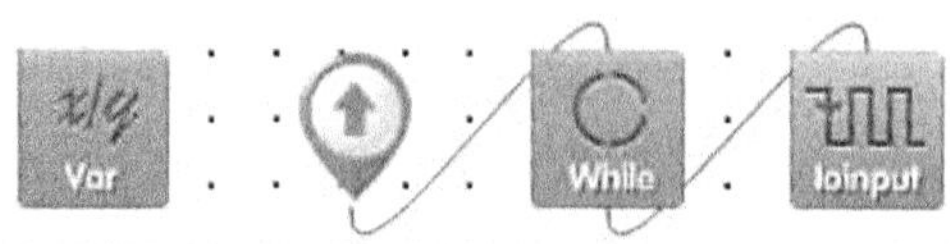

(c) 关联光电传感器与全局变量

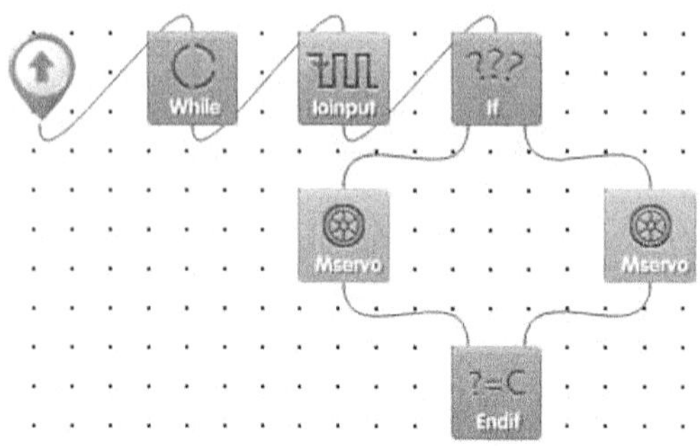

(d) 设置分支

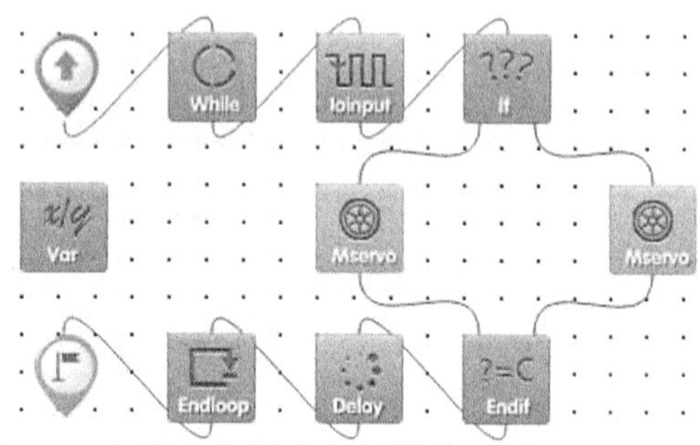

(e) 完整图形化程序

图 7.13　图形化程序的编写过程

由于循环条件为 1，即每次循环判断都为真，所以实际上转动平台是不会停止工作的。

7.6.2　本章图形化程序的设计

本小节的功能需要在 IF 选择控件的分支中再次使用 IF 选择控件，即选择结构的嵌套。具体的图形化程序编写过程如下：

① 利用两个变量控件设置全局变量 *iGD*1、*iGD*2，用来获取光电传感器的信息，如图 7.14（a）所示。

② 利用 While 循环控件，保持默认设置，实现无限循环，添加延时控件，设置控制周期为 100ms，将变量 *iGD*1、*iGD*2 数字输入控件相关联，图形化程序如图 7.14（b）所示。

假设（面对平台时）左右两个光电传感器分别连接到 GPIO1 和 GPIO2，则两个数字输入控件的关联式为：*iGD*1 = 1 和 *iGD*2 = 2。

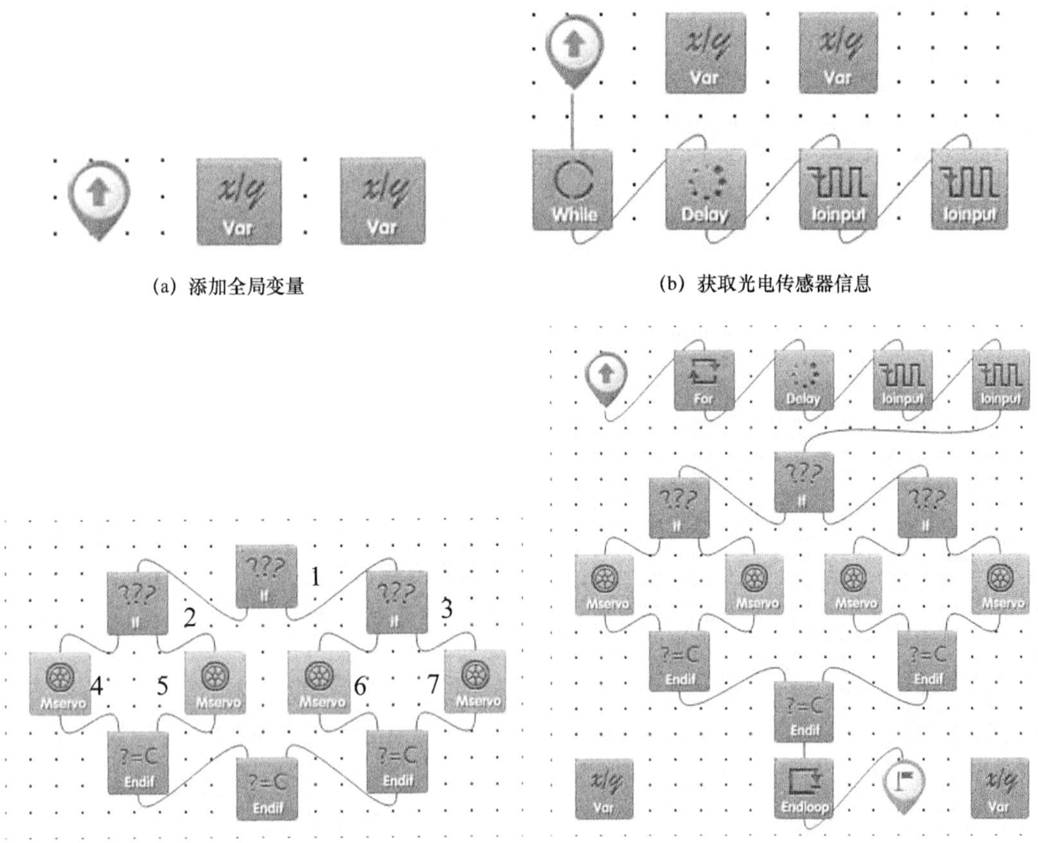

(a) 添加全局变量　(b) 获取光电传感器信息

(c) 速度设置　(d) 完整图形化程序

图 7.14　简易扫描跟踪平台图形化程序的编写过程

③ 增加 3 个 IF 选择控件，在一个 IF 选择控件的分支下，分别再添加 IF 选择控件，对可能出现的 4 种情况进行处理。图 7.14（c）中的 3 个 IF 选择控件的判断条件依次如下。

$iGD1 == 0$

$iGD2 == 0$

$iGD2 == 0$

分别构成以下 4 种情况（从左至右的分支）。

a．左侧（$iGD1$）与右侧（$iGD2$）检测到目标

IF 判断条件：$iGD1==0$ && $iGD2==0$;

舵机设置：停止运动，速度为 0。

b．仅左侧检测到目标

IF 判断条件：*iGD*1==0 && *iGD*2==1。

舵机设置：左转，速度为 300（假设转动正方向为左转）。

c．仅右侧检测到目标

IF 判断条件：*iGD*1==1 && *iGD*2==0。

舵机设置：右转，速度为−300。

d．左右侧都没有检测到目标

IF 判断条件：*iGD*1==1 && *iGD*2==1。

舵机设置：左转，速度为 300。

④ 连接循环结束控件和结束控件，得到完整的图形化程序，如图 7.14（d）所示。

7.7　C 语言程序设计

本节需要使用新的 API，用来实现获取数字 IO 的输入，具体的 API 信息见表 7.3。

表 7.3　数字输入函数

函数原型	u8 UP_ADC_GetIO(u8 Channel)	
作用	获取通道 channel 连接的光电传感器信息	
返回说明	当前光电传感器发现目标/障碍的情况，0 为发现，1 为未发现	
形参说明	Channel	光电传感器连接通道的 ID

根据 7.6 节的图形化程序流程，可以得到图 7.15 所示的简易扫描跟踪平台的 C 程序代码。

```
#include "Uplib\UP_System.h"
int iGD2 = 0;
int iGD1 = 0;

int main(void)
{
    UP_System_Init();
    for(; ; )                                    //无限循环
    {
```

图 7.15　简易扫描跟踪平台的 C 代码

```
        UP_delay_ms(1000);
        iGD1 = UP_ADC_GetIO(1);                    //获取光电传感器信息
        iGD2 = UP_ADC_GetIO(2);
        if( iGD1==0 )
        {
            if( iGD2==0 )                          //左右侧均发现目标，停止
            {
                UP_CDS_SetSpeed(1,0);
            }
            else                                   //仅左侧发现目标，左转
            {
                UP_CDS_SetSpeed(1,300);
            }
        }
        else
        {
            if( iGD2==0 )                          //仅右侧发现目标，右转
            {
                UP_CDS_SetSpeed(1,-300);
            }
            else                                   //左右侧均没有发现目标，搜索
            {
                UP_CDS_SetSpeed(1,300);
            }
        }
    }
}
```

图 7.15 简易扫描跟踪平台的 C 代码（续）

第8章 避障机器人的设计与制作

使用套件与软件说明

本任务使用高级版机器人套件和 Crater 软件实现，也可以使用标准版的机器人套件和 NorthSTAR 实现，实现流程与参数设置可以参考本章，具体实现程序见第 28 章 28.4 节。

8.1 示例项目说明

本节示例的机器人依据第 4 章的要求进行设计与制作。由于所需的技术在前面章节已经进行讲述，故在本章重点讲解如何搭建机器人与编制机器人图形化和 C 语言程序。

为了降低难度，假设路径不存在死胡同的情况以及铺设的封闭路径不存在岔道。

8.2 避障机器人的搭建

运动平台采用第 5 章的四轮驱动平台，本节主要讲述在此平台上加装障碍检测传感器。

为了保证传感器与控制器之间的连接，利用光电开关组件和 1×1 和 1×2 的 L 形结构件的两种光电传感器支撑平台（见图 8.1（a)、（b)），每种 2 个，分别安装在机器人的前端和左右两端，构成本节所需要的避障机器人（见图 8.1（c)、（d)）。

8.3 避障原理

由于存在 4 个光电传感器，每个传感器具有两种状态，那么机器人需要分析的障碍情形存在 16（2^4）种，再加上每种情形下机器人可能出现的位置状态（如图 8.2 中的唯有左侧开关检测到障碍的 3 种情形），那么机器人需要分析的情况则可能变成几十种，如果完全处理，程序将会变得十分复杂。

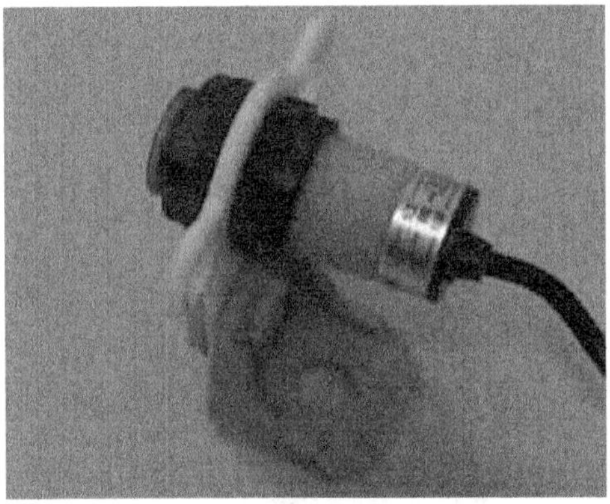

(a) 基本舵机模块与短 U 形结构件相连

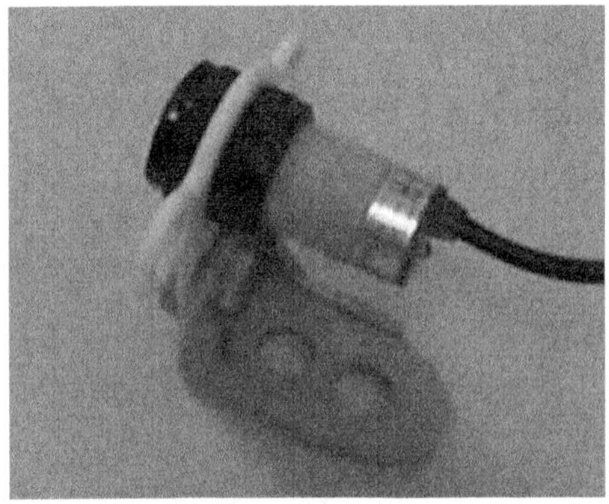

(b) 与控制器相连

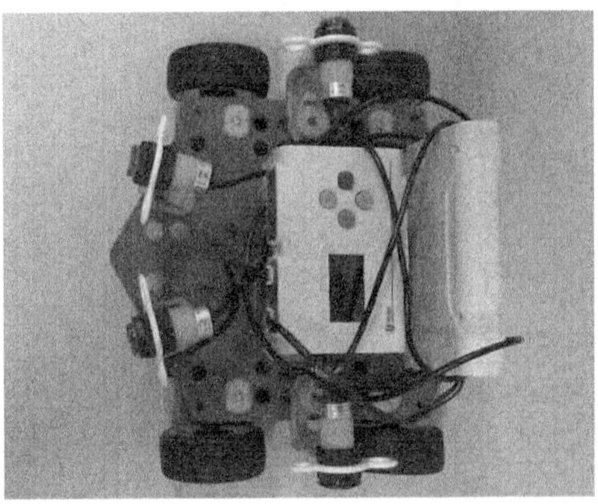

(c) 光电传感器探测模块

(d) 简易雷达扫描机构

图 8.1 光电传感器探测模块的搭建

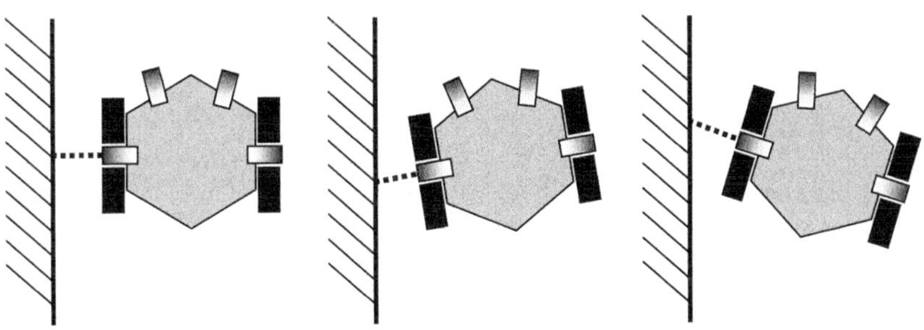

图 8.2 仅左侧检测到障碍的机器人位置情形

本节仅对主要的情形进行分析，读者可自行完成所有情形的处理。

假设左前、右前、左侧、右侧的光电开关分别为 *gdFL*、*gdFR*、*gdBL*、*gdBR*，检测到障碍为 1，否则为 0。

① *gdFL*==1 && *gdFR*==1

此时正前方存在障碍，根据其他两个光电开关判断原地转动的转向。

gdBL==1：原地右转（见图 8.3（a））。

gdBL==0 && *gdBR*==*x*：原地左转，*x* 表示可能出现的所有状态（见图 8.3（b））。

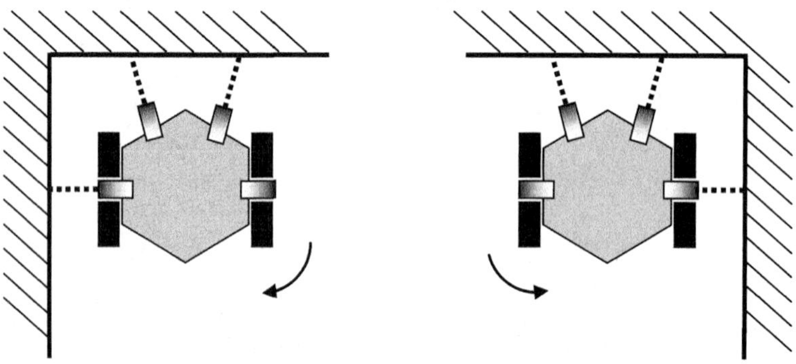

(a) 仅右侧无障碍　　(b) 仅左侧无障碍

图 8.3　前方左右均存在障碍的情形

② *gdFL*==1 && *gdFR*==0

左前方存在障碍，右前方没有发现障碍。正常情况下，机器人应右转，但是存在如图 8.4 所示的情形，此时机器人应左转。

③ *gdFL*==0 && *gdFR*==1

左前方没有发现障碍，右前方发现障碍。与②相似，存在如图 8.5 所示的情形，此时机器人应左转。

④ *gdFL*==0 && *gdFR*==0

当前方没有发现障碍物时，左右两侧的光电开关主要实现的是防止机器人碰壁的功能。

gdBL==1 && *gdBR*==0：慢右转（见图 8.3（a））。

gdBL==0 && *gdBR*==1：慢左转（见图 8.3（b））。

gdBL==1 && *gdBR*==1：直行，由于无法判断两侧障碍物的距离，先直行至一侧无法检测到障碍物时再进行处理。

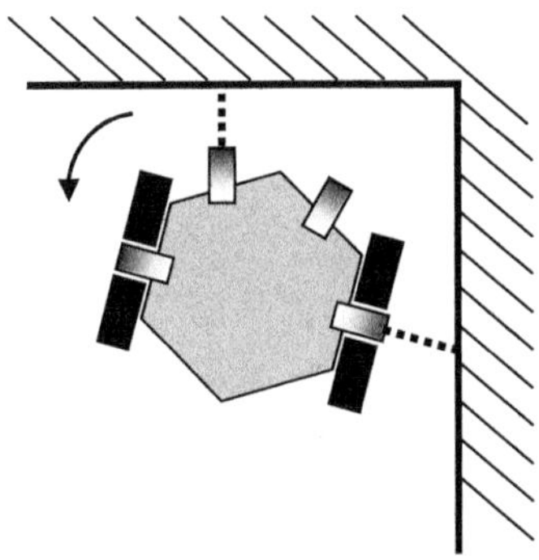

图 8.4　左前、右侧检测到障碍物

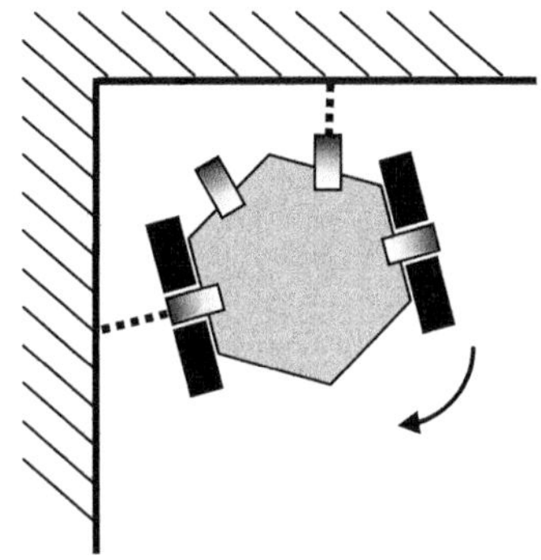

图 8.5　右前、左侧检测到障碍物

gdBL==0 && *gdBR*==0：直行，没有发现障碍物。

以图 8.3（b）为例，当仅有左侧发现障碍物时，不论何种情形，都需要机器人往右靠，即前行中带有缓慢的右转，仅有右侧发现障碍物时也可进行类似分析。

8.4　图形化程序设计

根据 8.3 节的避障原理，可以对图形化程序进行编写。编写过程参考如下。

① 利用 4 个变量控件设置全局变量 *gFL*、*gFR*、*gBL*、*gBR*，分别代表左前、右前、左侧、右侧光电开关获取到的障碍物信息，如图 8.6 所示。

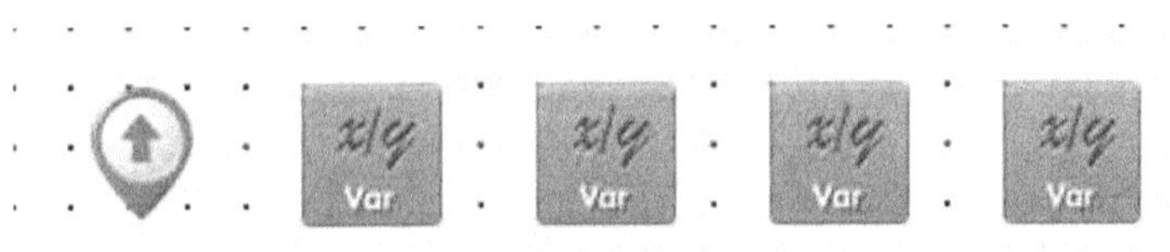

图 8.6　添加全局变量

② 利用 For 循环控件实现无限循环，添加延时控件设置控制周期，控制周期为 100ms，将变量 *gFL*、*gFR*、*gBL*、*gBR* 与 4 个数字输入控件相关联，注意对应好光电开关，图形化程序如图 8.7 所示。

③ 增加 3 个 IF 选择控件，在 1 个 IF 选择控件的分支下，分别再添加 2 个 IF 选择控件，对可能出现的 4 种情况进行处理。图 8.8 中的 3 个 IF 选择控件的判断条件分别如下。

a．*gFL* == 0。

b．*gFR* == 0。

c．$gFR == 0$。

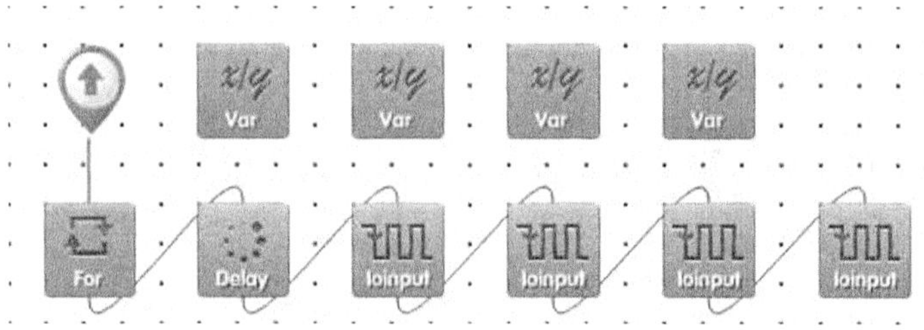

图 8.7　矩形轨迹程序

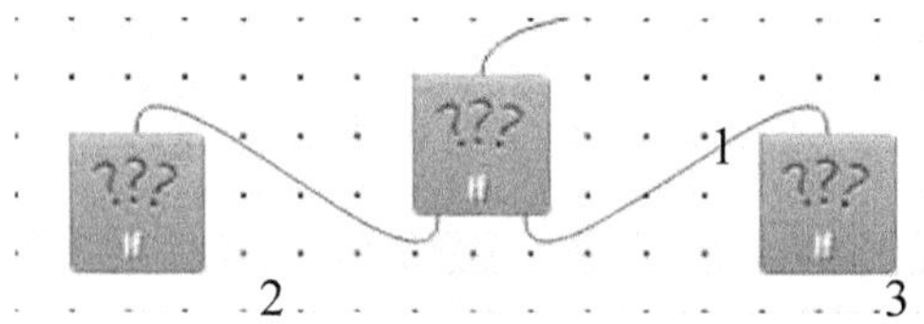

图 8.8　添加 IF 选择控件

分别构成以下 4 种情况（从左至右的分支）。

$gFL == 0$ && $gFR == 0$：左前、右前的光电开关均检测到障碍物。

$gFL == 0$ && $gFR == 1$：右前的光电开关没有检测到障碍物。

$gFL == 1$ && $gFR == 0$：左前的光电开关没有检测到障碍物。

$gFL == 1$ && $gFR == 1$：左前、右前的光电开关均没有检测到障碍物。

④ 左前光电开关发现障碍的情形分为 4 种，图形化程序如图 8.9 所示。

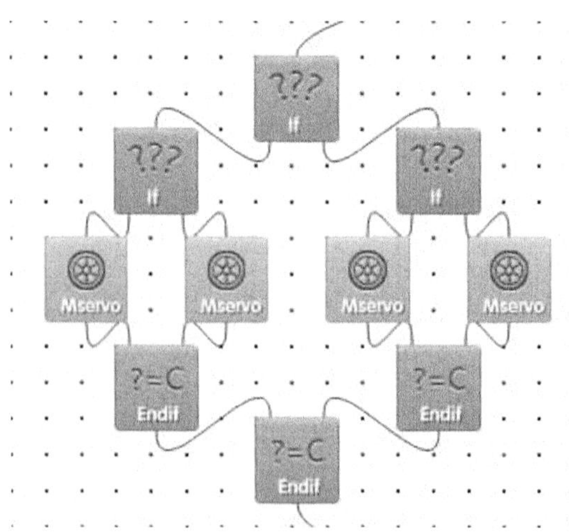

图 8.9　左前光电开关发现障碍

舵机速度设置根据平台运行方式合理设置即可。

⑤ 左前光电开关没有检测到障碍的情形共分为 6 种，图形化程序如图 8.10 所示。

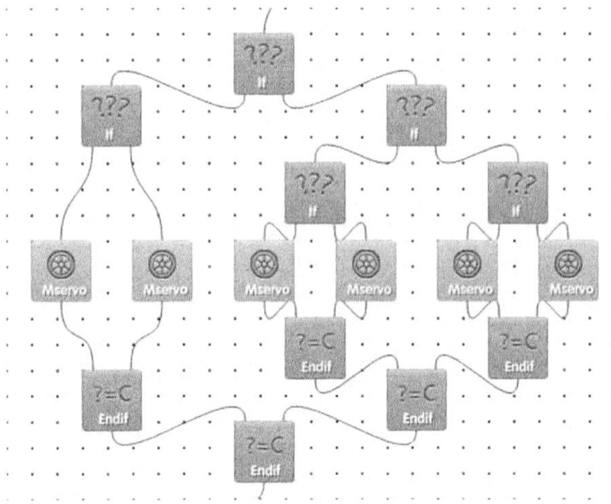

图 8.10　左前光电开关没有检测到障碍

⑥ 连接好循环结束控件及程序结束控件，构成完整的图形化程序，如图 8.11 所示。

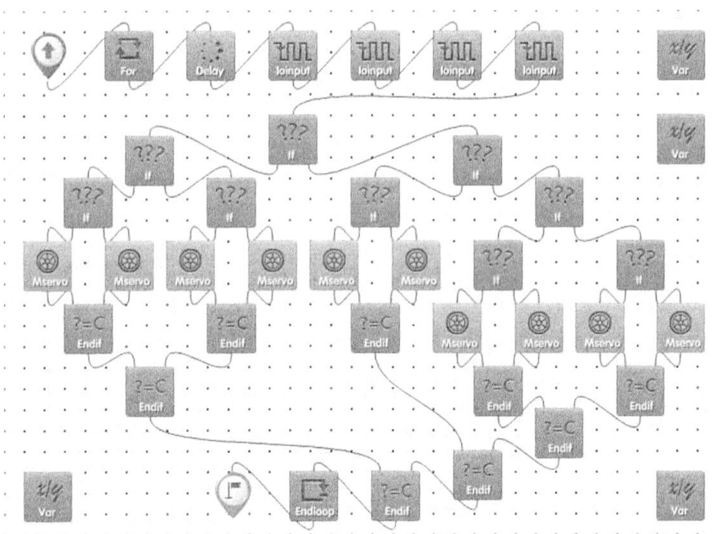

图 8.11　完整的图形化程序

需要说明的是，机器人运行效果的好坏，不仅与处理流程有关，也和机器人运行速度、路径的铺设、光电开关检测距离等因素有关，在调试时，需要耐心地对各种情形进行具体分析，才能得到较为理想的结果。

8.5 C 语言程序设计

根据 8.4 节的图形化流程，可以得到图 8.12 所示的 C 程序代码。

```
#include "Uplib\UP_System.h"

int main(void)
{
    int  gBR, gBL, gFR, gFL;
    int  arSpeed[4]={0};
    int  arID[4]={1,2,3,4}
    UP_System_Init();

    while ( 1 )
    {
        UP_delay_ms(100);
        gFL = UP_ADC_GetIO(0);
        gFR = UP_ADC_GetIO(1);
        gBL = UP_ADC_GetIO(2);
        gBR = UP_ADC_GetIO(3);
        if( gFL==0 && gFR==0 )                //左前、右前光电开关检测到障碍
        {
              if(gBL==0)                      //左侧检测到障碍
              {
                arSpeed[0]=350; arSpeed[1]=350;
                arSpeed[2]=350; arSpeed[3]=350;          //原地右转
                UP_CDS_Set4MotoSpeed(arID,arSpeed);
              }
              else if ( gBR==0 )              //仅右侧检测到障碍
              {
                arSpeed[0]=-350; arSpeed[1]=-350;
                arSpeed[2]=-350; arSpeed[3]=-350;        //原地左转
                UP_CDS_Set4MotoSpeed(arID,arSpeed);
              }
           }
           else if (gFL==0 && gFR==1 )      //左前检测到，右前没检测到
           {
             if(gBR==0)                       //右侧检测到
             {
                arSpeed[0]=-350; arSpeed[1]=-350;
                arSpeed[2]=-350; arSpeed[3]=-350;          //原地左转
                UP_CDS_Set4MotoSpeed(arID,arSpeed);
             }
```

图 8.12　避障机器人的 C 程序代码

```
            else
            {
                arSpeed[0]=350; arSpeed[1]=350;
                arSpeed[2]=350; arSpeed[3]=350;          //原地右转
                UP_CDS_Set4MotoSpeed(arID,arSpeed);
            }
        }
        else if (gFL==1 && gFR==0 )                //左前没检测到，右前检测到
        {
            if(gBL==0)                             //左侧检测到
            {
                arSpeed[0]=-350; arSpeed[1]=-350;
                arSpeed[2]=-350; arSpeed[3]=-350;        //原地右转
                UP_CDS_Set4MotoSpeed(arID,arSpeed);
            }
            else
            {
                arSpeed[0]=350; arSpeed[1]=350;
                arSpeed[2]=350; arSpeed[3]=350;          //原地左转
                UP_CDS_Set4MotoSpeed(arID,arSpeed);
            }
        }
        else                                             //前方无障碍
        {
            if ( gBL==0 && gBR==1 )                      //左侧有障碍
            {
                arSpeed[0]=350; arSpeed[1]=--300;
                arSpeed[2]=350; arSpeed[3]=--300;        //前行右转
                UP_CDS_Set4MotoSpeed(arID,arSpeed);
            }
            else if ( gBL==1 && gBR==0 )                 //右侧有障碍
            {
                arSpeed[0]=350; arSpeed[1]=-350;
                arSpeed[2]=350; arSpeed[3]=-350;
                UP_CDS_Set4MotoSpeed(arID,arSpeed);
            }
            else
            {
                arSpeed[0]=300; arSpeed[1]=-350;
                arSpeed[2]=300; arSpeed[3]=-350;
                UP_CDS_Set4MotoSpeed(arID,arSpeed);
            }
        }                       //分支处理结束
    }                           //循环处理结束
}                               //主函数结束
```

图 8.12 避障机器人的 C 程序代码（续）

第3篇

除障机器人

第 9 章 除障机器人项目说明

9.1 项目来源

在生活中，吸尘器等清洁机器由于能够减少人们的劳动量，在世界范围内普及度非常高。但传统的清洁机器只属于家用电器类别，没有智能性或智能程度很低。相对传统清洁机器，智能清洁机器人配备了声纳、视觉等传感器进行环境感知，具备自主充电、路径规划、远程监控等智能化功能，随着成本的降低以及技术的成熟，必将影响人们的基本生活。

在某些特殊应用领域，例如石油、化工、高辐射等环境，存在众多需要除障的场合，如高压输电线的除冰、辐射物体的掩埋等，这些人们并不适合从事工作的场合，也是除障机器人大展拳脚的地方。

本项目利用机器人套件搭建一个带有机械手的轮式机器人，对障碍检测、机械手控制等工作流程进行设计与实现，使学生对距离信息获取、关节运动控制等机器人相关知识有一个较为深入的认识。

图 9.1 列举了除障机器人核心功能的应用。

(a) 清洁机器人

(b) 搬运机器人

图 9.1　除障机器人核心功能的应用

9.2 项目要求

本项目要求设计一个能够检测障碍以及清除障碍的机器人。机器人在行走路径上利用传感器发现障碍并能够对障碍进行定位，控制机械手抓取障碍，并放置到与机器人相连的存储区域中。

具体要求如下。

① 以普通轮式运动作为机器人的运动方式。

② 传感器能够发现障碍以及对障碍进行定位。

③ 机器人能够控制机械手运动，控制抓手抓取和放置障碍物。

④ 整个工作流程按照安全原则进行。

搭建的除障机器人如图 9.2 所示。

图 9.2　除障机器人的实体示例

9.3 项目分析与任务分解

本项目中，除了之前已经实现的机器人轮式运动控制等功能外，还需要对多自由度机械手的运动控制、障碍物定位等功能进行实现。本节首先分析项目流程的基本运行，提取出所需要掌握的知识与技术，然后以任务的形式学习这些知识与技术，最终实现整个项目。

9.3.1 项目流程与功能分析

项目整体运行流程的可行性，是项目是否能够最终实现的基础。通过分析项目要求，可以得到以下的项目运行流程。

SP① 机器人开始运动，并利用传感器检测周围障碍信息。

SP② 机器人利用传感器对障碍进行抓取前的定位。

SP③ 机器人停止运行并控制多自由度机械手运动。

SP④ 机器人控制抓手抓取障碍并放置障碍。

SP⑤ 机器人继续运行并检测，采用周期性控制，机器人返回 SP②，循环运行。

以上流程所涉及的功能需要由感知、控制、执行 3 个模块完成。可以得到各个模块在流程中所负责的工作如下。

① 控制模块：轮式运动控制、机械手运动控制（SP①、SP③）。

② 感知模块：障碍检测与定位（SP①、SP②）。

③ 执行模块：机器人常规运动、各关节配合运动至定点（SP③、SP④）。

项目系统结构如图 9.3 所示。

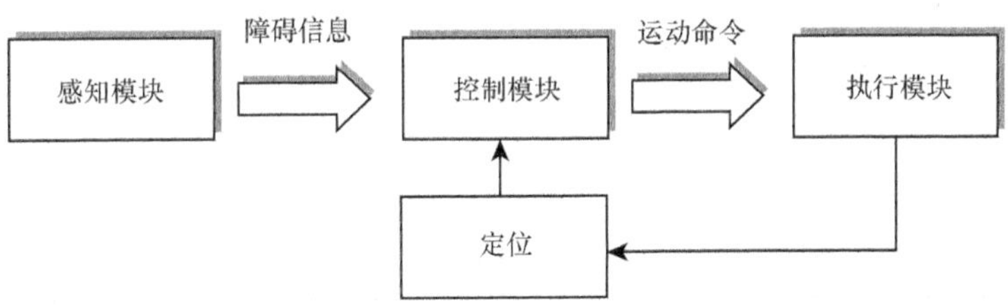

图 9.3　项目系统结构

9.3.2 技术提取与任务分解

要完成项目要求，机器人必须实现各个模块所涉及的新知识与新技术。

① 控制模块。FN① 机械手运动流程控制。

② 感知模块。FN② 障碍检测与定位。

③ 执行模块。FN③ 单舵机与多舵机的控制。

根据项目需要实现的主要技术功能，本章将这些功能融合在一个个分任务中，在掌握分任务中的技术后，在进行综合项目的设计与实现。分任务有以下几种。

① **简易躲避平台**（实现 FN③）：技术任务，掌握如何在程序中控制舵机的转动，以及舵机与光电传感器的配合使用。

② **多自由度机器人的运动控制**（实现 FN③）：技术任务，实现如何确定一个多关节机械手的位置，并控制机械手的时序运动。

③ **基于红外控制的跟随机器人**（实现 FN②）：学习红外测距的原理，搭建直行跟随机器人，控制障碍物与机器人的距离始终在一定范围内。

④ **搬运机器人的设计与制作**（实现 FN③）：工件到达且可以抓取并放置时，机器人便从初始位置利用关节的运动在拾取工位上抓取工件，并放置于相对应的放置工位上。

⑤ **避障机器人的设计与制作**：根据示例的项目要求设置自己的项目要求，利用之前分任务实现的功能与技术，完成综合项目的设计制作与实现。

第 10 章 多关节机械手的运动控制

任务说明

仿照工业机器人搭建一个简易的多关节机械手（至少 3 个关节），并使机械手能够实现一个完整的运动流程（如本节介绍的刨推运动）。

任务要求

① 能够按照示例搭建多关节机械手主体。

② 能够根据目标点位置获取各个舵机的当前角度。

③ 合理设计运动流程，能够正确编写运动流程的图形化程序。

④ 了解相关系统函数，能够编写机械手的 C 语言程序。

使用套件与软件说明

本任务既可以使用高级版机器人套件和 Crater 软件实现，也可以使用标准版的机器人套件和 NorthSTAR 实现，实现流程与参数设置将在本章介绍，具体实现程序见第 29 章的 29.1 节。

10.1 工业机器人常用坐标系

工业机器人在进行轨迹运动时，需要坐标系的支持，一般工业机器人都会提供多种坐标系以适应不同的任务，虽然不同厂家提供的坐标系都略有区别，但是一般都具有以下 3 种坐标系（见图 10.1）。

（1）关节坐标系

关节坐标系是机器人最常见的坐标系，以每个电机的轴心线为轴，以相对每个轴原点位置的绝对角度为坐标值。由于常见的工业机器人多以 6 轴出现，所以利用关节坐标系表示一个空间位姿时是一个 6 分量的坐标。

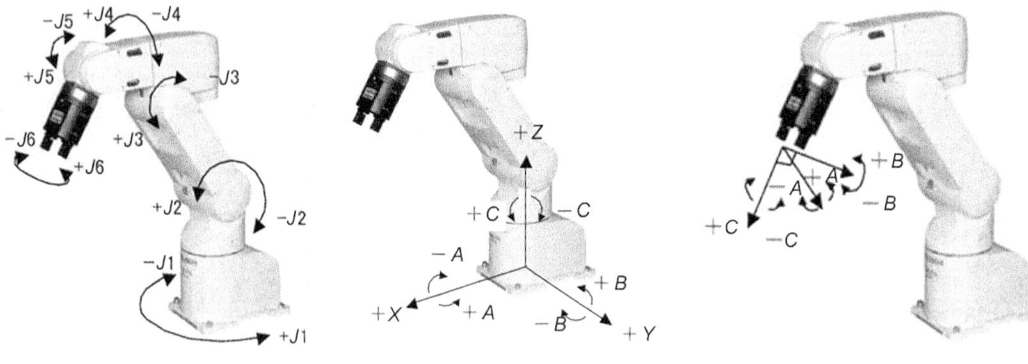

(a) 关节坐标系　(b) 直角坐标系　(c) 工具坐标系

图 10.1　工业机器人的常见坐标系

（2）直角坐标系

直角坐标系是人们最习惯使用的坐标系，由 3 个相互垂直的坐标轴以及绕坐标轴旋转的转动分量组成。

（3）工具坐标系

由于工业机器人最终执行工作任务的是末端执行机构，所以绝大部分工业机器人都会提供工具坐标系，以末端的电机的轴心线为轴，根据一定的原则进行坐标系的建立，各个厂家的工具坐标系在细节上可能会略有差异。

10.2　多关节机械手的搭建

本任务主要是控制一个三关节机械手的运动，模拟一个将货物刨推入库的流程。

多关节机械手的搭建过程如下。

① 利用两个 L 形件和舵机组件搭建机械手底部，并将一个三孔中 U 形件与舵机相连，如图 10.2（a）所示。

② 将机械手底部安装在底盘上，如图 10.2（b）所示。

③ 利用舵机组件和 U 形件连接成机械手中段，如图 10.2（c）所示。

④ 将机械手中段和机械手底部相连接，如图 10.2（d）所示。

⑤ 利用舵机组件和弯曲的 L 形件连接成机械手末端，如图 10.2（e）所示。

⑥ 将机械手末端与机械手中段相连，形成完整的三关节机械手，如图 10.2（f）所示。

(a) 机械手底部

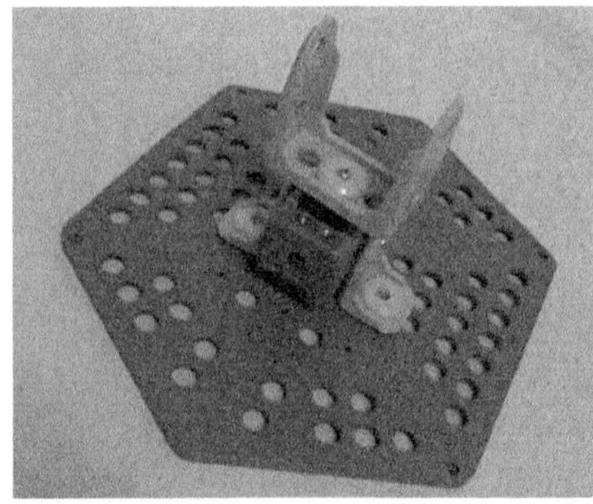

(b) 机械手中段

(c) 机械手中段

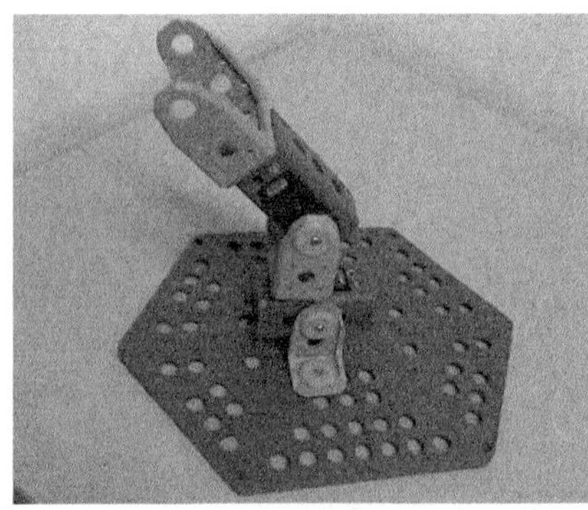

(d) 机械手主体

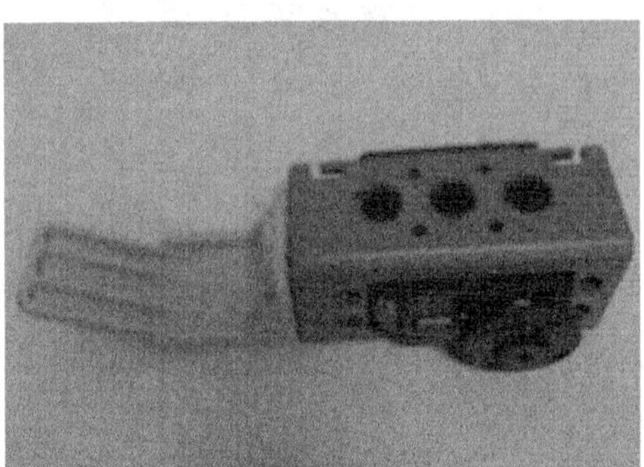

(e) 机械手末端

(f) 机械手主体

图 10.2　多关节机械手主体的搭建过程

10.3　运行流程及目标点点数据获取

本任务模拟一个简化了的将货物刨推入库的流程，如图 10.3 所示。机械手的运行流程可以归纳为如下步骤。

① 复位：初始位置复位，如图 10.3（a）所示。

② 转向：机械手转动至刨推方向，如图 10.3（b）所示。

③ 弯曲：机械手中段弯曲，如图 10.3（c）所示。

④ 刨推准备：刨推末端到位，如图 10.3（d）所示。

⑤ 刨推：进行刨推动作，如图 10.3（e）所示。

⑥ 机械手逆序完成之前的动作，直至复位，如图 10.3（f）所示。

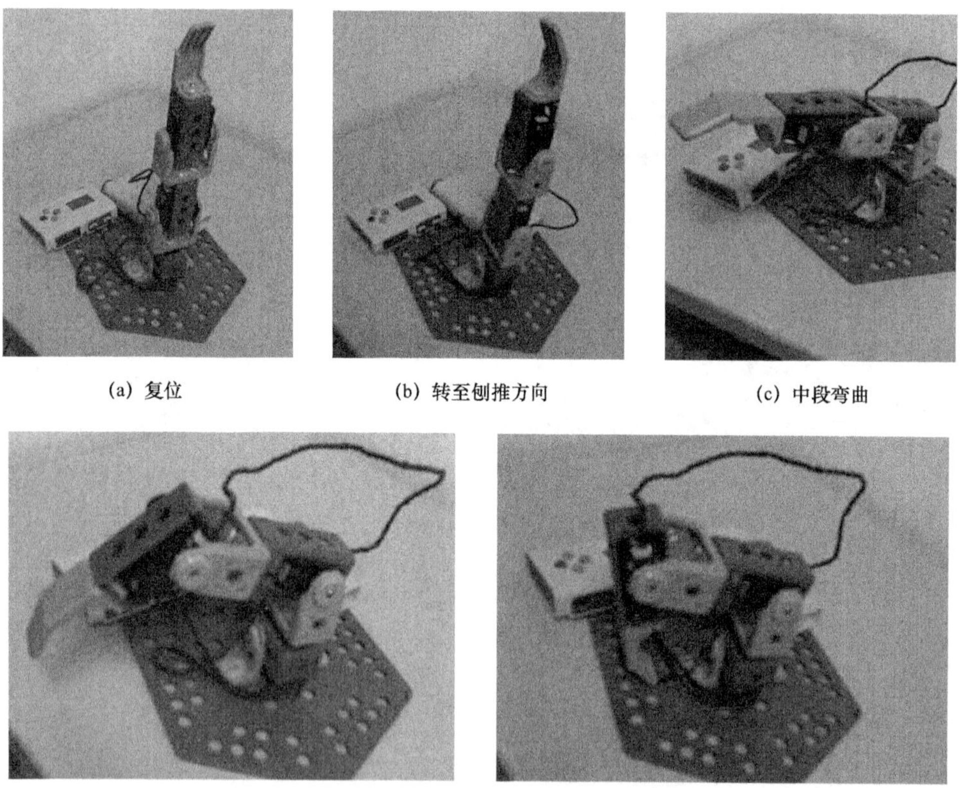

(a) 复位　(b) 转至刨推方向　(c) 中段弯曲

(d) 刨推末端到位　(e) 刨推入库

图 10.3　刨推入库流程

10.4 机械手目标点位置的获取

机械手的运动主要体现在其运动轨迹上，由于本任务的简易性，将机械手的运动简化成到目标点的关节运动，通过控制舵机的转动实现到达目标点，不对细致的运动轨迹作要求。

机械手运动到达目标点，此时目标点的位置（各个舵机的转动角度）需要提前知道，简单的方式是在线示教，将机械手通过手动转动舵机摆放至相应目标点的位置，然后记录各个舵机的当前转动角度，这样在程序编写时，将舵机赋予这些已知值，即可实现机械手从当前位置运动至某一指定位置。

利用舵机测试软件 RobotServo Terminal 可以同时检查与测试多个舵机的数值。打开 RobotServo Terminal 软件，检测舵机，可以发现连接的两个舵机 ID 都显示在列表中，如图 10.4 所示。此时注意舵机的 ID 不能相同，如有，则应改成唯一 ID。单击不同的舵机 ID，可以在界面右下角的 Status Monitor 组合框中看到舵机当前的角度。

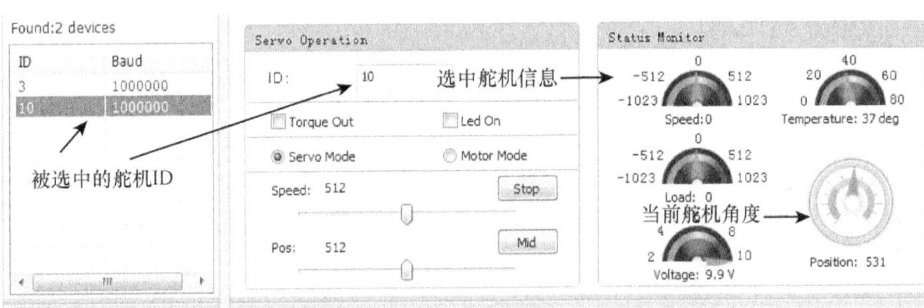

图 10.4 当前舵机与其转动角度

10.5 多关节机械手的图形化程序设计

本任务的刨推功能实现及初始状态复位一共有 9 个位置点，其中刨推功能与复位各有 5 个位置点（刨推和入库动作共用一个点），并且这 5 个位置点对应相同。所以只需要利用相关软件进行这 5 个位置点的各舵机角度查询，则可以进行图形化程序的编写。

多关节机械手的图形化程序编写过程如下。

① 添加一个舵机和延时控件，设置为复位动作应有的角度值，按此步骤实现刨推的其他 4 个动作，如图 10.5（a）所示。

② 编写随后动作复位的 4 个相反动作，完整的图形化程序如图 10.5（b）所示。

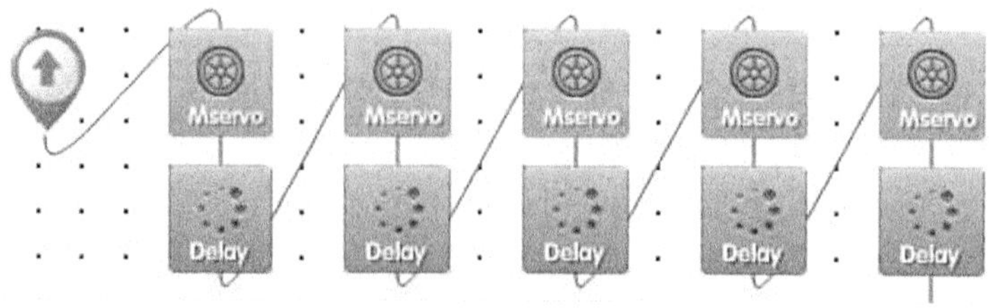

(a) 复位动作

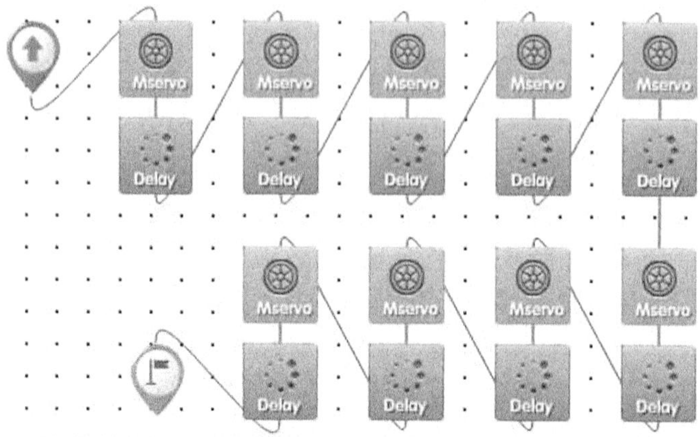

(b) 完整图形化程序

图 10.5　多关节机械手程序的编写

10.6　C 语言程序设计

根据 10.5 节的图形化程序的流程，基于 C 语言编写的多关节机械手的控制程序如图 10.6 所示。需要注意的是，表中程序所涉及的位置数据仅为示例数据，编写程序时以实际测量所得的数据为准。

```
#include "Uplib\UP_System.h"

int main(void)
{
    UP_System_Init();

    //    1.复位
```

图 10.6　多关节机械手的 C 语言程序代码

```
    UP_CDS_SetAngle(1,512,512);
    UP_CDS_SetAngle(2,440,512);
    UP_CDS_SetAngle(3,512,512);
    UP_delay_ms(500);
    //   2.转向
    UP_CDS_SetAngle(1,250,512);
    UP_delay_ms(500);
    //   3.弯曲
    UP_CDS_SetAngle(2,720,512);
    UP_delay_ms(500);
    //   4.刨推准备
    UP_CDS_SetAngle(3,650,512);
    UP_delay_ms(500);
    //   5.刨推
    UP_CDS_SetAngle(3,850,512);
    UP_delay_ms(500);
    //   6.刨推归位
    UP_CDS_SetAngle(3,650,512);
    UP_delay_ms(500);
    //   7.弯曲
    UP_CDS_SetAngle(2,720,512);
    UP_delay_ms(500);
    //   8.转向
    UP_CDS_SetAngle(1,250,512);
    UP_delay_ms(500);
    //   9.复位
    UP_CDS_SetAngle(1,512,512);
    UP_delay_ms(500);
}
```

图 10.6 多关节机械手的 C 语言程序代码（续）

第 11 章 基于红外测距的跟随小车

任务说明

搭建一个带红外测距传感器的轮式机器人，能够跟随障碍物的前进或后退而前进或后退，并与障碍物的距离保持在一定距离范围内。

任务要求

① 能够按照示例搭建跟随机构主体。

② 正确使用红外测距传感器。

③ 能够改变电机的速度及方向使机器人与障碍物保持一定范围的距离。

④ 能够编写正确的图形化与 C 语言程序。

使用套件与软件说明

本任务使用高级版机器人套件和 Crater 软件实现，也可以使用标准版的机器人套件和 NorthSTAR 实现，本章将介绍流程与参数设置，具体实现程序见第 29 章的 29.2 节。

11.1 红外测距传感器测距原理

红外测距传感器是测距传感器中的一种比较重要的类型，与超声波测距传感器、激光测距传感器构成三大主流测距传感器。

红外测距传感器利用红外信号遇到障碍物距离的不同反射的强度也不同的原理，进行障碍物距离的检测。红外测距传感器具有一对红外信号发射与接收二极管，发射管发射特定频率的红外信号，接收管接收这种频率的红外信号，当检测方向遇到障碍物时，红外信号反射回来被接收管接收。根据发射光的强弱可以判断物体的距离，距离近则反射光强，距离远则反射光弱。

目前，使用较多的一种传感器为红外光电开关，它的发射频率一般为 38kHz 左右，探测距离一般比较短，通常被用作近距离障碍目标的识别。

红外测距传感器的优点是成本低、易制造、使用安全，缺点是精度低、可测距离短、方向性差。

11.2　模拟传感器与 AnoInput 模拟输入控件的使用

AnoInput 模拟输入控件（简称模拟输入控件）位于工具箱的内部资源栏中，控件图标如图 11.1 所示。

图 11.1　AnoInput 模拟输入控件

11.2.1　模拟传感器的采集与量化

模拟输入控件用于红外测距、灰度等数值输入传感器。不同于光电开关的输入是一个开关量，本书所采用的模拟输入传感器，其检测结果通过 AD 转换变成数字信号，采用 10 位 AD 采样器，数值范围从 0 至 1023。这里测量得到的数据不是实际的距离，而是与距离有函数关系的采样量化后得到的数值，检测值 T、接收光强 I、发送光强 I_0、实际距离 L 具有如下的关系。

$$T = \frac{I}{I_0} \times 1024$$

即检测值与光强比例成正比。

$$L = F(I / I_0)$$

距离与光强比例具有函数关系，光强比例越大，距离越近，否则越远。可以得到以下关系式。

$$L = F(I / I_0) = G(T)$$

根据以上分析，检测值越大，距离越近，否则越短。

具体的对应关系可以查阅资料或通过实际测量来确定。实际使用时，推荐采用测量值与实际距离值来拟合函数关系。

需要注意的是，由于在测试时，红外测距传感器的数值需要通过串口传输到计算机中，在刷新数据上，比实际机器人运行时要慢。在实际应用中，不应以测试时的刷新率作为实际处理的刷新率。

红外测距传感器的测量距离较近，如果需要较远距离的精确测量，可以使用超声波测距传感器，具体使用可以参考有关资料。

11.2.2　模拟传感器的连接与控件设置

红外测距传感器的连线需要接到控制器的 AD 端口，与光电开关一样，注意接口线的小三角符号与控制器面板上的小三角符号对应。

模拟输入控件位于工具箱的内部资源列表中，拖动一个模拟输入控件，打开其属性设置页面，如图 11.2 所示，在左边的 IO 值列表中选择与传感器关联的变量（需要变量控件提供），在右边的 AD 口列表中选择传感器连接控制器的对应接口，数值范围为 0～15。

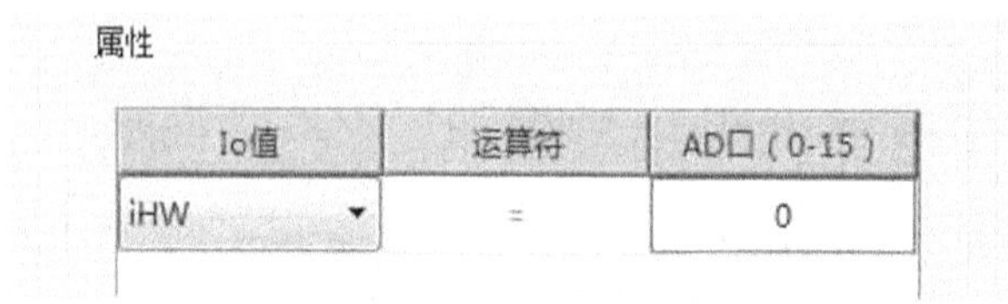

图 11.2　模拟输入控件的使用

模拟输入控件每调用一次，完成一次对应 ADC 接口的传感器信息的实时采集，在使用时，一般位于循环体内。

11.3　简易扫描跟踪平台的搭建

在第 5 章的直行机器人基础上，增加红外测距传感器组件，如图 11.3（a）所示。完整的机器主体结构如图 11.3（b）所示。

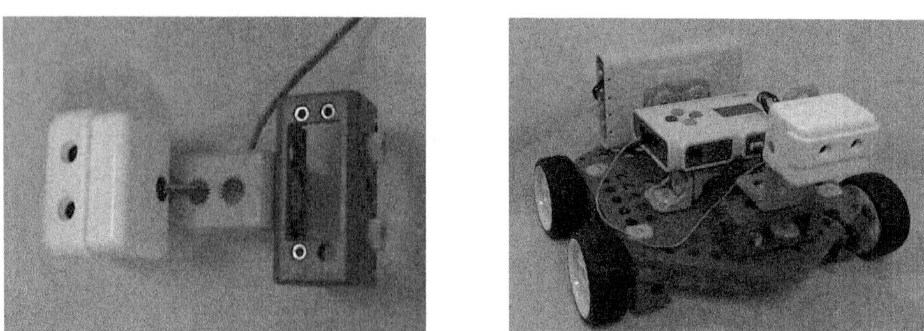

(a) 红外探测组件　　(b) 完整机器人主体

图 11.3　直线跟踪机器人的搭建过程

11.4 图形化程序设计

任务要求机器人能够与障碍物保持一定的距离范围，而且障碍物可前后移动，意味着机器人也需要相应地做前后移动。

可以将机器人与障碍物之间的距离分为 3 种情况来控制机器人的运动。

① 距离在一定范围内，机器人保持停止状态。

② 距离过小，机器人向后退。

③ 距离过大，机器人向前行。

在编写图形化程序前，假设红外测距传感器与控制器的 ADC1 接口相连。具体的图形化程序编写过程如下。

① 设定 int 整型全局变量 *iHW*，用于获取红外距离传感器的检测值。添加 While 循环变量，保持默认设置，构成无限循环，连接上模拟输入控件，设置如下。

$$iHW = 1$$

图形化程序如图 11.4 所示。

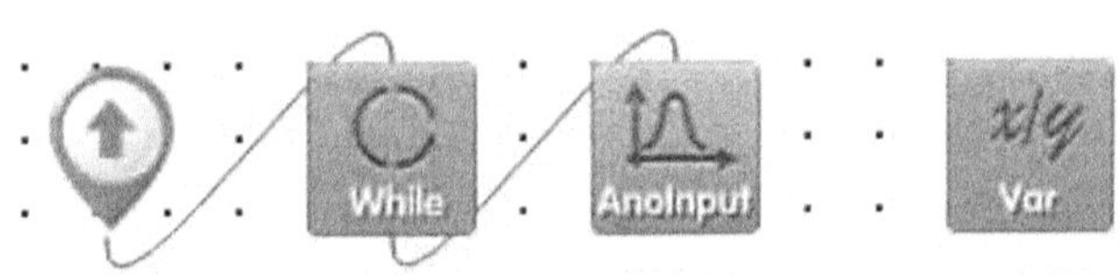

图 11.4　图形化程序

② 处理距离在一定范围内的情况，左右两边的 IF 控件的设置可参考如下。

$iHW < 400$ && $iHW > 200$　　　　适合的跟随距离

$iHW < 200$　　　　距离过远

由此构成 3 个分支，由左至右每个分支代表的条件以及相对应的机器人运动如下。

适合距离：机器人停止。

距离过远：机器人前行。

距离过近：机器人后退。

根据以上的机器人运行状态设置相应的舵机控件，图形化程序如图 11.5 所示。

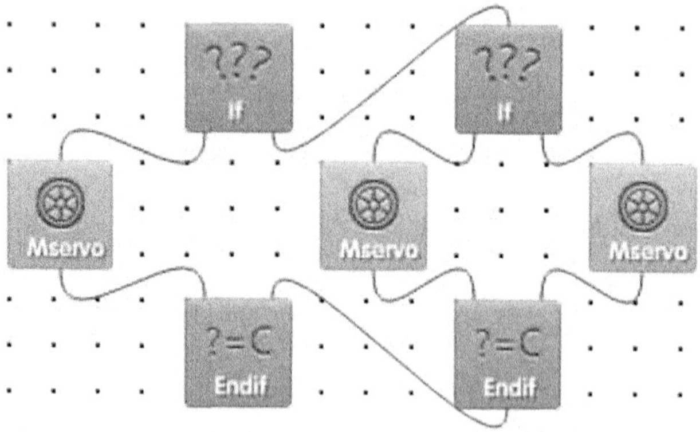

图 11.5　根据距离检测值设置机器人速度

添加延时控件设置循环周期，延时时间为 100ms，连接其他必要控件构成完整的图形化程序，如图 11.6 所示。

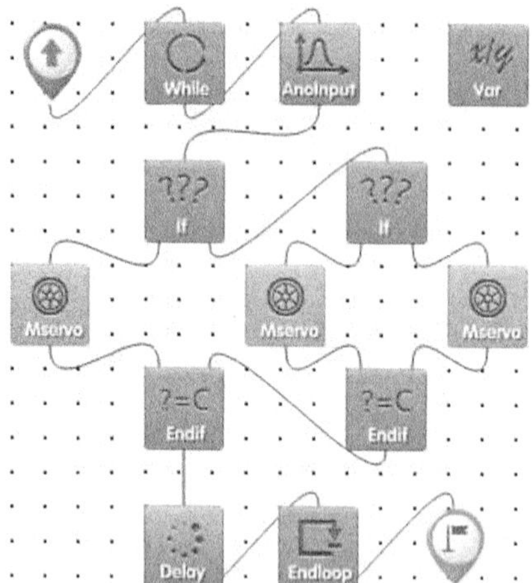

图 11.6　图形化程序的设计过程

11.5　C 语言程序设计

编写 C 语言程序，需要知道红外传感器的距离获取 API（模拟通道数据获取），为此，UP-API 提供了 UP_ADC_GetValue 函数，其参数说明见表 11.1。

表 11.1 模拟通道数据获取

函 数 原 型	u16 UP_ADC_GetValue(u8 Channel)	
作用	获取 Channel 通道的传感器检测值	
返回说明	Channel 通道的传感器检测值	
形参说明	Channel	模拟传感器连接通道的 ID

参考 11.4 节的程序流程，可以编写出基于红外测距的跟随小车 C 语言代码，具体可以参考图 11.7，程序中相关参数的设置不具有参考价值，请依照实际环境进行设置。

```
#include "Uplib\UP_System.h"

int main(void)
{
    int iHW;
    int arID[4] = {1,2,3,4};
    int arSpeed[4] = {0};
    UP_System_Init();
    while(1)
    {
        iHW = UP_ADC_GetValue(0);
        if(iHW > 200 && iHW < 400 )           //目标位于适合位置
        {
            arSpeed[0] = 0; arSpeed[1] = 0;
            arSpeed[0] = 0; arSpeed[1] = 0;
          UP_CDS_ Set4MotoSpeed (arID,arSpeed);
        }
        else if( iHW < 200 )                  //目标过远
        {
            arSpeed[0] = 350; arSpeed[1] = -350;
            arSpeed[0] = 350; arSpeed[1] = -350;
         UP_CDS_ Set4MotoSpeed (arID,arSpeed);
        }
        else                                  //目标过近
        {
            arSpeed[0] = -350; arSpeed[1] = 350;
            arSpeed[0] = -350; arSpeed[1] = 350;
         UP_CDS_ Set4MotoSpeed (arID,arSpeed);
        }
        UP_delay_ms(200);
    }
}
```

图 11.7 基于红外测距的跟随小车的 C 语言代码

第 12 章 简易雷达扫描平台

任务说明

设计一个简易的扫描雷达，在扫描过程中利用红外接近传感器扫描障碍物，发现障碍物时停止扫描，当障碍物消失时，自动恢复扫描过程。

设计要求

① 能够参考示例搭建机器人主体。

② 能够利用光电传感器实现扫描暂停功能。

③ 能够正确编写往返扫描流程的图形化程序。

④ 了解相关系统函数，能够编写简易扫描雷达的 C 语言程序。

使用套件与软件说明

本任务使用高级版机器人套件和 Crater 软件实现，也可以使用标准版的机器人套件和 NorthSTAR 实现，实现流程与参数设置可以参考本章，具体实现程序见第 29 章的 29.3 节。

12.1 简单雷达扫描机构的搭建

本章搭建的机器人与第 7 章的简易扫描跟踪平台相似，如图 12.1 所示。需要注意的是，为了平台能够在左右两边转动，在安装之前，最好先将舵机的当前角度设置为 150°，然后与舵机水平安装。

图 12.1　简易躲避平台示例

12.2　控件的使用

本节介绍图形化程序中需要使用到舵机的舵机模式和 Calculate 运算控件。

12.2.1　舵机控件的使用（舵机模式）

舵机控件的舵机模式设置（见图 12.2）主要是调整角度信息，如非特殊应用，其他项保持原始设置。

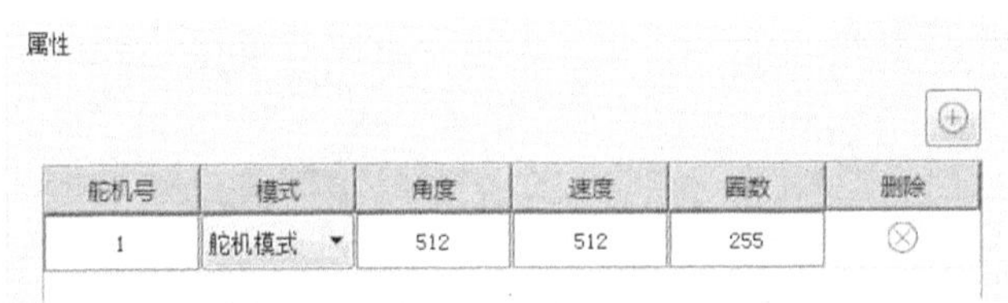

图 12.2　舵机控件的舵机模式设置

圈数表示的是舵机旋转的圈数，当完成旋转圈数和达到指定角度后，舵机会将速度设置为 0。

舵机模式下的速度值一般不能为零。

可以设置的角度数值范围为 0～1024，代表 0～300° 的实际角度值，二者为线性关系，如果设置值为 X，实际角度值为 Y，则具有以下关系：

$$Y = X \times 300 / 1024$$

12.2.2　Calculate 运算控件的使用

Calculate 运算控件（以后简称运算控件）位于工具箱下的公共资源列表，双击出现属性对话框，在“属性”组合框中（见图 12.3），可以通过填写或者在各项下拉列表中选择所需变量或运算符的方式，表示常见的赋值表达式。

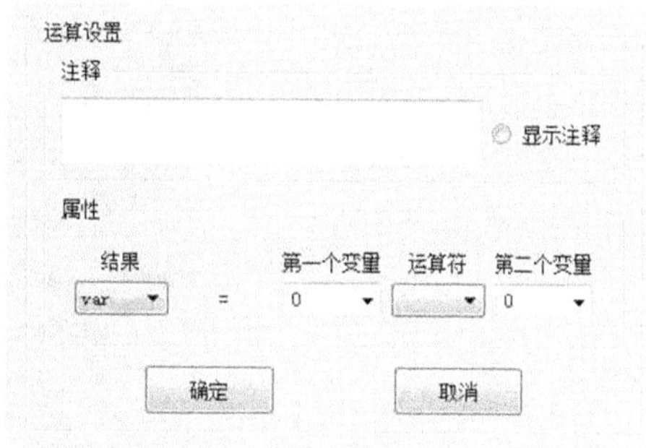

图 12.3　运算模块属性组合框

运算控件可以完成如下形式的赋值表达式。

① 简单赋值表达式：$X = A$

② 单目赋值表达式：$X =$ OPT A

③ 双目赋值表达式：$X = A$ OPT B

④ 自增自减表达式：X++、++X、--X、X--

根据程序编写要求，运算结果一定是变量，操作数 1 和操作数 2 可以是变量，也可以是常数，但是要满足一般的运算要求，例如除法运算时，操作数 2 不能为 0。4 种形式的赋值表达式的设置可参考图 12.4。

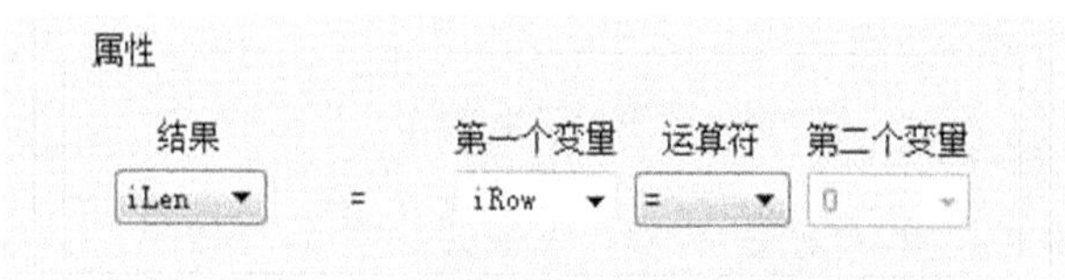

(a) 简单赋值表达式

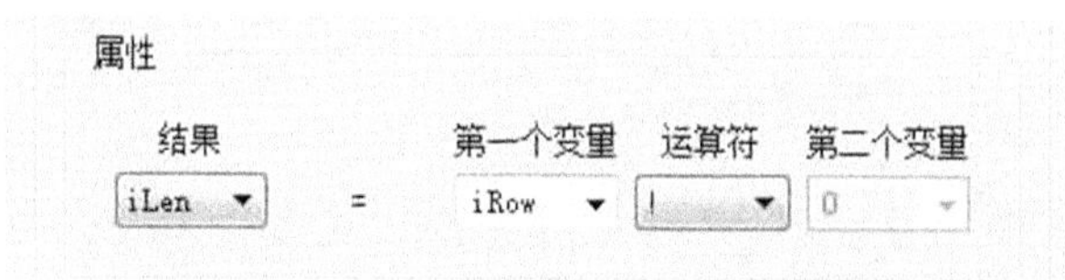

(b) 单目赋值表达式

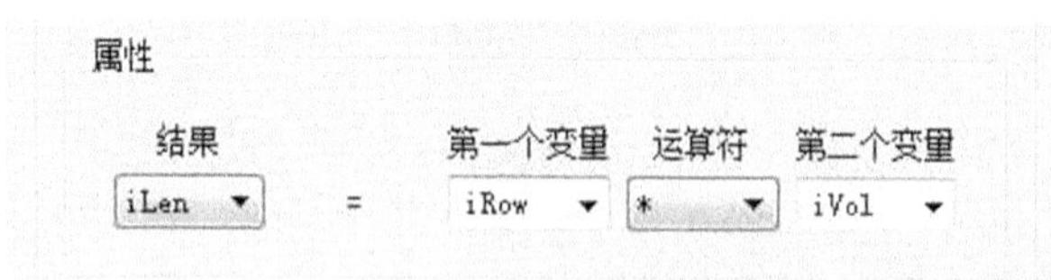

(c) 双目赋值表达式

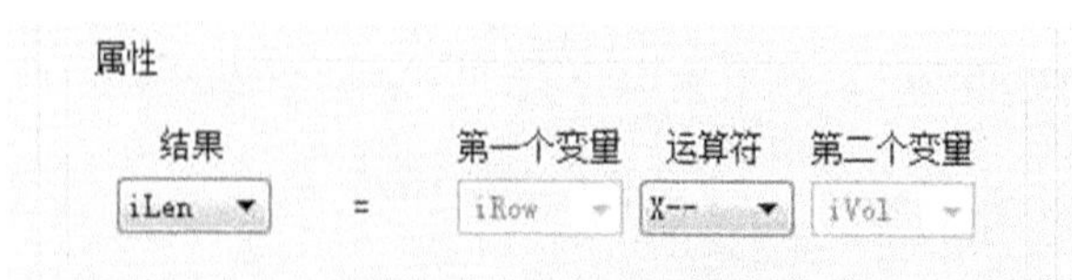

(d) 自增自减表达式

图 12.4　赋值表达式

12.3 图形化程序设计

程序主要分为以下几个主要流程。

① 平台以一定周期和一定的角度间距进行往返转动。

② 判断是否到舵机极限角度，如果到达则反向转动。

③ 每个周期期间，判断是否检测到目标，如果检测到则转至④，否则转至①。

④ 如果左右传感器都检测到目标，则停止，否则往靠近目标的方向转动。

以面对平台为准，假设左右光电开关分别连接到 GPIO1 和 GPIO2，舵机 ID 为 1，平台右转（逆时针）为正，具体的图形化程序编写过程如下。

① 向图形化编程界面添加 5 个变量控件（见图 12.5）：*iGDL*（左侧光电开关）、*iGDR*（右侧光电开关）、*iMinAn*（转动角度间距）、*iTime*（转动周期）、*iDir*（转动方向）。

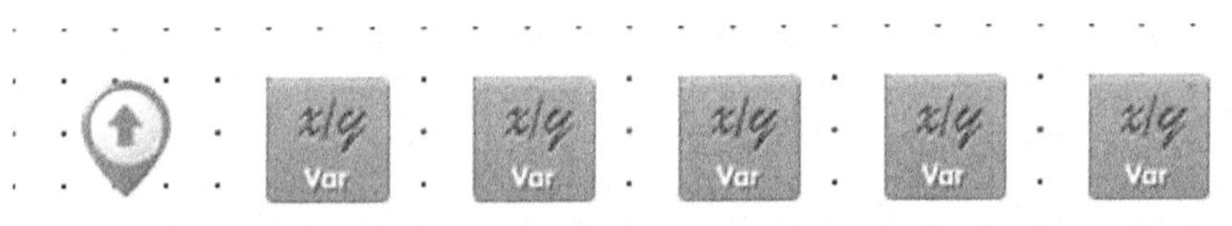

图 12.5 添加变量控件

② 向图形化编程界面添加 3 个运算控件，如图 12.6 所示，分别设置如下。

iMinAn = 64

iTime = 100

iDir = 1

即平台转动周期为 100ms，转动角度为 64（实际角度为 18.75°），转动方向为正向（1/−1：正向/反向），如图 12.7～图 12.9 所示，在调试中可以根据测试效果进行修改。

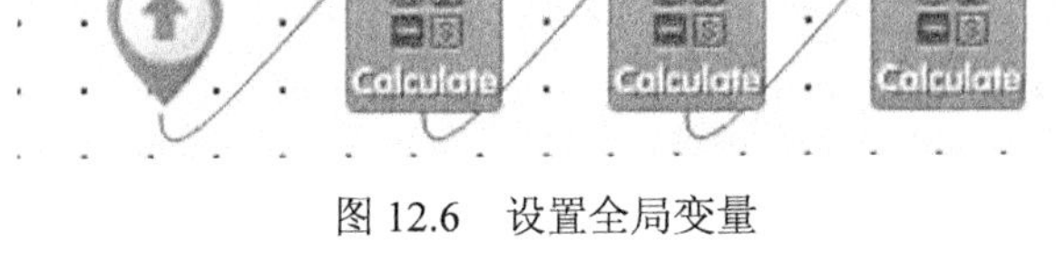

图 12.6 设置全局变量

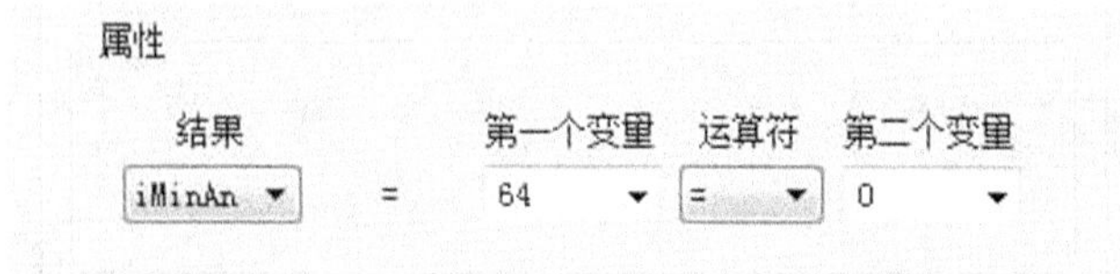

图 12.7 *iMinAn* 变量的设置

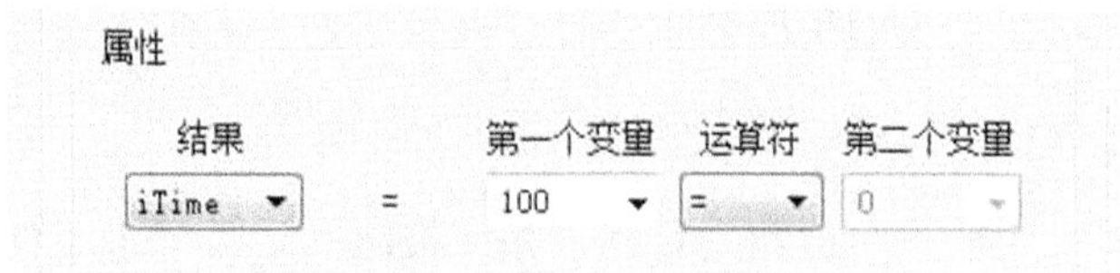

图 12.8 *iTime* 变量的设置

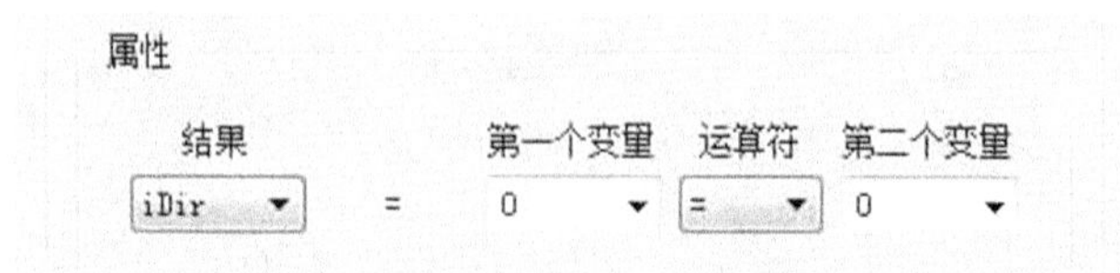

图 12.9 *iDir* 变量的设置

③ 设置平台初始角度：利用舵机控件、延时控件将探测模块转动至初始位置 150°。添加 For 循环控件，保持默认设置构建无限循环，添加数字输入控件为光电开关设置相应接口并进行采集，如图 12.10 所示。

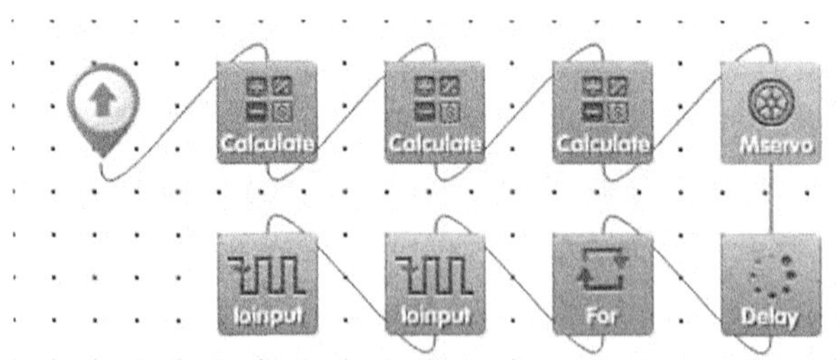

图 12.10 初始转动设置与光电开关设置

④ 对图 12.11 中的 A～G 控件进行如下设置。

A：*iGD*1 == 0。

B：*iGD*2 == 1。

C：*iGD*2 == 0。

D：*iCurAn* = *iCurAn* − *iMinAn*。

E：*iTmpAn* = *iDir* × *iMinAn*。

F：*iCurAn* = *iCurAn* + *iTmpAn*。

G：*iCurAn* = *iCurAn* + *iMinAn*。

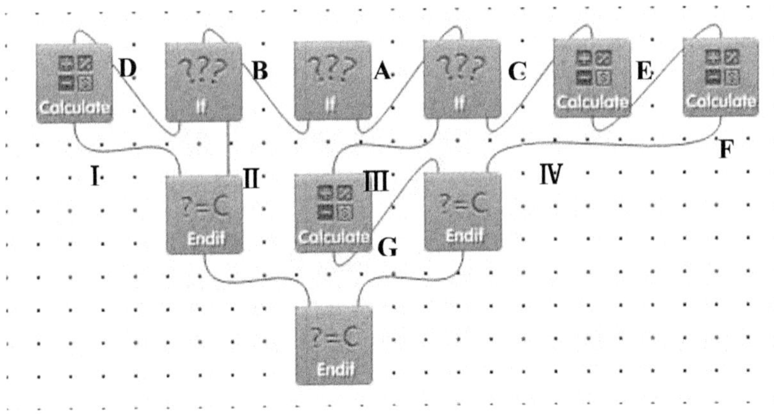

图 12.11 根据光电开关状态设置下一个转动角度

根据上列设置，各分支可以实现如下功能。

I：（*iGD*1==0 && *iGD*2 == 1）仅左光电开关检测到目标，平台左转。

II：（*iGD*1==0 && *iGD*2 == 0）左右光电开关均发现目标，停止。

III：（*iGD*1==1 && *iGD*2 == 0）仅右光电开关检测到目标，平台右转。

IV：（*iGD*1==1 && *iGD*2 == 1）没有发现目标，按既定路径进行搜索。

⑤ 由于舵机转动角度的限制，在设置好平台下一步的转动角度时，需要对转动角度进行必要的修正。

当 *iCurAn*<0 时，表示小于舵机的最小转动角度，需要修正为 *iCurAn*=0；当 *iCurAn*>1023 时，表示大于舵机的最大转动角度，需要修正为 *iCurAn*=1023，同时修改转动方向。

根据此修正要求，图 12.12 中各控件的设置如下。

A：*iCurAn* < 0。

B：*iCurAn* < 1024。

C：*iCurAn* = 0。

D：*iDir* = 1。

E：*iCurAn* = 1023。

F：*iDir* = −1。

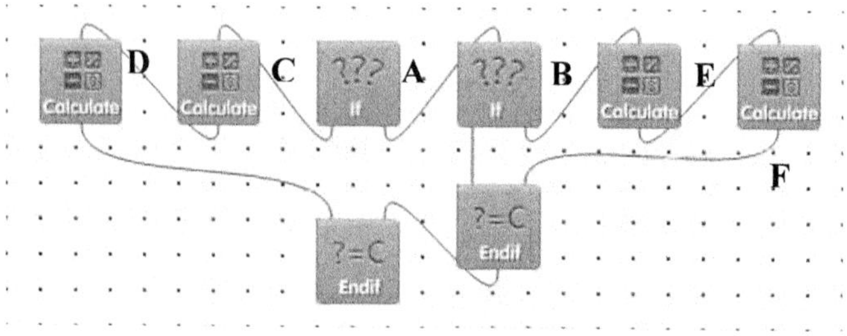

图 12.12　下一转动角度的修正

⑥ 添加舵机控件，设置转动角度为 *iCurAn*，添加延时控件，设置延时时间为 *iTime*，连接循环结束控件和程序结束控件后，可得到图 12.13 的完整图形化程序。

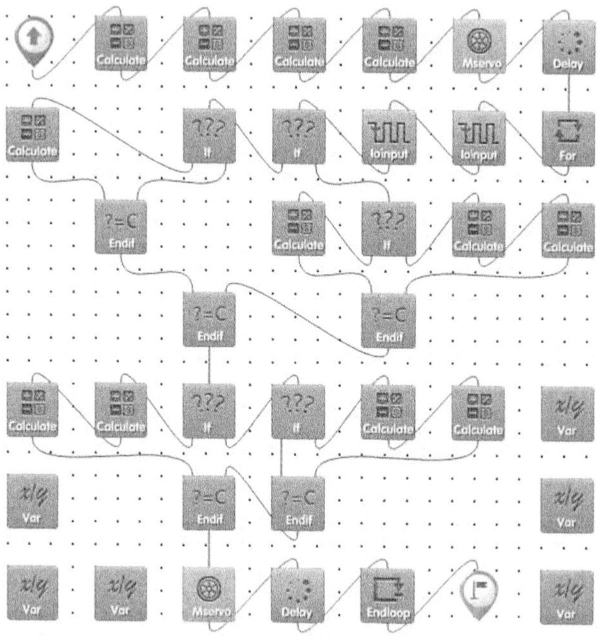

图 12.13　完整图形化程序

12.4　C 语言程序设计

编写 C 语言程序，需要知道舵机角度设置的 API，为此，UP-API 提供了 UP_CDS_SetAngle 函数，具体使用见表 12.1。

表 12.1　舵机角度设置

函数原型	void UP_CDS_SetAngle(u8 id, u16 angle, u16 speed)	
作用	设置舵机（舵机模式下）的转动角度	
返回说明	/	
形参说明	id	舵机 ID
	angle	舵机下一次转动到的角度位置
	speed	在舵机转动时的最大转动速度

根据 12.3 节的图形化程序编写流程，可以得到图 12.14 所示的简易雷达扫描平台的 C 语言程序。

```
#include "Uplib\UP_System.h"
int iTmpAn = 0;
int iCurAn = 512;
int iDir = 0;
int iMinAn = 64;
int iGD2 = 0;
int iGD1 = 0;

int main(void)
{
    UP_System_Init();
    UP_CDS_SetAngle(1,512,512);
    UP_delay_ms(1000);
    while (1)
    {
        iGD1 = UP_ADC_GetIO(1);
        iGD2 = UP_ADC_GetIO(2);
        if(iGD1==0)
        {
            if(iGD2==1)
            {
                iCurAn=iCurAn + iMinAn;
            }
        }
        else if(iGD2==0)
        {
            iCurAn=iCurAn - iMinAn;
        }
        else
        {
```

图 12.14　简易雷达扫描机构的 C 语言程序代码

```
                iTmpAn=iMinAn * iDir;
                iCurAn=iCurAn + iTmpAn;
            }

            if(iCurAn<0)
            {
                iDir=1;
                iCurAn=0;
            }
            else if(iCurAn > 1023)
            {
                iDir=-1;
                iCurAn=1024;
            }
            UP_CDS_SetAngle(1,iCurAn,512);
            UP_delay_ms(100);
        }
    }
```

图 12.14　简易雷达扫描机构的 C 语言程序代码（续）

第13章 搬运机器人的设计与制作

任务说明

仿照工业机器人组装一个 6 关节机械手，并利用光电传感器搭建一个带检测功能的完整搬运放置平台。

任务要求

① 能够按照示例搭建多关节机械手主体。

② 能够根据目标点位置获取各个舵机的当前角度。

③ 合理设计运动流程，能够正确编写运动流程的图形化程序。

④ 了解相关系统函数，能够编写机械手的 C 语言程序。

使用套件与软件说明

本任务使用高级版机器人套件和 Crater 软件实现，也可以使用标准版的机器人套件和 NorthSTAR 实现，实现流程与参数设置可以参考本章，具体实现程序见第 29 章的 29.4 节。

本节示例的机器人为六自由度机器人（外加一个抓取自由度），所需的技术在前面章节已经进行讲述，故在此重点讲解如何搭建机器人与编制机器人程序。

13.1 搬运机器人的搭建

由于机器人自身重量较重，以第 10 章的方式直连接在控制器上容易倒塌，需要将机器人和控制器分开，安装在同一底板构件上，并且机器人尽量往底板中心靠拢，而控制器尽量往底板边缘安装。

机器人的搭建过程采用从底部至末端抓手的安装顺序，以便构件之间的装配能够较为有效地进行。具体的搭建过程如下。

① 利用 4 个短 L 形构件与舵机组件相连，形成整个搬运机器人的底部支撑架，如图 13.1（a）所示。

② 将底部支撑架安装在底盘上，形成机器人的第一个自由度，如图 13.1（b）所示。

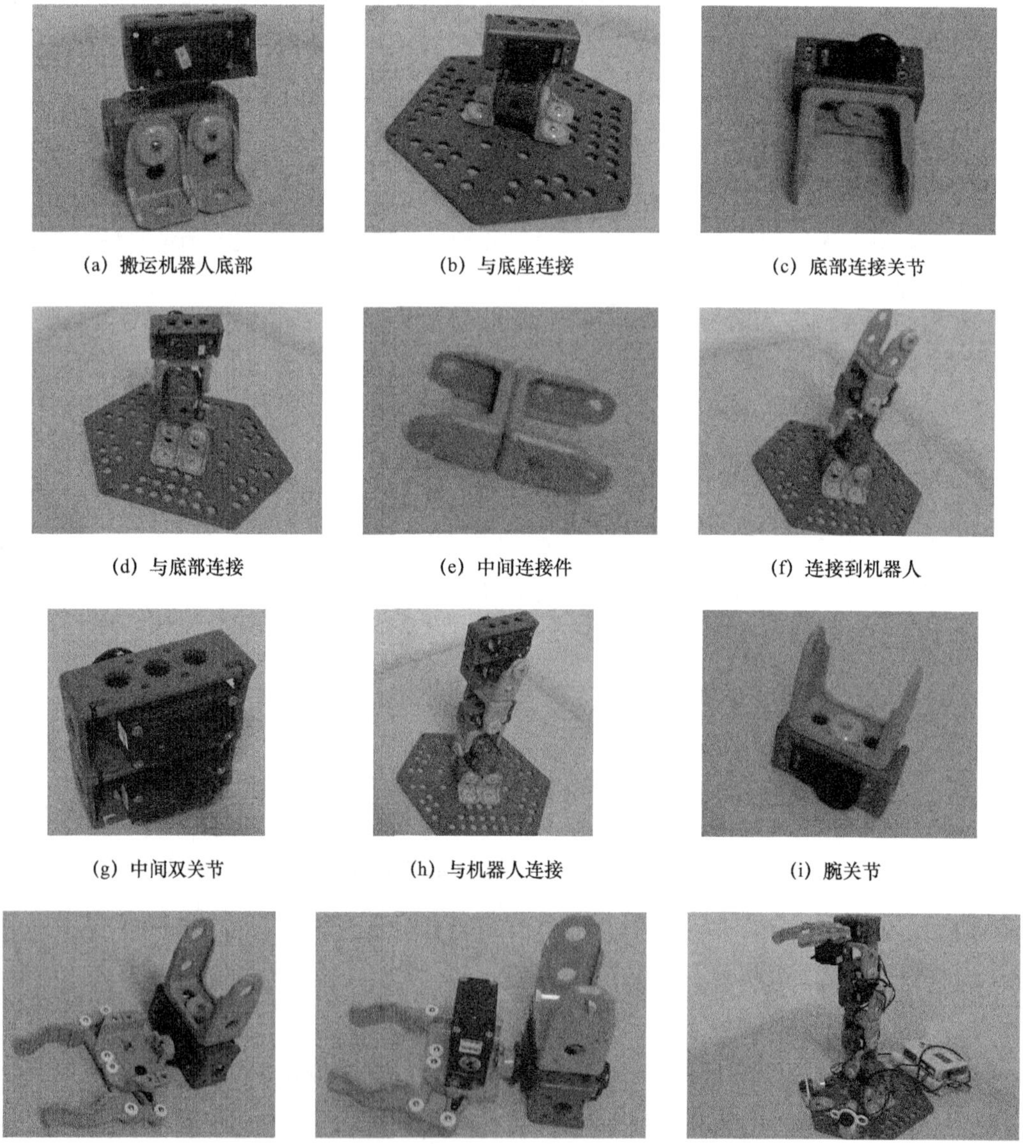

(a) 搬运机器人底部　(b) 与底座连接　(c) 底部连接关节

(d) 与底部连接　(e) 中间连接件　(f) 连接到机器人

(g) 中间双关节　(h) 与机器人连接　(i) 腕关节

(j) 末端抓手　(k) 抓手的舵机安装　(l) 搬运机器人

图 13.1　搬运机器人搭建过程

③ 将 U 形件与舵机组件连接（见图 13.1（c）），并安装在底部旋转舵机上，形成机器人的第二个自由度，如图 13.1（d）所示。

④ 用两个 U 形构件制作中间连接件（见图 13.1（e）），安装在搬运机器人上，如图 13.1（f）所示。

⑤ 将两个舵机组件连接在一起（见图 13.1（g）），安装在中间连接件上，如图 13.1（h）所示。

⑥ 搭建图 13.1（i）所示的腕关节，与末端的抓手相连，如图 13.1（j）所示。

⑦ 给抓手安装舵机，完成左后一个机器人自由度（见图 13.1（k）），最后与搬运机器人连接，构成最后的搬运机器人，如图 13.1（l）所示。

抓手的装配及其关节如图 13.2 所示，抓手驱动舵机安装如图 13.3 所示。

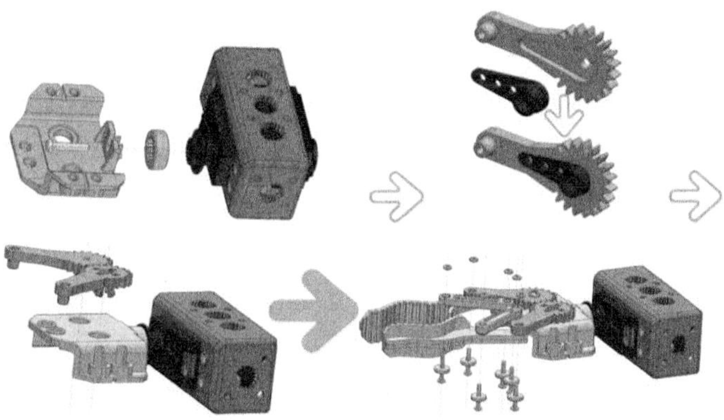

图 13.2　抓手装配及抓手关节

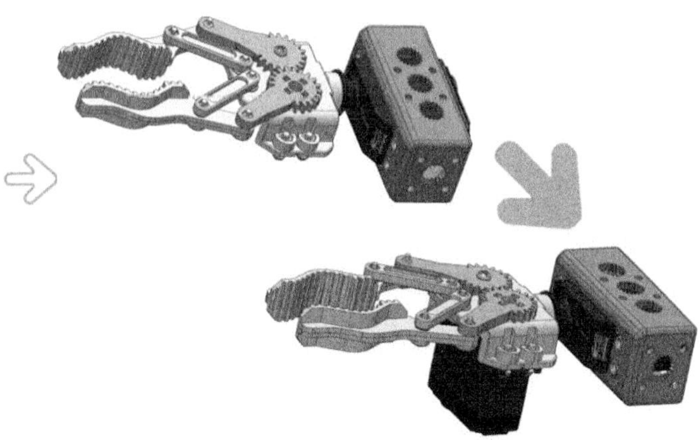

图 13.3　抓手驱动舵机安装

利用光电传感器及其他构件，搭建抓取工位与放置工件和检测单元，形成最终的搬运机器人及其工作环境。检测模块如图 13.4 所示，检测模块的安装如图 13.5 所示。

图 13.4　检测模块

图 13.5　检测模块的安装

13.2　搬运机器人的工作流程

搬运机器人的工作流程是一个循环过程，由于是按照基本要求设计，所以一旦机器人运动，则不再关注探测到的信息。机器人开始工作的条件是放置工位空闲与输入工位有工件的情况下，换句话说，就是放置工位有工件与输入工位无工件，机器人都处于等待状态。根据此判断，可以得到一个机器人运行的完整流程，如图 13.6 所示。

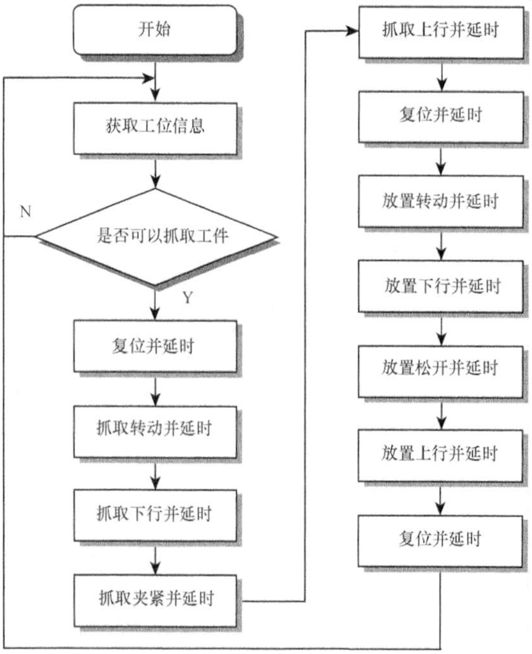

图 13.6　搬运机器人运行流程

13.3　图形化程序设计

本节采用直接给舵机赋常数的方式设置转动角度，避免出现 7 个舵机（机械臂 6 个舵机加上抓手的 1 个舵机）、11 个动作，一共 77 个运算控件的设置。

具体的图形化编写过程如下。

① 设置 3 个变量控件，变量名为 *iGD*1、*iGD*2 和 *iAngle*，添加条件循环控件，保持默认设置成无限循环，将两个光电传感器与变量 *iGD*1 和 *iGD*2 连接（见图 13.7）。

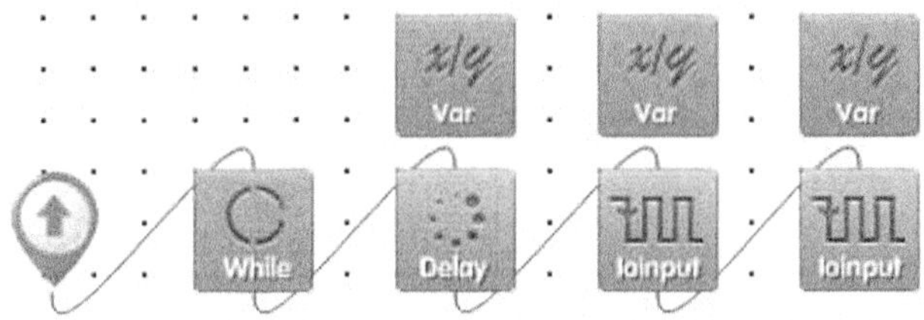

图 13.7　获取光电传感器信息

② 添加 IF 选择控件，设置条件判断控件的条件如下。

*iGD*1 == 0 || *iGD*2 == 1

如果 2 个工位都没有工件，添加 Continue 控件直接开始下一次循环；否则设置默认 1 号抓取位角度为抓取角度，对 2 号工位判断，如有工件则将抓取角度设置为 2 号抓取角度，如图 13.8 所示。

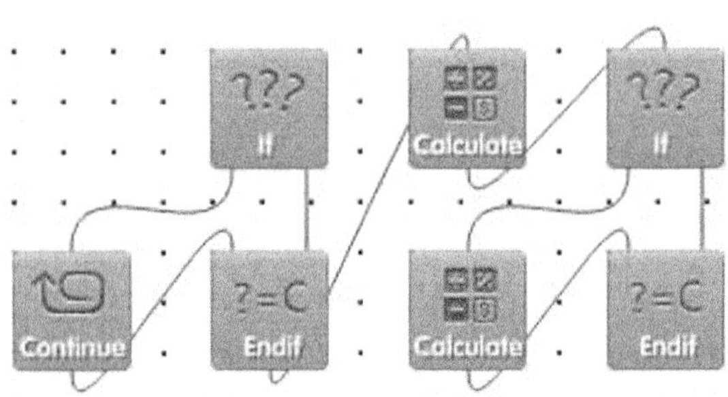

图 13.8　是否有工件及抓取位置判断

③ 添加抓取工件流程，注意在舵机控件设置时，给各个舵机（包括机器人自由度舵机以及抓手舵机）赋常数值，每个步骤添加延时控件，时间设定为 1000ms，以便能够清楚地观察机器人的每一步动作。搬运机器人工作流程如图 13.9 所示。

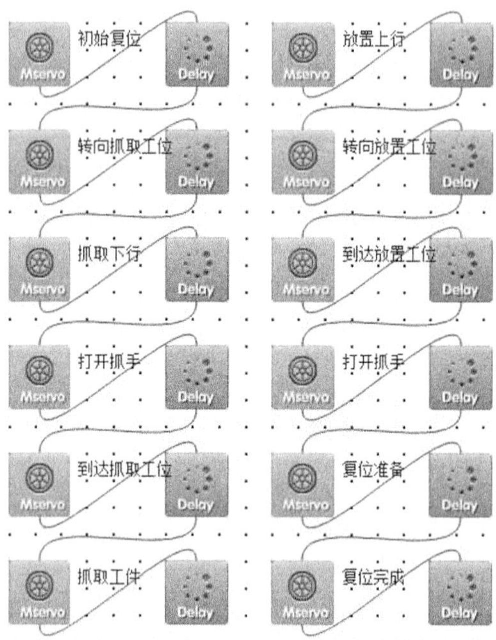

图 13.9　搬运机器人工作流程

④ 连接结束控件，完成搬运机器人的图形化编程，如图 13.10 所示。

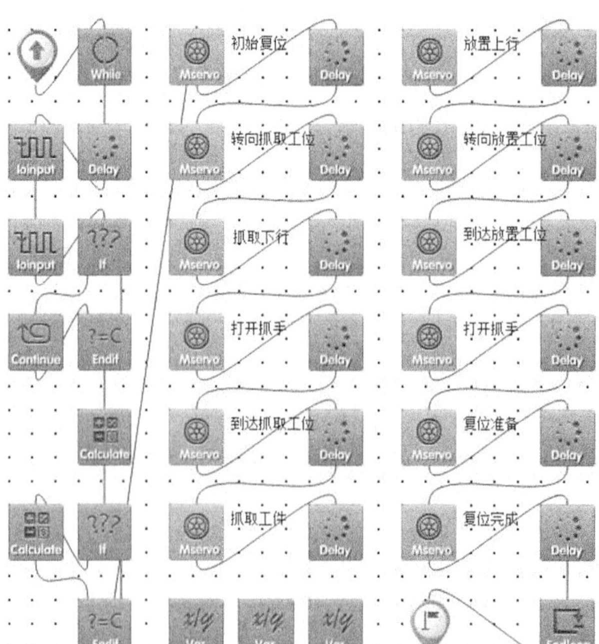

图 13.10　完整图形化程序

13.4 C 语言程序设计

根据 13.2 节的控制原理和 13.3 节的图形化程序编写流程，可以编写搬运机器人的 C 语言代码，如图 13.11 所示。

```
#include "Uplib\UP_System.h"

int main(void)
{
    UP_System_Init();
    while(1)
    {
    UP_delay_ms(1000);
    UP_ADC_GetIO(0);
    UP_ADC_GetIO(0);
    if()
    {
        UP_delay_ms(1000);
    }
    result=0 + 0;
    if()
    {
        result=0 + 0;
    }
    //初始复位
    UP_CDS_SetAngle(1,512,512);
    UP_CDS_SetAngle(2,512,512);
    UP_CDS_SetAngle(3,512,512);
    UP_CDS_SetAngle(4,512,512);
    UP_CDS_SetAngle(5,512,512);
    UP_CDS_SetAngle(6,512,512);
    UP_CDS_SetAngle(7,512,512);
    UP_delay_ms(1000);
    //转向抓取工位
    UP_CDS_SetAngle(1,512,512);
    UP_delay_ms(1000);
    //抓取下行
    UP_CDS_SetAngle(3,512,512);
    UP_delay_ms(1000);
    //打开抓手
    UP_CDS_SetAngle(7,512,512);
```

图 13.11 搬运机器人的 C 语言代码

```
    UP_delay_ms(1000);
    //到达抓取工位
    UP_CDS_SetAngle(3,512,512);
    UP_CDS_SetAngle(4,512,512);
    UP_CDS_SetAngle(5,512,512);
    UP_delay_ms(1000);
    //抓取工件
    UP_CDS_SetAngle(7,512,512);
    UP_delay_ms(1000);
    //放置上行
    UP_CDS_SetAngle(3,512,512);
    UP_CDS_SetAngle(4,512,512);
    UP_CDS_SetAngle(5,512,512);
    UP_delay_ms(1000);
    //转向放置工位
    UP_CDS_SetAngle(1,512,512);
    UP_delay_ms(1000);
    //到达放置工位
    UP_CDS_SetAngle(3,512,512);
    UP_CDS_SetAngle(4,512,512);
    UP_CDS_SetAngle(5,512,512);
    UP_delay_ms(1000);
    //打开抓手
    UP_CDS_SetAngle(7,512,512);
    UP_delay_ms(1000);
    //复位准备
    UP_CDS_SetAngle(3,512,512);
    UP_CDS_SetAngle(4,512,512);
    UP_CDS_SetAngle(5,512,512);
    UP_delay_ms(1000);
    //复位完成
    UP_CDS_SetAngle(1,512,512);
    UP_delay_ms(1000);
    }
}
```

图 13.11　搬运机器人的 C 语言代码（续）

13.5　运行流程图示

搭建好机器人与编写好程序并下载成功后，可以看到机器人如图 13.12 所示的工作流程。

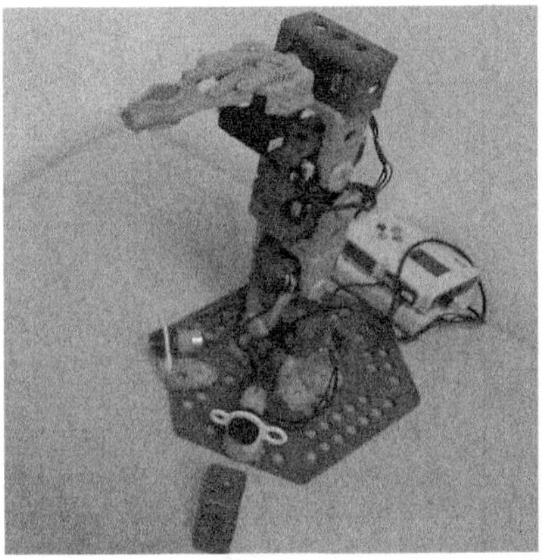

(a) 初始复位

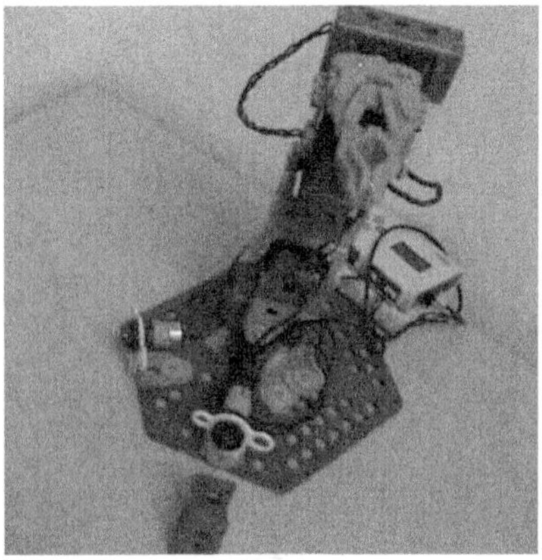

(b) 抓取转向

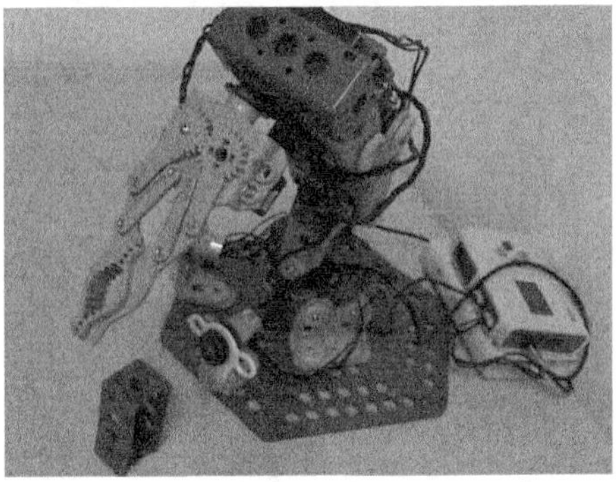

(c) 抓取下行

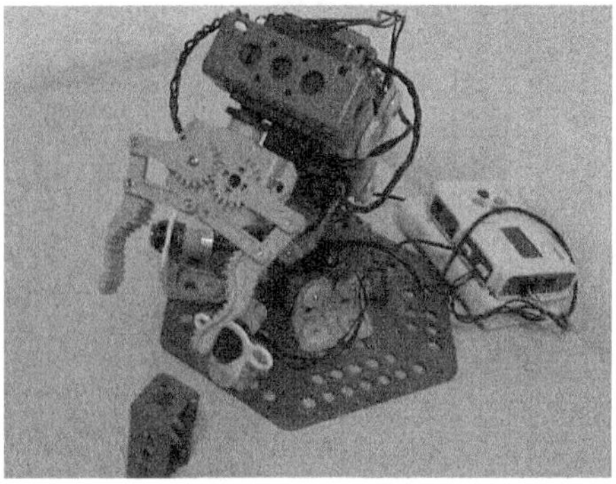

(d) 抓手抓紧

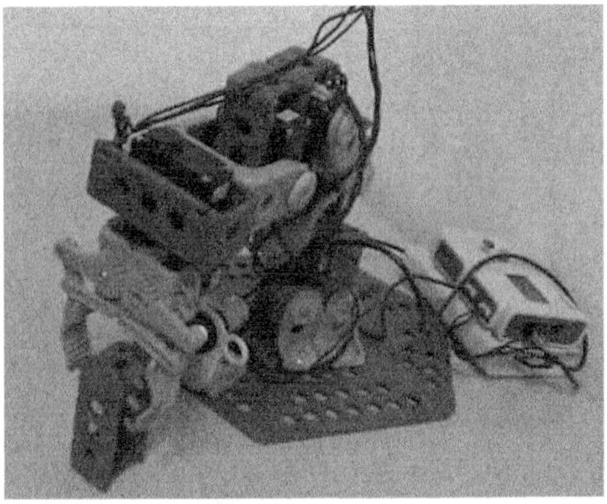

(e) 抓取上行

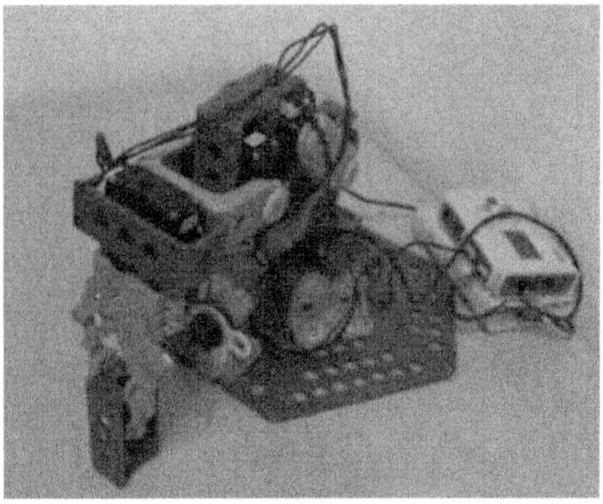

(f) 临时位置

图 13.12　实际运行流程

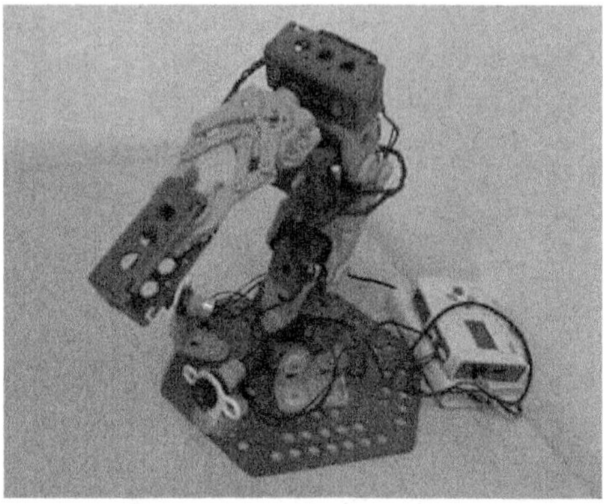

(g) 放置转向

(h) 放置下行

(i) 放置松开

(j) 放置上行

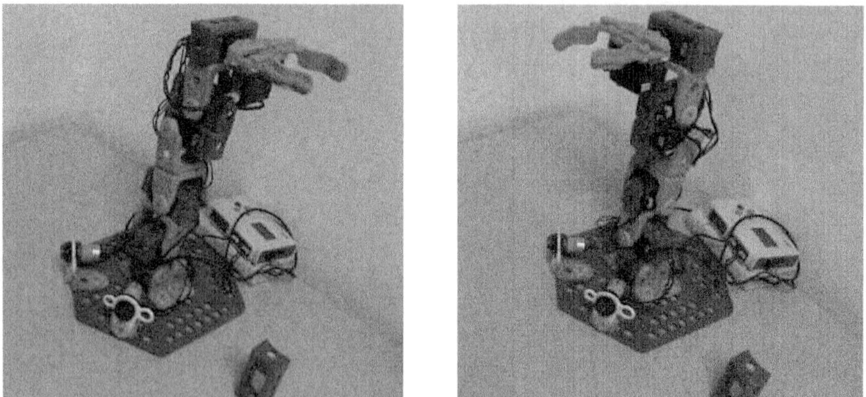

(k) 复位等待

图 13.12　实际运行流程（续）

第 14 章 除障机器人的设计与制作

使用套件与软件说明

本任务使用高级版机器人套件和 Crater 软件实现，也可以使用标准版的机器人套件和 NorthSTAR 实现，实现流程与参数设置可以参考本章，具体实现程序见第 29 章的 29.5 节。

14.1 示例项目说明

需要说明的是，本章叙述的算法属于基础算法，并没有进行优化，读者可查阅相关资料对算法过程进行优化，达到较好的运行效果。

在设计障碍物的时候，由于系统本身所具有的误差，障碍物尺寸除了适合抓取之外，不应过于接近抓手的最大张开距离。

14.2 避障机器人的搭建

运动平台采用此前章节所设计的四轮驱动平台，本节主要讲述在平台上加装障碍检测传感器和安装搬运机械手。

与之前的机器人不同，这里需要将控制器向后移动，电池参与构成放置机构，抓手位于传感器与控制器之间。

避障机器人的详细搭建过程如下。

① 将控制器利用支撑架安装在运动底盘，安装后要稍微向后移动，为机械手的安装腾出位置，如图 14.1（a）所示。

② 电池利用长 L 形构件［见图 14.1（b）］连接至车体后部，构成放置机构的主体部分，

如图 14.1（c）所示；

③ 利用若干 L 形构件安装在放置机构上，形成比较封闭的放置机构，如图 14.1（d）所示。

(a) 控制器的安装

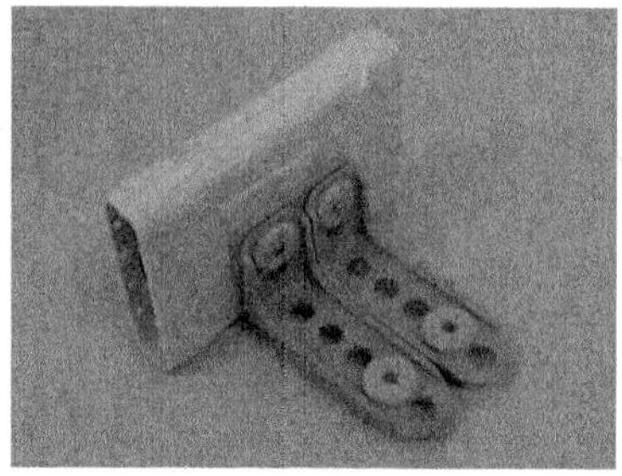

(b) 电池连接架

(c) 连接至车体

(d) 形成封闭的放置机构

(e) 传感器模块

(f) 安装至车体

(g) 搭建机械手

(h) 完整的机器人

图 14.1　光电传感器探测模块搭建

④ 将 2 个光电传感器和 1 个红外测距传感器安装在 5 孔直条构件上［见图 14.1（e)]，并安装在车体前端，如图 14.1（f）所示；

⑤ 参照第 13 章搭建一个 5 个自由度的机械手、带抓手，如图 14.1（g）所示；

⑥ 将机械手安装在车体的中前端，完成整个避障机器人的搭建，如图 14.1（h）所示。

14.3 除障原理与处理流程

为了简化处理，假设机器人只处理位于其直行道路附近的障碍，并且障碍物的大小符合抓取要求。

左右两个光电开关与红外传感器都具有检测障碍物的功能，在检测到障碍物后，机器人需要转动至左右两个光电开关检测不到障碍物而红外测距传感器能够检测到的位置，同时红外测距传感器还负责确定机器人与障碍物之间合理的抓取位置。

具体处理流程（见图 14.2）如下。

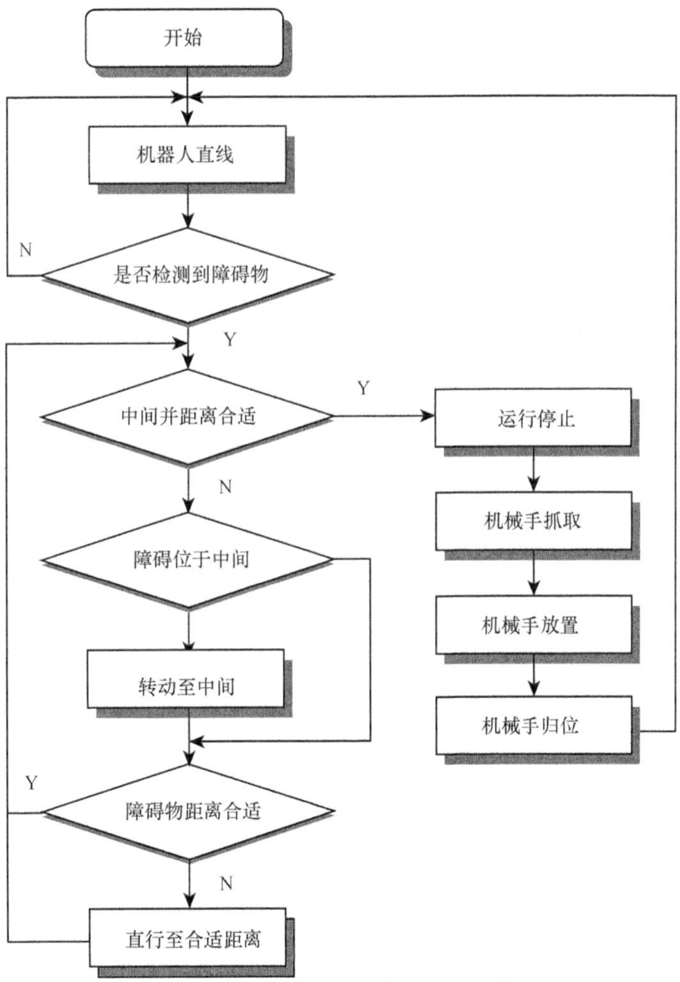

图 14.2 除障处理流程

① 初始状态下，机器人直行，并进入障碍搜索循环。

② 在障碍搜索循环中，如果没有发现障碍物，直接进入下一搜索周期。

③ 如发现障碍物，障碍物位于中间及抓取位置适中，则进行抓取放置流程。

④ 如果障碍物不位于中间位置，对机器人进行原地转动。

⑤ 障碍物如果不位于合适的抓取位置，对机器人进行直行（前进或后退）移动。

⑥ 抓取放置流程包含以下 4 个步骤：机器人运行停止、控制机械手到抓取位置并抓取、控制机械手到放置位置并放置、机械手归位。完成抓取放置流程后，返回障碍搜索循环。

14.4　图形化程序设计

根据 14.3 节的避障原理，图形化程序编写过程如下。

① 利用 3 个变量控件设置全局变量 *iGDL*、*iGDR*、*iHW*，分别代表左右光电开关和红外测距传感器的状态和数值，如图 14.3 所示。

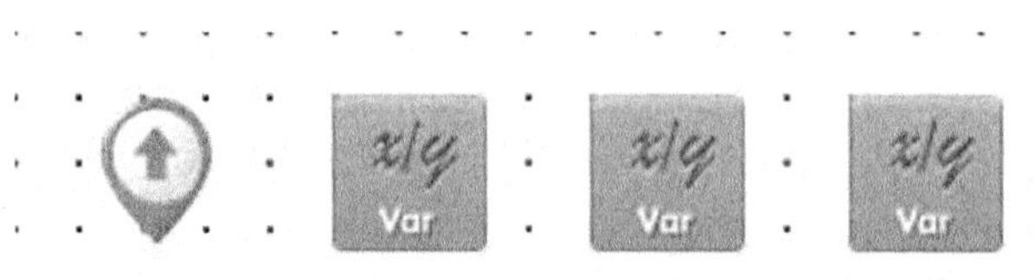

图 14.3　添加全局变量

② 利用 while 循环控件（保持默认设置），实现无限循环。将变量 *iGDL*、*iGDR*、*iHW* 与 2 个数字输入控件和模拟输入控件相关联，图形化程序如图 14.4 所示。相关属性设置如下。

iGDL = 1，*iGDR* = 2，*iHW* = 1

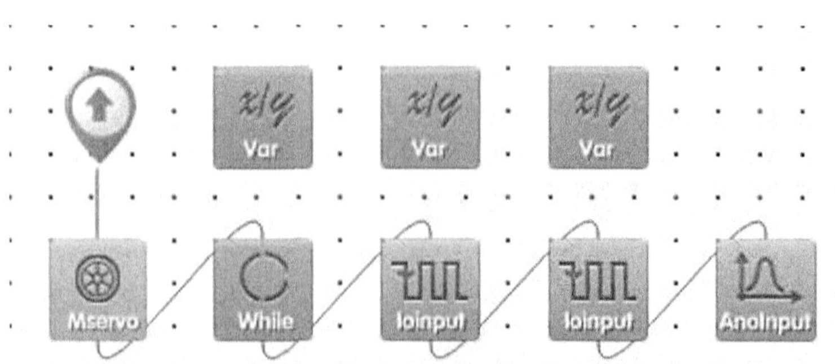

图 14.4　图形化程序

③ 增加 5 个 IF 选择控件，构成多分支结构。图 14.5 中的 5 个 IF 选择控件的判断条件分别如下。

A：$iGDL == 1 \&\& iGDR == 1 \&\& iHW < 400$。　　　（没有发现障碍物）

B：$iGDL == 0$。　　　（障碍物偏左）

C：$iGDR == 0$。　　　（障碍物偏右）

D：$iHW < 400$。　　　（障碍物太远）

E：$iHW > 450$。　　　（障碍物太近）

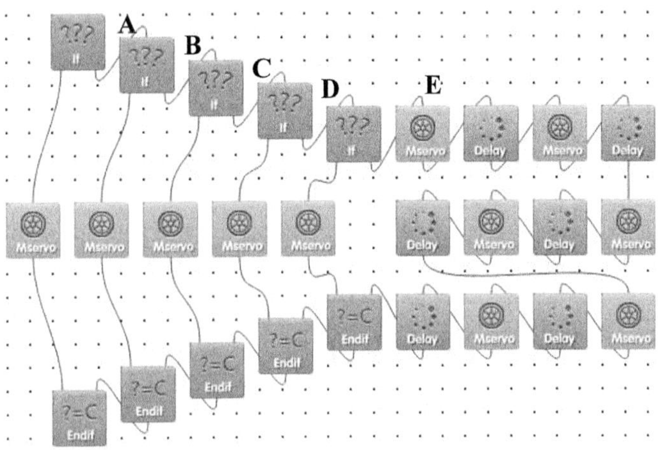

图 14.5　添加 IF 选择控件

每一个分支中的机器人底盘舵机运动如下。

A：直行。

B：机器人左转。

C：机器人右转。

D：机器人前行。

E：机器人后退。

最后一个分支表示障碍物位于机器人正前方并且抓取位置适合，进行抓取放置流程，相应的 6 个舵机控件则代表了需要处理的步骤，设置内容如下。

1．机器人停止。

2．机械手到达抓取位置。

3．抓手关闭。

4．机械手到达放置位置。

5．抓手打开。

6．机械手复位。

相应的设置可以参考相关章节内容，这里不再给出详细属性设置过程。

④ 添加延时控制，设置循环周期为 100ms，最后连接循环结束控件及程序结束控件，构成完整的图形化程序，如图 14.6 所示。

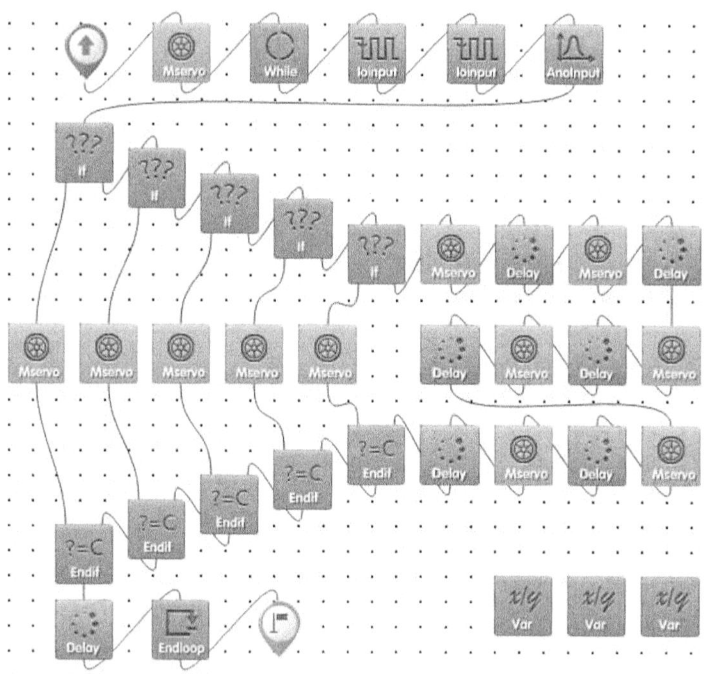

图 14.6　避障机器人的完整图形化程序

14.5　C 语言程序设计

根据 14.3 节的除障原理与 14.4 节的图形化程序流程，可以得到图 14.7 所示的 C 程序代码。

```
#include "Uplib\UP_System.h"

int main(void)
{
    int arID[4] = {1,2,3,4};
    int arSpeed = {0};
    int iGD1, iGD2, iHW;
    UP_System_Init();

    arSpeed[0]=350;arSpeed[1]=-350;
    arSpeed[2]=350;arSpeed[3]=-350;
    UP_CDS_ Set4MotoSpeed (arID,arSpeed);
    UP_delay_ms(1000);

    while(1)
    {
        //获取传感器信息
        iGD1 = UP_ADC_GetIO(1);
        iGD1 = UP_ADC_GetIO(0);
        iHW = UP_ADC_GetValue(1);

        if(iGD1==1 && iGD2==1 && iHW<400)          //没有检测到障碍
        {
            arSpeed[0]=350;arSpeed[1]=-350;
            arSpeed[2]=350;arSpeed[3]=-350;
        }
        else if(iGD1==0)                             //障碍物偏左
        {
            arSpeed[0]=-350;arSpeed[1]=-350;
            arSpeed[2]=-350;arSpeed[3]=-350;
        }
        else if(iGD2==0)                             //障碍物偏右
        {
            arSpeed[0]=350;arSpeed[1]=350;
            arSpeed[2]=350;arSpeed[3]=350;
        }
        else if(iHW<400)                             //障碍物太远
        {
            arSpeed[0]=350;arSpeed[1]=-350;
            arSpeed[2]=350;arSpeed[3]=-350;
        }
```

图 14.7　避障机器人的 C 程序代码

```
            else if(iHW>450)                                  //障碍物太近
            {
                arSpeed[0]=-350;arSpeed[1]=350;
                arSpeed[2]=-350;arSpeed[3]=350;
            }
            else                                              //抓取放置流程
            {
                arSpeed[0]=0;arSpeed[1]=0;                    //停止
                arSpeed[2]=0;arSpeed[3]=0;
                UP_CDS_ Set4MotoSpeed (arID,arSpeed);
                UP_delay_ms(1000);
                UP_CDS_SetAngle(5,200,512);                  //机械手到达抓取位置
                UP_CDS_SetAngle(6,350,512);
                UP_CDS_SetAngle(7,400,512);
                UP_delay_ms(1000);
                UP_CDS_SetAngle(8,400,512);                  //抓取障碍物
                UP_delay_ms(1000);
                UP_CDS_SetAngle(5,550,512);                  //机械手到达放置位置
                UP_CDS_SetAngle(6,650,512);
                UP_CDS_SetAngle(7,350,512);
                UP_delay_ms(1000);
                UP_CDS_SetAngle(8,512,512);                  //放置障碍物
                UP_delay_ms(1000);
                UP_CDS_SetAngle(5,512,512);                  //机械手复位
                UP_CDS_SetAngle(6,512,512);
                UP_CDS_SetAngle(7,512,512);
                UP_delay_ms(1000);
            }
            UP_CDS_ Set4MotoSpeed (arID,arSpeed);        //执行相应的运动
            UP_delay_ms(100);
        }
    }
```

图 14.7　避障机器人的 C 程序代码（续）

14.6　运行流程图示

搭建好机器人与编写好程序并下载成功后，可以看到机器人如图 14.8 所示的工作流程。

(a) 初始复位

(b) 抓取转向

(c) 抓取下行

(d) 抓手抓紧

(e) 抓取上行

(f) 临时位置

(g) 放置转向

(h) 放置下行

(i) 抓手打开

(j) 抓手复位

图 14.8 实际运行流程

第 4 篇

全向运动机器人

第 15 章 基于视觉跟随的机器人项目说明

15.1 项目来源

普通的轮式机器人，如前两个项目中所设计的机器人，只能实现前行、后退以及左右转动，在到达某一位置时，可能需要做较大的轨迹运动，消耗相当长的时间。在人流量大与空间狭小的场合，例如大型超市、商场、机场等，普通轮式机器人显然不能很好地胜任其礼仪、巡检等工作，如图 15.1（a）所示。

全向移动机器人是轮式机器人的一个新兴分支，理论上不存在运动的非完整约束，它可以向任意方向做直线运动而不需要事先做旋转运动，并且在以直线运动到达目标点的过程中同时可以做自身旋转运动调整机器人的姿态,从而达到终态所需的姿态。使得其运动快速灵活，能够很好地胜任在狭小空间的工作。

视觉是人体最复杂的一种感觉，80%以上的外界信息是由视觉系统进行采集与处理，视觉处理技术作为新兴的研究领域，受到广大研究工作人员的重视，各种关于视觉或其基础图像处理的理论与技术不断提出，由于其复杂性与实用性，视觉技术将会是今后研究与应用的一个热点方向。

本项目以 RoboCup 中型组足球机器人作为一个基本的载体［见图 15.1（b）]，学习其全向运动的控制与视觉的基本处理，在此基础上增加语音处理能力，设计与制作一个融合了全向运动、视觉等新兴研究领域的移动机器人。本项目旨在了解这些新兴研究领域的基础知识，增加对机器人技术的研究兴趣。

(a) 服务机器人

(b) 足球机器人

图 15.1　全向运动机器人示例

15.2　项目要求

设计一个全向运动的机器人，使其能够跟踪指定的目标，利用视觉传感器进行目标信息的检测与定位，并在开始时接受来自外界的语音命令修正其相关参数，搭建的机器人如图 15.2 所示。

图 15.2　全向足球机器人搭建主体示例

基本要求如下。

① 机器人能以直线方向运动到指定位置。

② 机器人能够原地实现自身的旋转。

③ 机器人能够根据视觉处理确定目标相对于机器人的位置。

④ 机器人能够根据语音命令在开始阶段更改跟踪不同颜色特征的目标。

扩展要求如下。

① 制作夹持机构，使机器人能够夹持球形目标。

② 制作弹射机构，使机器人能够弹射球形目标。

15.3 项目分析与任务分解

15.3.1 项目流程分析

项目整体运行流程的可行性是项目能否最终实现的基础。通过分析项目要求，可以得到以下的项目功能流程。

SP①：初始阶段能够根据语音命令进行参数更改。

SP②：机器人在初始位置利用视觉检测目标。

SP③：如未发现目标，机器人原地旋转检测目标，直至发现目标为止。

SP④：通过计算确定目标与机器人的相对位置。

SP⑤：机器人运行至跟踪运行位置。

15.3.2 项目系统结构

一个完整的机器人系统应包含控制模块、感知模块与执行模块，由于控制模块实现整个流程控制，只要存在流程，则控制模块也必然存在，故不再分析控制模块功能。以下仅分析基本要求，扩展要求可自行分析。

感知模块负责外部信息的收集，在本项目中，需要的外部信息有以下几种。

① 获取视觉（图像）信息。

② 检测目标并定位。

执行模块在本项目中，负责将机器人运动至指定点。机械部分的搭建由于较为简单，故本书不单独分析，在搭建过程中直接给出示意图。

在本项目中，采用位置点事先确定的方式，将其归到先验知识（模块）中去，针对基本要求，可以得到各个模块在流程中所负责的工作。

① 控制模块：合理的运动轨迹与时序安排（SP①～SP⑤）。

② 感知木块：目标搜索及定位，语音命令分析（SP①、SP②、SP④）。

③ 执行模块：各关节配合运动至定点（SP①、SP③、SP④、SP⑤）。

可以得到图 15.3 所示的系统结构图。

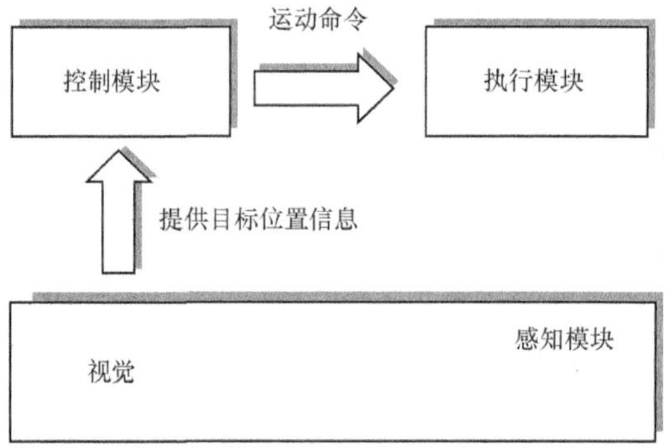

图 15.3　项目系统结构图

15.3.3　项目实现所需的主要技术

显然，完成项目要求，机器人必须实现各个模块所担负的工作任务。

① 控制模块。FN①：流程控制程序编制。

② 感知模块。FN②：基于视觉的目标搜索。FN③：基于视觉的目标定位。

③ 执行模块。FN④：全向运动轨迹分析。

15.3.4　任务分解

根据项目需要实现的主要技术功能，本章将这些功能融合在一个个的分任务中，在掌握分任务中的技术后，再进行综合项目的设计与实现。分任务有以下几种。

① **3 轮全向运动平台搭建及方向控制**（实现 FN④）：利用机器人套件搭建 3 轮全向运动机器人，并对 3 轮全向运动的直行效果进行测试以及改进。

② **4 轮全向运动平台搭建及方向控制**（实现 FN④）：利用机器人套件搭建 4 轮全向运动机器人，并对 4 轮全向运动的直行效果进行测试以及改进。

③ **Woody 的视觉识别使用**（实现 FN②）：了解图像处理的过程，能够对视觉进行采集，完成目标特征参数的设置。

④ **基于视觉的目标跟随**（实现 FN②）：搭建目标的视觉跟随运动平台，利用视觉进行特征辨识与目标识别，实现目标跟随功能。

⑤ **简易视觉云台及其应用**（实现 FN③）：利用舵机搭建两自由度的建议视觉云台，根

据云台的参数计算出目标实际场景位置与图像位置之间的对应关系，并控制舵机进行目标的定位。

⑥ **全向运动机器人的设计与制作：**根据示例的项目要求设置自己的项目要求，利用之前分任务实现的功能与技术，完成综合项目的设计制作与实现。

第 16 章 三轮全向运动平台搭建及方向控制

任务说明

搭建三轮全向运动机器人，能够实现全向运动机器人的常见运动轨迹控制。

任务要求

① 理解三轮全向运动的控制原理。

② 能够正确搭建三轮全向运动机器人主体。

③ 能够编写图形化控制程序，实现机器人的自转、轴向直线运动等运动方式。

使用套件与软件说明

本任务使用高级版机器人套件和 Crater 软件实现，也可以使用标准版的机器人套件和 NorthSTAR 实现，实现流程与参数设置可以参考本章，具体实现程序见第 30 章的 30.1 节。

16.1 全向运动及其机构简介

在移动机器人应用中，平面内需要 3 个坐标值来确定唯一状态：其中两个坐标（X,Y）用于确定机器人位置，另外一个用于确定机器人的方向。全向移动是指移动机构在二维平面上从当前位置向任意方向运动的能力。目前所见到的大多数的轮式移动机构都不是全方位的。具有全方位运动能力的移动机构能够实现完美的运动性能，即能够在当前位置沿着任意方向的路径移动。它比非全方位机构有着明显的优势，例如，全方位移动机构由于其零回转半径的特点，可以在拥挤或狭窄的场所内使车体灵活自如地穿行，在诸如仓库走廊室内可使运载小车实现任意方向的移动。另外，全方位移动机构还可以对自己所处的位置进行细微调整，实现精确定位和高精度轨迹跟踪等。

机器人的全向运动依靠全向运动机构（或平台）来实现，全向运动机构指在平面内可以有前后、左右、转动 3 个或 3 个以上的自由度运动的机构，当在平面内运动少于 3 个自由度时则为非全向运动机构。非全向运动机构的典型应用如汽车等。如果运动机构具有了完全的 3 个自由度则可以在狭窄的空间范围中自由移动。

典型的全向动机构一般由 3 个或 3 个以上的全向轮组成，如图 16.1 所示，最常见的是 3 轮全向运动机构。

(a) 3 轮全向运动机构　　(b) 4 轮全向运动机构

图 16.1　全向运动机构

图 16.2 是当前比较常见的全向轮，全向轮整体是一个圆形，可以和常规轮子一样由电动机带动，实现机构的直行与转动。全向轮四周镶嵌着可以自由滚动的辊子，这些辊子可以在垂直于轮轴的方向自由转动。根据上述的构造特点，全向轮可以当成普通轮子，实现轮轴方向转动，也可以在地面上自由滑动。全向轮有效避免了普通轮子由于不能侧滑带来的非完整性运动限制，使得运动机构理论上能够在平面上以任何角度和速度运动。根据载荷的不同，全向轮的大小、面积、辊子数量各有不同。

(a) 简单全向轮　　(b) 一般全向轮　　(c) Mecanum 全向轮

图 16.2　全向轮

全向机构可以实现非全向机构的全方向运动、运动中的转向等功能，但是由于机构本身较之非全向机构复杂，并且由于全向轮的构造原因，所以其控制也比非全向机构复杂，控制精度的保证也比非全向机构更为困难。

16.2　三轮全向运动控制原理

如图 16.3 所示，三轮全向运动平台一般为了分析方便，都是成等角度分布，即任意两个相邻轮子之间的角度都为 120°，并且其到目标的中心（或重心）距离相等，由于套件本身的精度限制，决定了搭建的机构只能大致满足三轮全向运动机构的布局。

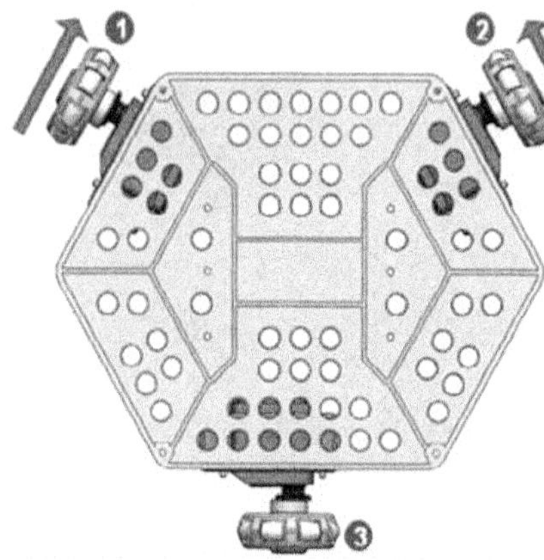

图 16.3　三轮全向机构的全向轮的布局

三轮全向运动包含以下两个方面的运动。

① 平动：位置之间的相对移动，关注的是前后位置的不同与轮速之间的关系。

② 转动：绕机器人轮子几何中心的转动，关注的是前后姿态的不同与轮速之间的关系。

所以一般全向运动机器人的运动速度采用 3 个分量进行表示，分别是 X 轴上的速度、Y 轴上的速度和机器人的旋转角速度。机器人速度与轮子速度的关系如图 16.4 所示。

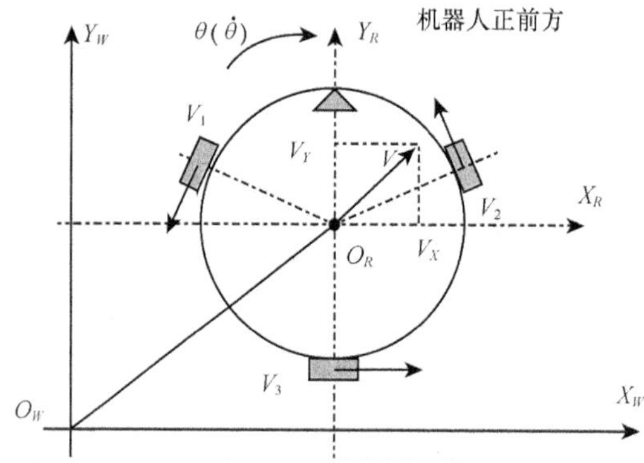

图 16.4　机器人速度分析

在分析三轮全向运动之前，先进行如下假设：全局坐标系为 $X_WO_WY_W$，机器人自身坐标系

为 $X_RO_RY_R$，机器人的合速度为 $(V_X, V_Y, \dot{\theta})$，V_X 和 V_Y 分别是在全局坐标 X 轴和 Y 轴的分速度，θ 为转动角度，$\dot{\theta}$ 是对应的角速度，逆时针为正，机器人各个轮子按照 120° 平均分布，并且半径都是 R，轴 Y_R 与机器人的轮子 3 的转动轴线一致，并与轴 Y_W 初始时平行，3 个轮子的速度为 (V_1, V_2, V_3)。

以图 15.3 中的轮子 1 为例，分析三轮全向运动中各个轮子与合速度之间的关系。

如果在移动过程中，机器人不做旋转运动，即朝向不变的情况下，由图 15.5（a）的速度分析可以得到：

$$V_1 = -V_X \sin\frac{\pi}{6} - V_Y \cos\frac{\pi}{6}$$

如果在移动过程中，机器人同时做旋转运动，由图 16.5（b）可以得到：

$$V_1 = -V_X \sin\left(\frac{\pi}{6} - \theta\right) - V_Y \cos\left(\frac{\pi}{6} - \theta\right)$$

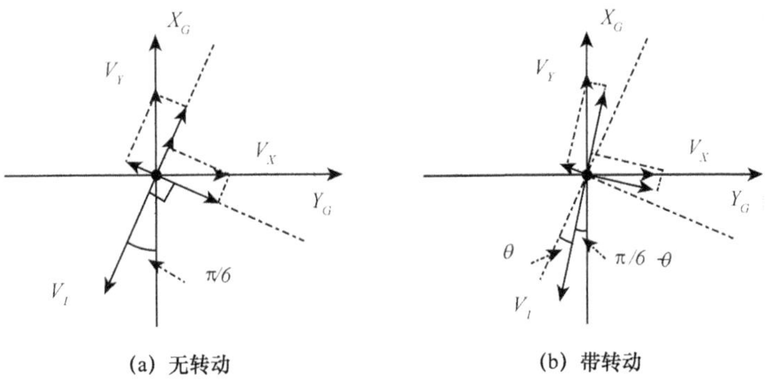

图 16.5 轮子速度 V_1 的分析

以同样的方式分析轮子 2 和 3，可以得到三轮全向运动中机器人合速度与轮子速度之间的关系：

$$\begin{pmatrix} V_1 \\ V_2 \\ V_3 \end{pmatrix} = \begin{pmatrix} -\sin\left(\frac{\pi}{6}-\theta\right) & -\cos\left(\frac{\pi}{6}-\theta\right) & R \\ -\sin\left(\frac{\pi}{6}+\theta\right) & \cos\left(\frac{\pi}{6}+\theta\right) & R \\ \cos\theta & \sin\theta & R \end{pmatrix} \begin{pmatrix} V_X \\ V_Y \\ \dot{\theta} \end{pmatrix} \tag{16.1}$$

以上是全向运动机构同时平移和转动的公式，根据此公式，可以得到更为简单的平移（不带转动的前行）和原地旋转的公式。

16.2.1　平移时的轮速分析

机器人只做平移运动，意味着机器人自身不旋转，存在以下条件：

$$\begin{cases}\theta = 0 \\ \dot{\theta} = 0\end{cases}$$

即旋转角度为 0 的同时，旋转速度也为 0。带入有：

$$\begin{pmatrix} V_1 \\ V_2 \\ V_3 \end{pmatrix} = \begin{pmatrix} -\sin\frac{\pi}{6} & -\cos\frac{\pi}{6} & R \\ -\sin\frac{\pi}{6} & \cos\frac{\pi}{6} & R \\ 1 & 0 & R \end{pmatrix} \begin{pmatrix} V_X \\ V_Y \\ 0 \end{pmatrix}$$

$$\begin{cases} V_1 = -V_X \sin\frac{\pi}{6} - V_Y \cos\frac{\pi}{6} \\ V_2 = -V_X \sin\frac{\pi}{6} + V_Y \cos\frac{\pi}{6} \\ V_3 = V_X \end{cases}$$

进而可得得到机器人在全局 X 轴和 Y 轴平动的公式：

在 X 轴上平动（$\dot{V}_Y = 0$）：$\begin{cases} V_1 = -\dfrac{V_X}{2} \\ V_2 = -\dfrac{V_X}{2} \\ V_3 = V_X \end{cases}$

在 Y 轴上平动（$\dot{V}_X = 0$）：$\begin{cases} V_1 = -\dfrac{\sqrt{3}}{2}V_Y \\ V_2 = \dfrac{\sqrt{3}}{2}V_Y \\ V_3 = 0 \end{cases}$

16.2.2 自转时的轮速分析

机器人只做自转运动，意味着机器人的合速度为 0，存在以下条件：

$$\begin{cases} V_X = 0 \\ V_Y = 0 \end{cases}$$

带入公式（16.1），有：

$$\begin{pmatrix} V_1 \\ V_2 \\ V_3 \end{pmatrix} = \begin{pmatrix} -\sin\left(\dfrac{\pi}{6}-\theta\right) & -\cos\left(\dfrac{\pi}{6}-\theta\right) & R \\ -\sin\left(\dfrac{\pi}{6}+\theta\right) & \cos\left(\dfrac{\pi}{6}+\theta\right) & R \\ \cos\theta & \sin\theta & R \end{pmatrix} \begin{pmatrix} 0 \\ 0 \\ \dot{\theta} \end{pmatrix}$$

$$\begin{cases} V_1 = R\dot{\theta} \\ V_2 = R\dot{\theta} \\ V_3 = R\dot{\theta} \end{cases}$$

对于其他方向的平动或其他运动可自行分析。

16.3 全向运动平台搭建

三轮全向运动机器人的搭建较为简单，具体可参考图 16.6。需要注意的是，由于构件连

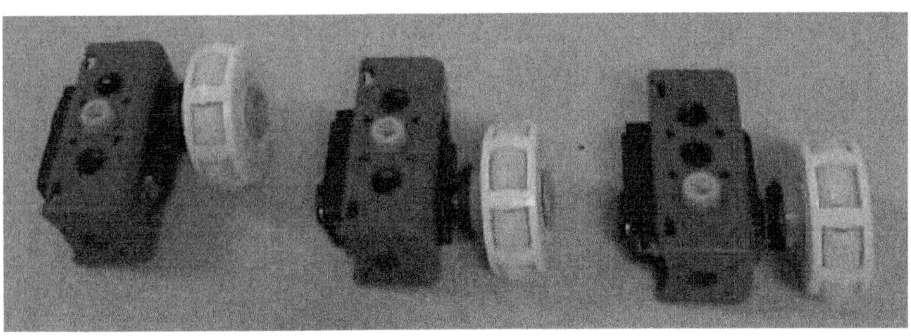

(a) 安装后轮和右前轮

图 16.6 三轮全向运动机器人的搭建过程

(b) 安装左前轮

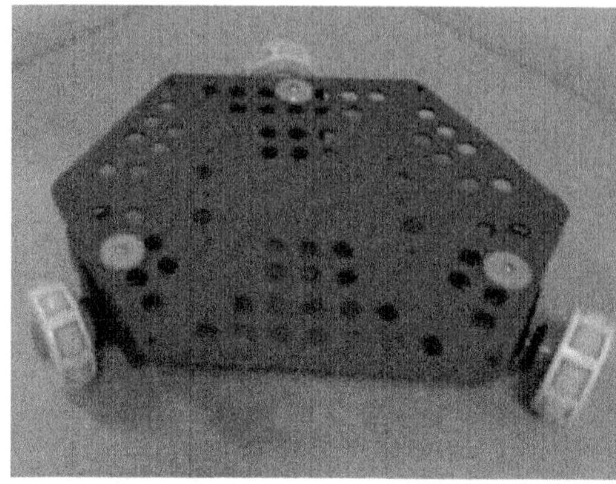

(c) 安装控制器

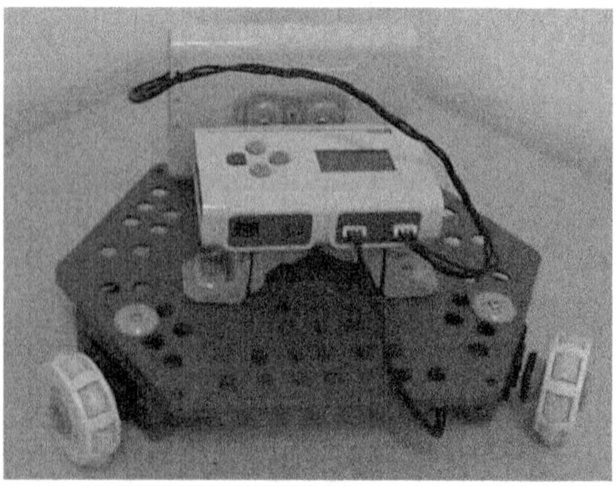

(d) 完整机器人正面

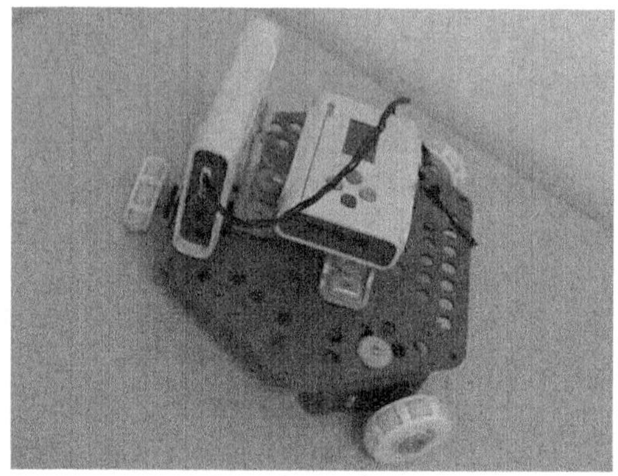

(e) 完整机器人侧面

图 16.6　三轮全向运动机器人的搭建过程（续）

接角度最小为 18° 以及连接孔的分布问题，使得搭建的三轮全向运动机构实际上无法实现各轮子轴心线之间的角度在 120° 左右，并且轴心线交于一点，故实际搭建时可以采取其他措施来满足任务要求。

16.4　图形化程序设计

为了同时检测直行与旋转效果，任务要求先让机器人平移一定距离后，再原地旋转一段时间，如此反复循环。具体图形化程序设计可参考图 16.7，其中速度值根据需要自行带入公式计算并在实际中进行速度匹配。

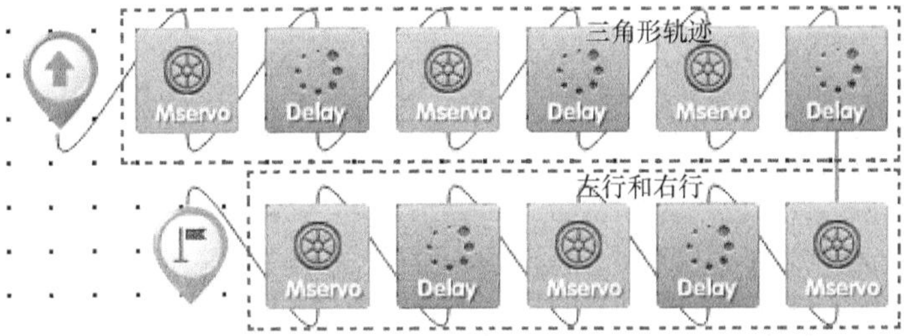

图 16.7　完整图形化程序

前 3 个舵机控件每次只设置两个舵机的运行速度，剩下一个速度为 0，利用两轮实现直线行走，最终实现机器人的三角形轨迹。后两个舵机控件实现机器人的左右直行运动，根据各个方向的运动，检测三轮全向平台的误差。

需要注意的是，由于机构的不精确性，由公式计算出来的数值需要经过实际调整以后，才能达到较为理想的运行效果。

读者可自行检测三轮全向平台的其他方向运行效果。也可以对运动中同时改变机器人的朝向进行测试。

16.5　C 语言程序设计

任务的整个流程十分清晰，具体可参考图 16.8 三轮全向机器 C 程序代码中的注释。

```
#include "Uplib\UP_System.h"

int main(void)
{
    UP_System_Init();
    //   三角形轨迹
    UP_CDS_SetSpeed(1, 350);              //三角形前边长行走
    UP_CDS_SetSpeed(2, 350);
    UP_CDS_SetSpeed(3, 0);
    UP_delay_ms(3000);
    UP_CDS_SetSpeed(3, -350);             //三角形上斜边长行走
    UP_CDS_SetSpeed(1, 0);
    UP_delay_ms(3000);
    UP_CDS_SetSpeed(1, -350);             //三角形下斜边长行走
    UP_CDS_SetSpeed(2, 0);
    UP_CDS_SetSpeed(3, 350);
```

图 16.8　三轮全向机器人的 C 程序代码

```
        UP_delay_ms(3000);
        UP_CDS_SetSpeed(1, -200);               //直线左行
        UP_CDS_SetSpeed(2, 200);
        UP_CDS_SetSpeed(3, 400);
        UP_delay_ms(3000);
        UP_CDS_SetSpeed(1, 200);                //直线右行
        UP_CDS_SetSpeed(2, -200);
        UP_CDS_SetSpeed(3, -400);
        UP_delay_ms(3000);
        UP_CDS_SetSpeed(1, 0);
        UP_CDS_SetSpeed(2, 0);
        UP_CDS_SetSpeed(3, 0);
}
```

图 16.8　三轮全向机器人的 C 程序代码（续）

第 17 章 四轮全向运动平台轨迹控制

任务说明

搭建四轮全向运动机器人，能够实现全向运动机器人的常见运动控制。

任务要求

① 理解四轮全向运动的控制原理。

② 能够正确搭建四轮全向运动机器人主体。

③ 能够编写图形化和 C 语言程序，实现机器人的自转、轴向直线运动等运动方式。

使用套件与软件说明

本任务使用高级版机器人套件和 Crater 软件实现，也可以使用标准版的机器人套件和 NorthSTAR 实现，实现流程与参数设置可以参考本章，具体实现程序见第 30 章的 30.2 节。

17.1 四轮全向运动方向控制原理

如图 17.1 所示，与三轮全向运动机构的轮子分布一样，四轮全向运动机构一般为了分析方便，也是成等角度分布，即两个轮子之间的角度都为 90°，并且其到目标的中心（或重心）距离相等，由于套件本身的精度限制，决定了设计中只能大致满足四轮全向运动机构的布局。

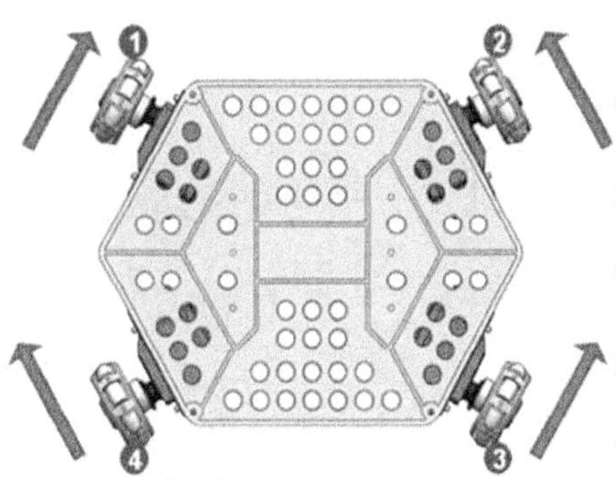

图 17.1　四轮机构的全向轮的布局

四轮全向运动也包含两个方面的运动，一个是移动（平动），另外一个是绕中心的转动，其速度的大小受到 4 个轮子速度的影响。

如图 17.2 所示，假设机器人的总体速度为 $(V_X, V_Y, \dot{\theta})$，V_X 和 V_Y 是总速度在全局坐标 X 轴和 Y 轴的分速度，θ 为瞬间转动角度，$\dot{\theta}$ 是角速度，逆时针为正，机器人各个轮子按照 90° 平均分布，并且半径都是 R，机器人的 4 个轮子初始轴线与全局坐标 X 轴和 Y 轴都相差 45°，4 个轮子的速度为（V_1, V_2, V_3, V_4），根据运动学合成的原理，这里直接给出计算公式，如需完整分析可查阅相关资料。

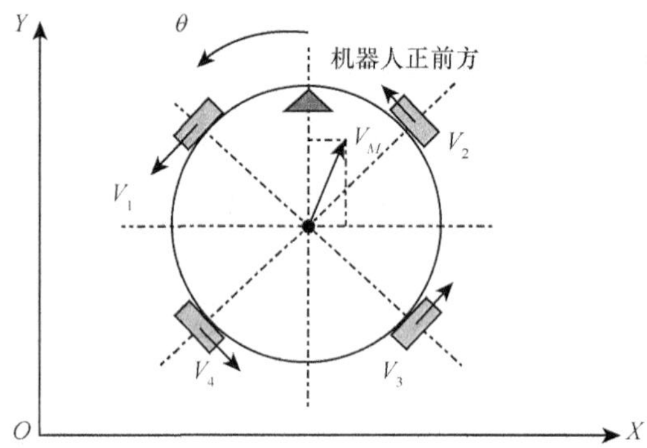

图 17.2　机器人速度分析

$$\begin{pmatrix} V_1 \\ V_2 \\ V_3 \\ V_4 \end{pmatrix} = \begin{pmatrix} -\sin\left(\dfrac{\pi}{4}-\theta\right) & -\cos\left(\dfrac{\pi}{4}-\theta\right) & R \\ -\sin\left(\dfrac{\pi}{4}+\theta\right) & +\cos\left(\dfrac{\pi}{4}+\theta\right) & R \\ +\sin\left(\dfrac{\pi}{4}-\theta\right) & +\cos\left(\dfrac{\pi}{4}-\theta\right) & R \\ +\sin\left(\dfrac{\pi}{4}+\theta\right) & -\cos\left(\dfrac{\pi}{4}-\theta\right) & R \end{pmatrix} \begin{pmatrix} \dot{V}_X \\ \dot{V}_Y \\ \dot{\theta} \end{pmatrix}$$

根据以上公式，可以得到全向机构不转动前行和原地旋转的公式。

17.1.1　平移时的轮速分析

机器人只做平移运动，意味着机器人自身不旋转，存在以下条件：

$$\begin{cases} \theta = 0 \\ \dot{\theta} = 0 \end{cases}$$

即旋转角度为 0 的同时，旋转速度也为 0。代入总公式，有：

$$\begin{pmatrix} V_1 \\ V_2 \\ V_3 \\ V_4 \end{pmatrix} = \begin{pmatrix} -\sin\frac{\pi}{4} & -\cos\frac{\pi}{4} & R \\ -\sin\frac{\pi}{4} & +\cos\frac{\pi}{4} & R \\ +\sin\frac{\pi}{4} & +\cos\frac{\pi}{4} & R \\ +\sin\frac{\pi}{4} & -\cos\frac{\pi}{4} & R \end{pmatrix} \begin{pmatrix} V_X \\ V_Y \\ 0 \end{pmatrix}$$

$$\begin{cases} V_1 = -V_X \sin\frac{\pi}{4} - V_Y \cos\frac{\pi}{4} \\ V_2 = -V_X \sin\frac{\pi}{4} + V_Y \cos\frac{\pi}{4} \\ V_3 = V_X \sin\frac{\pi}{4} + V_Y \cos\frac{\pi}{4} \\ V_4 = V_X \sin\frac{\pi}{4} - V_Y \cos\frac{\pi}{4} \end{cases}$$

进而可得得到机器人在全局 X 轴和 Y 轴平动的公式：

在 X 轴上平动（$\dot{V}_Y = 0$）：
$$\begin{cases} V_1 = -\frac{\sqrt{2}}{2} V_X \\ V_2 = -\frac{\sqrt{2}}{2} V_X \\ V_3 = \frac{\sqrt{2}}{2} V_X \\ V_4 = \frac{\sqrt{2}}{2} V_X \end{cases}$$

在 Y 轴上平动（$\dot{V}_X = 0$）：
$$\begin{cases} V_1 = -\frac{\sqrt{2}}{2} V_Y \\ V_2 = \frac{\sqrt{2}}{2} V_Y \\ V_3 = \frac{\sqrt{2}}{2} V_Y \\ V_4 = -\frac{\sqrt{2}}{2} V_Y \end{cases}$$

17.1.2　自转时的轮速分析

机器人只做自转运动，意味着机器人的合速度为 0，存在以下条件：

$$\begin{cases} V_X = 0 \\ V_Y = 0 \end{cases}$$

代入总公式，有：

$$\begin{pmatrix} V_1 \\ V_2 \\ V_3 \\ V_4 \end{pmatrix} = \begin{pmatrix} -\sin\left(\dfrac{\pi}{4}-\theta\right) & -\cos\left(\dfrac{\pi}{4}-\theta\right) & R \\ -\sin\left(\dfrac{\pi}{4}+\theta\right) & +\cos\left(\dfrac{\pi}{4}+\theta\right) & R \\ +\sin\left(\dfrac{\pi}{4}-\theta\right) & +\cos\left(\dfrac{\pi}{4}-\theta\right) & R \\ +\sin\left(\dfrac{\pi}{4}+\theta\right) & -\cos\left(\dfrac{\pi}{4}+\theta\right) & R \end{pmatrix} \begin{pmatrix} 0 \\ 0 \\ \dot{\theta} \end{pmatrix}$$

$$\begin{cases} V_1 = R\dot{\theta} \\ V_2 = R\dot{\theta} \\ V_3 = R\dot{\theta} \\ V_4 = R\dot{\theta} \end{cases}$$

对于其他方向的平动或其他运动请自行分析。

17.2　四轮全向运动平台搭建

与三轮全向运动平台尽量保持相邻两个轮子之间 120° 一样，四轮全向运动平台应尽量保证两个轮子之间为 90°，具体的搭建过程如图 17.3 所示。

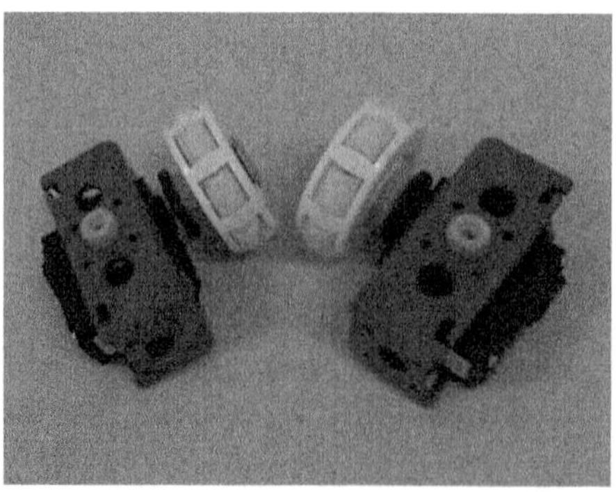

(a) 全向轮组件

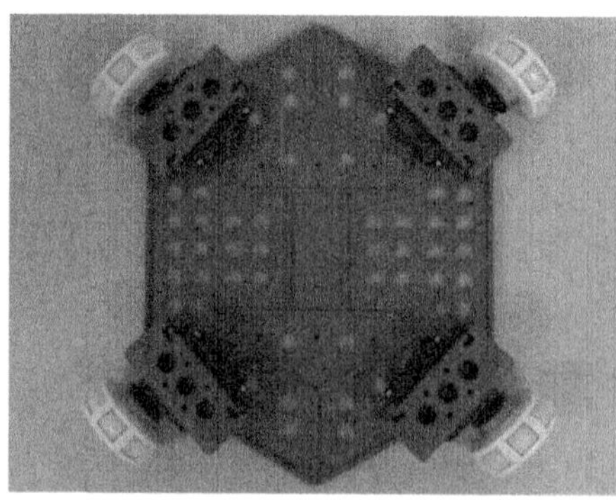

(b) 全向轮组件的安装

图 17.3　四轮全向运动机器人的搭建过程

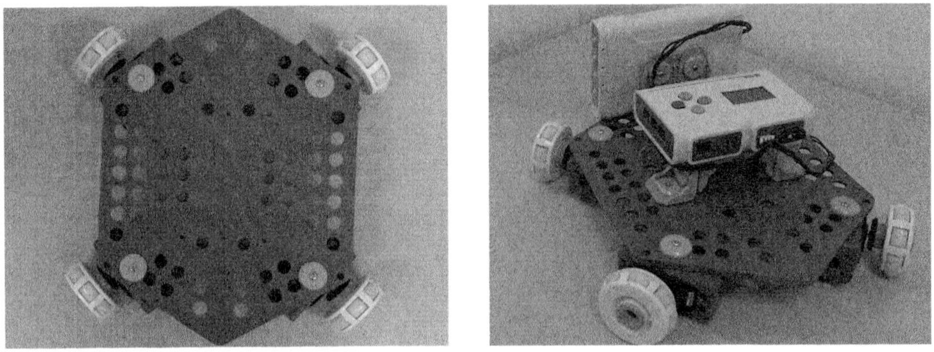

(c) 四轮运动机构　　(d) 安装控制器

图 17.3　四轮全向运动机器人的搭建过程（续）

17.3　图形化程序设计

由于是四轮全向运动，所以本节检测的是运动平台对于前后左右 4 个方向的运动，并通过差速的方式，实现机器人绕圆心转动并保持方向始终指向圆心。完整的图形化程序如图 17.4 所示。

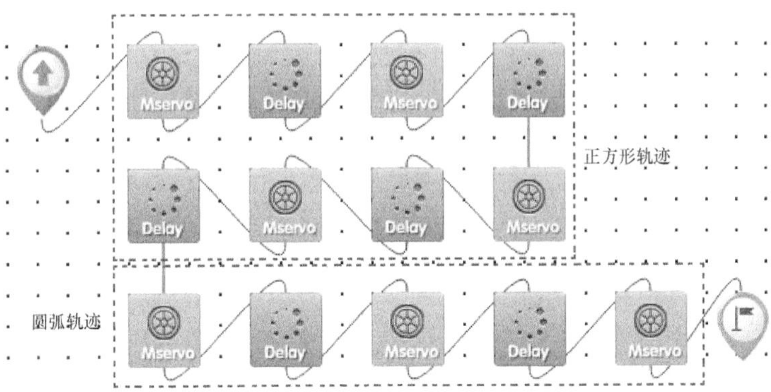

图 17.4　完整图形化程序

17.4　C 语言程序设计

任务的整个流程十分清晰，可参考 17.3 节的图形化流程编写四轮全向运动的 C 语言代码，如图 17.5 所示。

```
#include "Uplib\UP_System.h"

int main(void)
{
    UP_System_Init();
    //   正方形轨迹
    UP_CDS_SetSpeed(1, 350);                  //前行边长
    UP_CDS_SetSpeed(2, -350);
    UP_CDS_SetSpeed(3, 350);
    UP_CDS_SetSpeed(4, -350);
    UP_delay_ms(3000);
    UP_CDS_SetSpeed(1, 350);                  //右行边长
    UP_CDS_SetSpeed(2, 350);
    UP_CDS_SetSpeed(3, -350);
    UP_CDS_SetSpeed(4, -350);
    UP_CDS_SetSpeed(2, 0);
    UP_delay_ms(3000);
    UP_CDS_SetSpeed(1, -350);                 //下行边长
    UP_CDS_SetSpeed(2, 350);
    UP_CDS_SetSpeed(3, -350);
    UP_CDS_SetSpeed(4, 350);
    UP_delay_ms(3000);
    UP_CDS_SetSpeed(1, -350);                 //左行边长
    UP_CDS_SetSpeed(2, -350);
    UP_CDS_SetSpeed(3, 350);
    UP_CDS_SetSpeed(4, 350);
    UP_delay_ms(3000);
    //   圆轨迹运动
    UP_CDS_SetSpeed(1, 350);                  //修改朝向
    UP_CDS_SetSpeed(2, 350);
    UP_CDS_SetSpeed(3, 350);
    UP_CDS_SetSpeed(4, 350);
    UP_delay_ms(300);
    UP_CDS_SetSpeed(1, 350);                  //圆轨迹
    UP_CDS_SetSpeed(2, -300);
    UP_CDS_SetSpeed(3, 350);
    UP_CDS_SetSpeed(4, -30);
    UP_delay_ms(15000);
    UP_CDS_SetSpeed(1, 0);                    //停止运行
    UP_CDS_SetSpeed(2, 0);
    UP_CDS_SetSpeed(3, 0);
    UP_CDS_SetSpeed(4, 0);
}
```

图 17.5　四轮全向运动的 C 语言程序代码

第18章 Woody的视觉识别使用

任务说明

对一个与背景颜色不同的目标进行识别，设置 HSI 各分量的参数，并实现将参数下载至 Woody 控制器。

任务要求

① 能够正确完成 Woody 控制器测试的硬件连接。

② 能够正确设置网络通信参数。

③ 实现 HSI 参数设置，将目标与背景进行区分，并将参数下载至 Woody 控制器。

18.1 计算机视觉基础

视觉是一个生理学词汇。光作用于视觉器官，使其感受细胞兴奋，其信息经视觉神经系统加工后便产生视觉（vision）。通过视觉，人和动物可感知外界物体的大小、明暗、颜色、动静，获得对机体生存具有重要意义的各种信息，至少有 60%以上的外界信息经视觉获得，人类视觉系统是迄今为止，人们所知道的功能最强大和完善的视觉系统。

计算机视觉使用各种成像系统代替视觉器官作为输入敏感手段，由计算机来代替大脑完成处理和解释，是对生物视觉的一种模拟。主要任务就是通过对采集的图片或视频进行处理以获得相应场景的三维信息，就像人类和许多其他类生物所做的那样。

计算机视觉的最终研究目标就是使计算机能像人那样通过视觉观察和理解世界，具有自主适应环境的能力，但这是要经过长期的努力才能达到的目标。计算机视觉既是工程领域，也是科学领域中的一个富有挑战性的重要研究领域。计算机视觉是一门综合性的学科，它已经吸引了来自各个学科的研究者参加到对它的研究之中。其中包括计算机科学和工程、信号处理、物理学、应用数学和统计学、神经生理学和认知科学等。计算机视觉已成为多个应用领域，如制造业、检验、文档分析、医疗诊断和军事等领域中各种智能或自主系统中不可分割的一部分。由于它的重要性，一些先进国家把对计算机视觉与其他领域的关系研究列为对经济和科学有广泛影响的科学和工程中的重大基本问题。

18.1.1 数字图像

数字图像又称数码图像或数位图像，是由模拟图像数字化得到的、以像素为基本元素的、可以用数字计算机或数字电路存储和处理的图像。

① **像素**：像素（或像元，Pixel）是数字图像的基本元素，像素是在模拟图像数字化时对连续空间进行离散化得到的。每个像素具有整数行（高）和列（宽）位置坐标，同时每个像素都具有整数灰度值或颜色值。通常，像素在计算机中保存为二维整数数组的光栅图像，这些值经常用压缩格式进行传输和储存。

② **图像的分辨率**：严格意义上是指图像中存储的信息量，即每英寸图像内有多少个像素点。在实际使用上，图像分辨率一般与图像大小相关联，是指图像像素的多少与分布。图像分辨率的表达方式为“水平像素数×垂直像素数”。图像分辨率也被称为图像大小、图像尺寸、像素尺寸和记录分辨率。在这里，“大小”和“尺寸”一词的含义具有双重性，它们既可以指像素的多少（数量大小），又可以指画面的尺寸（边长或面积的大小），因此很容易引起误解。由于在同一显示分辨率的情况下，分辨率越高的图像像素点越多，图像的尺寸和面积也越大，所以有人会用图像大小和图像尺寸来表示图像的分辨率。

数字图像可以由不同的输入设备和技术生成，例如数码相机、扫描仪等，也可以从任意的非图像数据合成得到，例如数学函数或者三维几何模型。

18.1.2 数字图像的分类

每个图像的像素通常对应于二维空间中一个特定的位置，并且由一个或者多个与该位置相关的采样值组成数值。根据这些采样数目及特性的不同，数字图像可以划分为以下种类。

① 二值图像（Binary Image）：图像中每个像素的亮度值（Intensity）仅可以取自 0 到 1 的图像。

② 灰度图像（Gray Scale Image）：又称为灰阶图像，图像中每个像素可以由 0（黑）～255（白）的亮度值表示，不同的数值表示不同的灰度级。

③ 彩色图像（Color Image）：每幅彩色图像是由多幅不同颜色的灰度图像组合而成的，最为常见的颜色组合是红色、绿色和蓝色。

④ 立体图像（Stereo Image）：立体图像是一物体由不同角度拍摄的一组图像，通常情况下可以用立体图像计算出图像的深度信息。

⑤ 三维图像（3D Image）：三维图像是由一组堆栈的二维图像组成的。每一幅图像表示该物体的一个横截面。数字图像也用于表示在一个三维空间分布点的数据，例如计算机断层扫描设备生成的图像，在这种情况下，每个数据都称作一个体素。

18.1.3 颜色空间

所谓颜色模型就是指某个三维颜色空间中的一个可见光子集，它包含某个颜色域的所有颜色。颜色模型主要有 RGB、HSI、CMYK、YUV 等。它们在不同的行业各有所指，但在计算机技术方面运用最为广泛。

（1）RGB 颜色模型

RGB（Red Green Blue）颜色模型称为与设备相关的颜色模型，其所覆盖的颜色域取决于显示设备荧光点的颜色特性，是与硬件相关的。RGB 颜色模型是使用最多，人们最熟悉的颜色模型。它采用三维直角坐标系。红、绿、蓝原色混合在一起可以产生复合色。

如图 18.1 所示。RGB 颜色模型通常采用单位立方体来表示。在正方体的主对角线上，各原色的强度相等，产生由暗到明的白色，也就是不同的灰度值。（0，0，0）为黑色，（1，1，1）为白色。正方体的其他 6 个角点分别为红、黄、绿、青、蓝和品红。

RGB 颜色模型通常用于彩色阴极射线管等彩色光栅图形显示设备中，彩色光栅图形的显示器都使用 R、G、B 数值来驱动 R、G、B 电子枪发射电子，并分别激发荧光屏上的 R、G、B 三种颜色的荧光粉发出不同亮度的光线，并通过相加混合产生各种颜色；扫描仪也是通过吸收原稿经反射或透射而发送来的光线中的 R、G、B 成分，并用它来表示原稿的颜色。

（2）HSI 颜色模型

HSI 颜色模型是从人的视觉系统出发，用色调（Hue）、饱和度（Saturation 或 Chroma）和亮度（Intensity 或 Brightness）来描述色彩。

通常把色调和饱和度统称为色度，用来表示颜色的类别与深浅程度。由于人的视觉对亮度的敏感程度远强于对颜色浓淡的敏感程度，为了便于色彩的处理和识别，人的视觉系统经常采用 HSI 色彩空间，它比 RGB 色彩空间更符合人的视觉特性。

HSI 颜色模型可以用一个圆锥空间模型来描述（见图 18.1）。相对于 RGB 的单位立方体表示模式，这种圆锥模型较为复杂，但能够很好地表示色调、亮度和饱和度的变化引起的颜色变化。

图像处理和计算机视觉中的许多算法都可在 HSI 色彩空间中方便地使用，它们可以分开处理而且是相互独立的。HSI 和 RGB 颜色模型只是同一物理量的不同表示法，因而它们之间存在着转换关系。

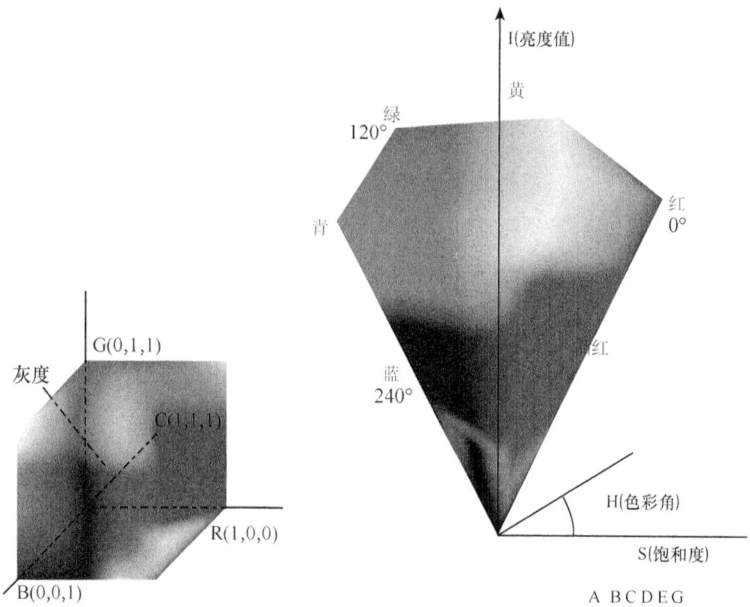

图 18.1　RGB 与 HSI 颜色模型

18.1.4　阈值分割

图像阈值分割是一种传统的最常用的图像分割方法，是一种基于区域的图像分割技术。因其实现简单、计算量小、性能较稳定，成为图像分割中最基本和应用最广泛的分割技术。在很多情况下，阈值分割是进行图像分析、特征提取与模式识别之前的必要图像预处理过程。

图像阈值分割特别适用于目标和背景占据不同灰度级范围或不同颜色的图像。它不仅可以极大地压缩数据量，而且也大大简化了分析和处理步骤。

图像阈值分割的目的是要按照灰度级，对像素集合进行一个划分，得到的每个子集形成一个与现实景物相对应的区域，各个区域内部具有一致的属性，而相邻区域布局有这种一致属性。这样的划分可以通过从灰度级或颜色出发选取一个或多个阈值来实现。按照一定的准则在原始图像中寻找满足特征的像素，将图像分割为两个部分，即为通常所说的图像二值化。

阈值分割的优点是计算简单、运算效率较高、速度快。在重视运算效率的应用场合（如用于硬件实现），它得到了广泛应用。目前，图像的阈值分割已被应用于很多领域，例如，在红外技术应用中，红外无损检测中红外热图像的分割、红外成像跟踪系统中目标的分割；在遥感应用中，合成孔径雷达图像中目标的分割等；在医学应用中，血液细胞图像的分割、磁共振图像的分割；在农业工程应用中，水果品质无损检测过程中水果图像与背景的分割；在工业生产应用中，机器视觉运用于产品质量检测等。

18.2　Woody 的硬件连接与启动

Woody 的使用包括 Woody 硬件的连接以及相对应的 WoodySettings 软件的使用，对于视觉、语音、条形码等模块，都需要在 Woody 的软硬件设置好后，才能进行图形化编程。

准备好 Woody 控制器、调试器、电源线、5 针串口线（调试器与 Woody 控制器的连接线）、串口线（电脑与调试器的连接线）。

按照图 18.2 连接好设备，最后插上电源线启动硬件，大约 30s，如果启动完成，控制器会发出两声脆响。

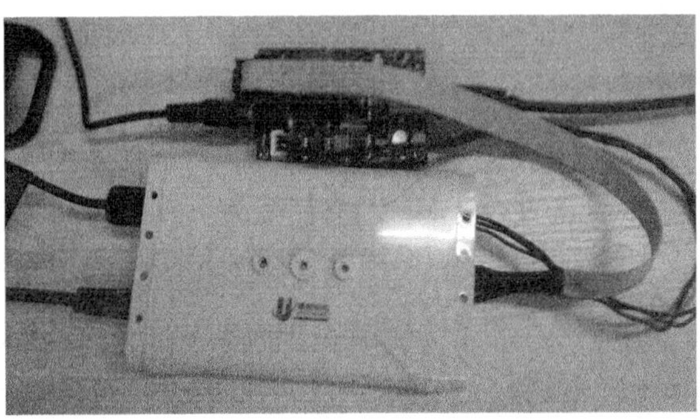

图 18.2　Woody 硬件的连接

本节需要连接摄像头，摄像头连接到 Woody 控制器的任意一个 USB 口即可，Woody 控制器会进行自动识别。

18.3　Woody 控制器的网络设置

18.3.1　利用 WoodySettings 软件进行网络设置

图形化程序的某些参数需要在 Woody 控制器上预先设置，参数设置可以通过 WoodySettings 软件来完成，WoodySettings 软件也可以对提供服务的硬件模块好坏进行测试。

打开 WoodySettings 测试软件，如图 18.3 所示，单击“显示串口配置按钮”，在弹出的界面（见图 18.4）上进行串口配置，检测与调试器的连接是否正常。设置好左上区域的串口号和波特率，单击右上区域的“打开串口”按钮后，单击测试按钮。若收到回复，则表示连接正常；如果没有收到 Woody 控制器的响应代码，则表示串口连接不成功，需要对串口硬件进行检测。

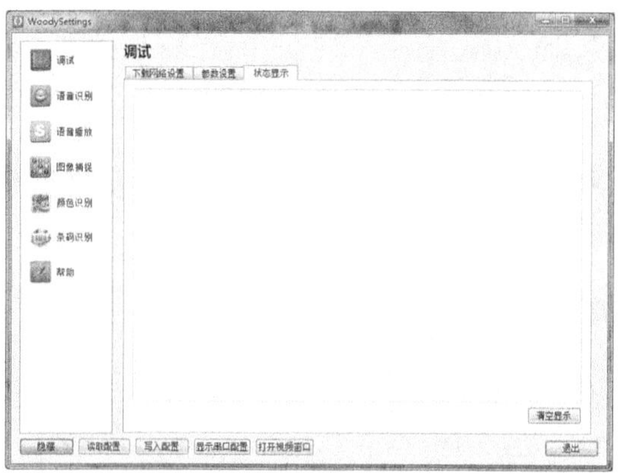

图 18.3　WoodySettings 启动界面

控制信息及其响应由 RS232 完成，而数据的传输则由网络连接完成。首先在初始界面下单击“下载网络设置”标签，如图 18.5 所示。在 IP 栏进行 IP 设置，格式为 192.168.8.xxx，xxx 范围是 0～255，（注意 xxx 不能设置为 8）。根据不同的网络模式（有线或无线）单击对应的设置 IP 的按钮，可能会有杀毒软件阻止修改 IP，此时需要选择允许修改以运行程序。

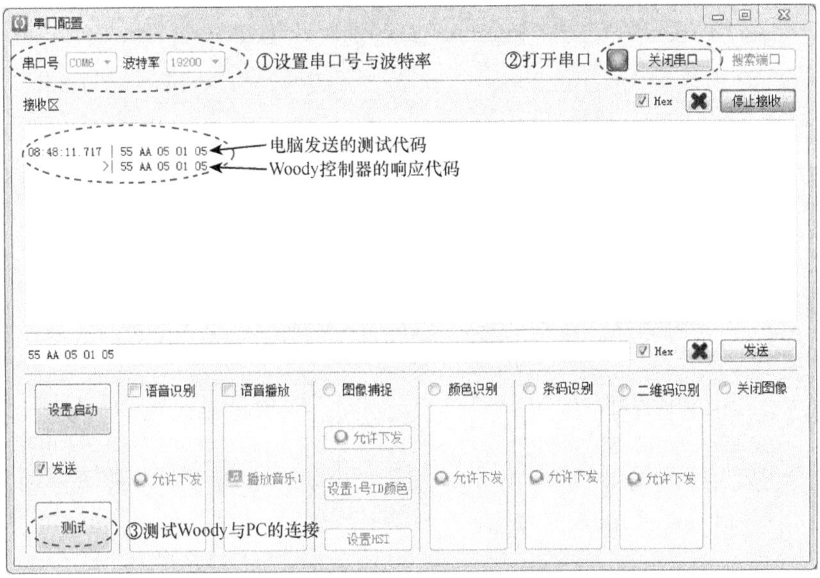

图 18.4 串口配置界面

注意：设置无线网卡之前，要确保有线网卡上网线拔出或禁用有线，如需修改用户名和密码可打开参数设置界面，在图 18.6 所示的文本框中进行设置。密码长度为 8～63 位。

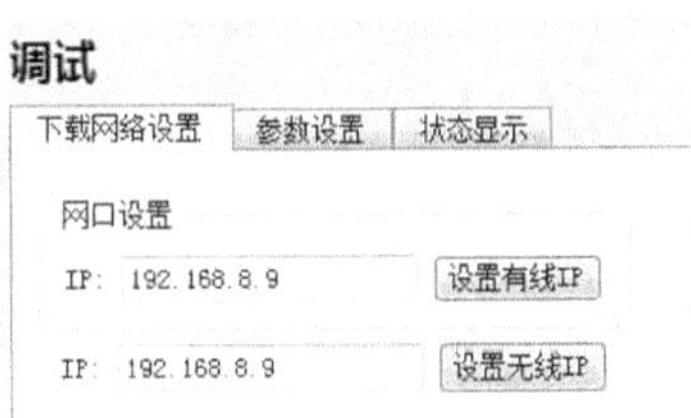

图 18.5 网络 IP 设置

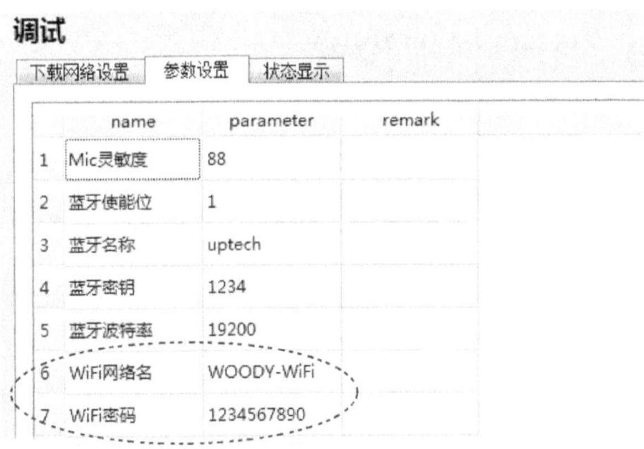

图 18.6 WIFI 设置

修改后需要按下“写入配置”按钮，写入成功后才能使设置生效。

18.3.2 手动进行网络设置

若自动设置 IP 失败，可自行手动设置。以 Win7 系统为例，依次进行以下操作：(左下角)开始菜单->控制面板->查看网络状态和任务->更改适配器设置，双击“本地连接”弹出本地连接属性窗口，如图 18.7 所示，双击“Internet 协议版本 4（TCP/IPv4）”，在弹出的设置界面（见图 18.8）中设置 IP 地址为 192.168.8.xxx（xxx 范围是 0～255，不能设置为 8），子网掩码设置为 255.255.255.0，如图 18.8 所示。

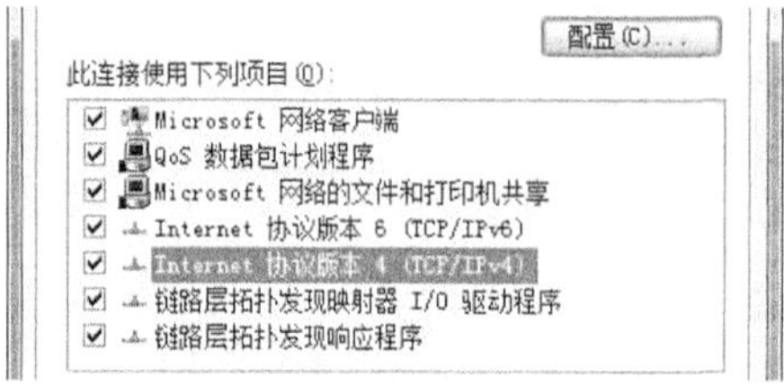

图 18.7　本地连接属性窗口

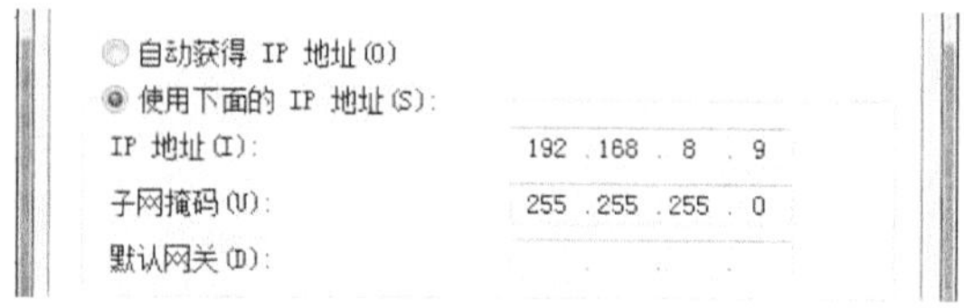

图 18.8　IP 设置窗口

IP 设置成功后，用网线将 PC 和 Woody 连接。启动 Woody 后，能在“调试”界面的“状态显示”标签中监视 Woody 的运行状态。

如果是无线网络，除了按以上设置外，还需连入无线网。

需要注意的是，不使用 Woody 时，需要将 IP 设置回上网所需的状态才能正常连入互联网，常见的设置是选择“自动获得 IP 地址”即可。

18.4　图像捕捉设置

在串口设置界面选择需要的模块，这里选择“图像捕捉”，单击“设置启动”按钮，再单击“打开视频窗口”按钮，弹出图 18.9 所示的视频窗口。单击“开始连接”按钮，即可看到 Woody 回传的视频。

图 18.9　图像捕捉视频窗口

在主界面选择“图像捕捉”选项，在更新的界面上拖动图像捕捉窗口中的标定方框（见图 18.10)，就能标定所要捕捉的颜色 HSI 值域。视频窗口会用红色像素点替代目标颜色的像素点。

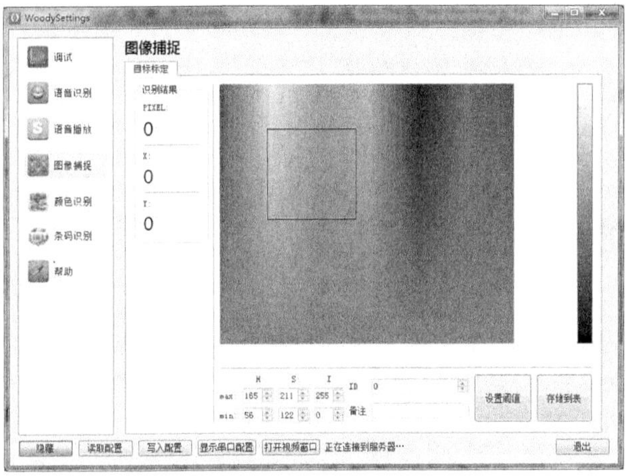

图 18.10　目标颜色标定窗口

继续操作，将想要存储的颜色值域存储到颜色表，直接单击“存储到表”即可将 HSI 的值存储到颜色表中，如图 18.11 所示。

图 18.11　颜色表窗口

将配置好的颜色表发送到 Woody 端（即单击“写入配置”按钮)。根据协议，通过串口发送指定的颜色 ID 号，即可识别颜色表中指定的颜色。如果想获取识别的结果，可以根据规定发送获取识别结果的协议。发送获取命令后，串口将会收到识别的结果（目标的几何中心坐标点和有效像素点个数总和）。

在颜色表的标签窗口中，同样可以增加条目、删除条目、清空条目，以及进行条目排序。ID 号的数值应该设置为不同值，值的范围是 0～255。只有将颜色表信息写入配置后，根据协议发送识别指定的 ID 号颜色才能有效。

18.5　图像捕捉与颜色识别测试

设置启动图像识别，允许图像识别下发，如图 18.12 所示。

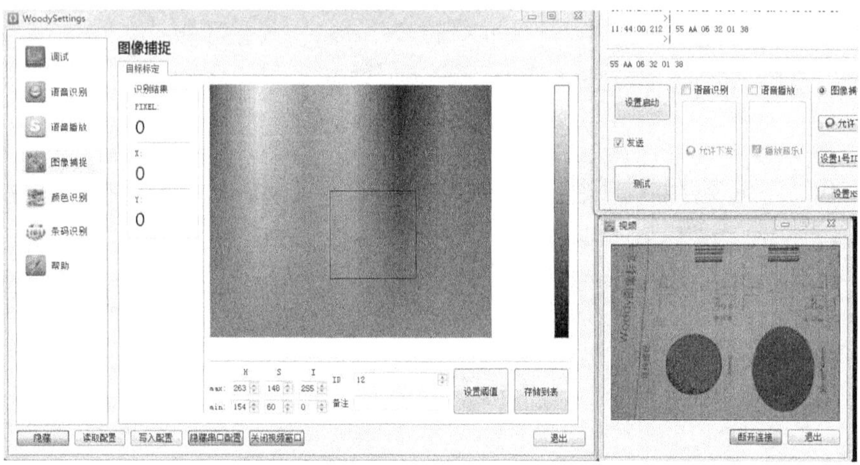

图 18.12　图像捕捉测试

单击设置 1 号 id 按钮，及开始识别颜色表中第一个颜色，默认为红色。

识别过程中要注意光线问题，光线过暗可能导致在视频窗口显示的颜色有所失真，从而导致无法识别，或识别到颜色像素点数少。

颜色识别与图像识别共用同一个颜色表，也可以进行增、删、修改，区域选择窗口如图 18.13 所示。

设置左上角与右下角顶点坐标，坐标范围（1～319），用鼠标指针拖动矩形以改变大小，设置区域表按钮按下会存储到表中，单击写入配置，更新 Woody 端数据库。重新启动颜色识别功能，即能看到在视频显示框中的有效识别区域有所变化。

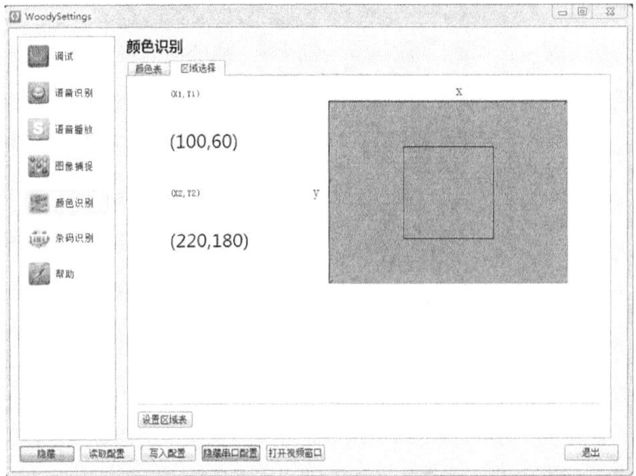

图 18.13　区域选择窗口

另外，颜色表中的 *id*=0 为禁止设置颜色信息。

颜色识别测试：点选颜色识别设置启动，允许识别结果下发，打开视频窗口，识别到的结果 id 会在视频显示窗口中显示，如图 18.14 所示。

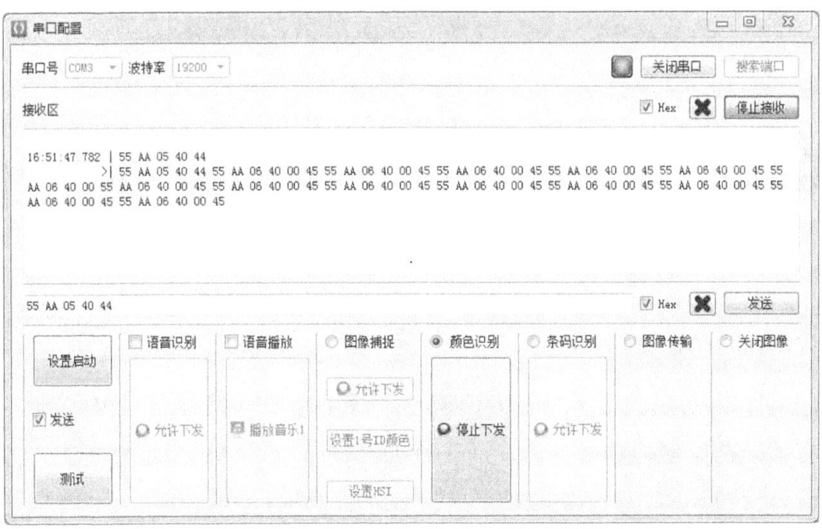

图 18.14　颜色识别

识别到结果会回复对应 *hsi* 值 *id* 号。识别不成功会一直按照协议下发 *id*=0 的串口数据帧即“55 aa 06 40 00 45”，视频窗口会显示数字 0，如图 18.15 所示。

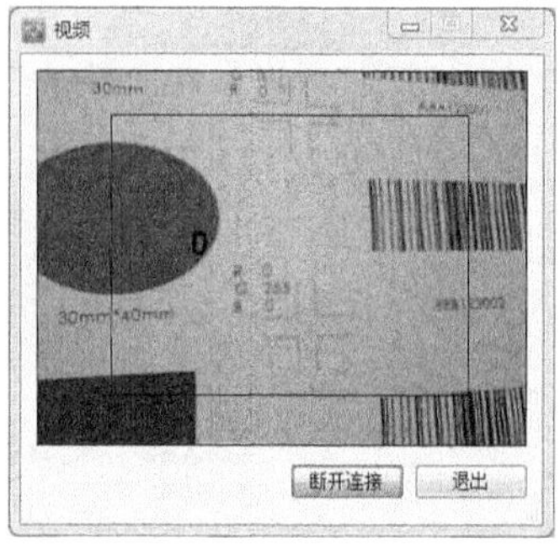

图 18.15　*id* 信息返回

18.6　颜色阈值设置原则

假设 H_{max} 代表属于目标区域的 H 分量最大值，H_{min} 代表属于目标区域的 H 分量最小值，其他两个分量具有类似的含义。

设置时要满足以下条件。

$$\begin{cases} H_{max} \geqslant H_{min} \\ S_{max} \geqslant S_{min} \\ I_{max} \geqslant I_{min} \end{cases}$$

即图像像素要同时满足这三个表达式才能被确定为目标像素，如果在设置参数上出现某一个分量的最小阈值大于最大阈值，那么图像中所有的像素都不会满足要求，即无法分割出目标区域。

HSI 参数设置的设置原则如下。

① 将 S 分量和 I 分量的最小与最大阈值首先设置为 0 和 255，调整 H 分量的最大和最小值，使得目标的全部区域能够被包含，而干扰的背景区域尽可能少地被包含，如果能够很好地将目标区域与背景区域分割，则阈值设置完成，否则进行第二步。

② 调整 S 分量的最大最小值，原理与 H 分量一样，如果能够很好地将目标区域与背景区域分割，则阈值设置完成，否则进行第二步。

③ 调整 I 分量的最大最小值，原理与 H 分量和 S 分量一样。

由于光强对于成像有很大的的影响，所以场景中各个位置的阈值设置可能略有差异，设置参数时，需要在多个位置进行调整，才能得到最终的阈值。

第19章 基于视觉的目标跟随平台

任务说明

搭建基于视觉的目标旋转跟随机器人，能够实现机器人跟随具有颜色特征的目标转动，保持目标位于机器人的前方。

任务要求

① 能够按照示例搭建视觉目标跟随平台。

② 能够正确设置视觉控件的参数与使用流程。

③ 掌握系统提供的视觉处理库函数，能够正确编写图形化控制程序。

19.1 基于视觉的目标跟随平台搭建

根据前面的扫描平台搭建过程，可以很轻松地搭建起视觉的目标跟随平台，首先将摄像头利用构件固定在中型U形构件上，并将其与转动舵机连接，这样就构成了完整的硬件平台，如图19.1所示。

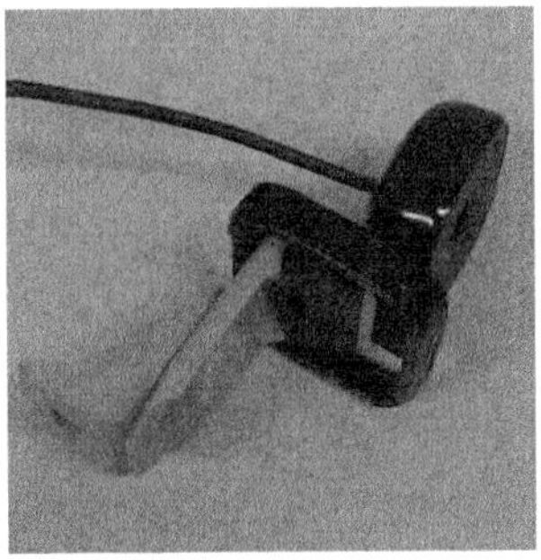

(a) 摄像头的安装

(b) 完整平台

图19.1 目标跟随平台搭建过程

19.2　视觉相关控件的使用

本节介绍 Wimage 图像捕捉控件与 Wsettings 设置控件，二者都位于工具箱的外部设备栏内，如图 19.2 所示。

(a) 设置控件　　(b) 图像捕捉控件

图 19.2　本章所需控件

19.2.1　Wsettings 设置控件

Wsettings 设置控件用来设置 Woody 提供的功能，其设置界面如图 19.3 所示。

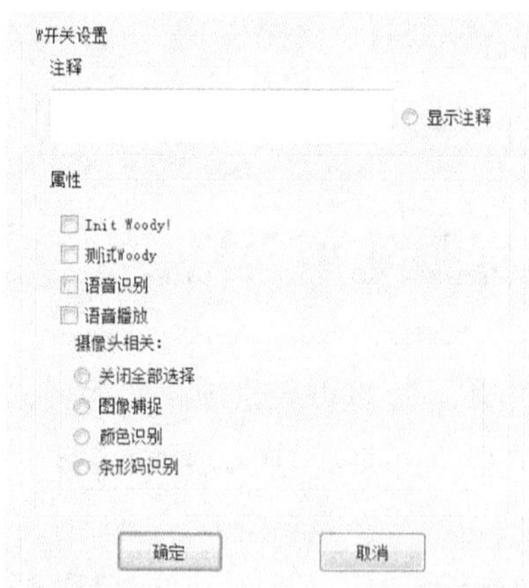

图 19.3　Wsettings 设置界面

在使用前，首先需要进行 Woody 的初始化，即选择图 19.3 中的“Init Woody!”。然后再打开相应的功能，本章需要选择“图像捕捉”功能。

19.2.2　Wimage 图像捕捉控件

Wimage 图像捕捉控件可以根据 Woody 设置好的颜色识别 ID 进行识别，如图 19.4 所示，这时需要在“Catch ID”中设置好对应的颜色 ID；也可以自行根据 HSI 颜色分量进行识别，需选择 HSI 选项，这时会出现 HSI 分量的设置，如图 19.5 所示，HSI 的设置原则可参考第 18 章。

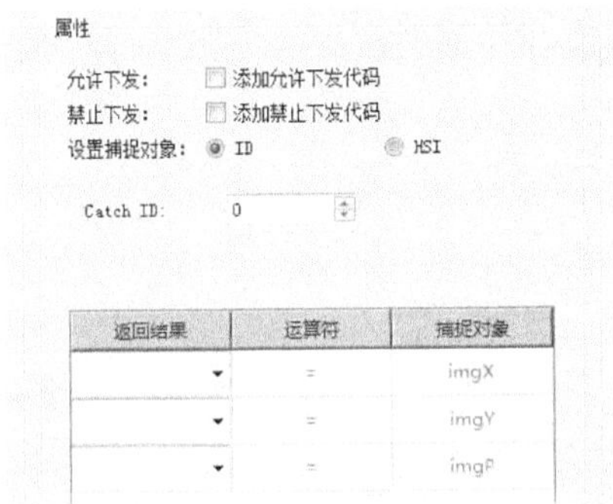

图 19.4 图像捕捉控件设置界面（ID）

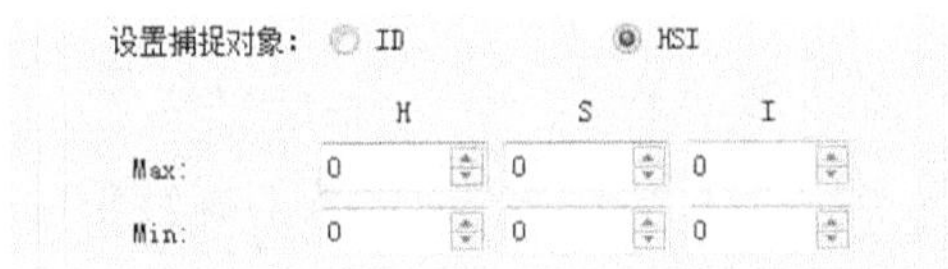

图 19.5 图像捕捉控件设置界面（HSI）

不论何种方式，使用 Wimage 图像捕捉控件的目的是获取颜色的中心坐标和面积，需要设置对应的 3 个变量进行获取。其中，imgX 表示目标（颜色）中心点的 X 坐标，imgY 表示目标中心点的 Y 坐标，imgP 表示目标的有效面积。

19.3 图形化程序设计

本节的任务要求与第 12 章类似，不同的是，本节以目标中心点的 X 坐标值作为跟随的依据。在编写图形化程序时，需要注意以下两点：

① 任务需要关联视觉目标的 X 轴，也就是横轴坐标。

② 为了防止抖动，目标位于机器人的前方应该有一个范围。

由于图像的分辨率是 320×240，X 轴的中间点是 160（图像 X 轴坐标从 0 开始，以 319 结束，中点为 158.5，由于像素没有小数，所以取 160），如果设定左右 20 均属于前方范围，即目标位于机器人的前方判断条件如下。

$$140 \leqslant cx \leqslant 180$$

式中，cx 为目标中点的 X 轴坐标。

19.3.1 控制原理

本任务采用分段 P 控制的方法。

从人们常识上很容易发现，当离控制要求差距大的时候，需要加强控制力度，差距小时，需要换另外一种精细控制，以使精度达到控制要求。例如人们要快速到达某一位置并停下来，当离得远时，会用尽全力往目标点跑，当距离足够近时，会放慢速度以便能精确达到目标点并停下来。但是由于人自身的速度受到限制，不可能瞬间到达放慢速度的临界点一样。所以一般存在以下两个阶段：

① 离目标较远，全力奔跑。

② 离目标较近，精细控制速度。

对于舵机转动来说，由于一般一个控制周期的时间是固定的，一个周期内舵机能够转动的最大角度存在上限值，如果设置的旋转角度超出这个上限值的话，那么在控制程序里面，此时舵机的位置不确定，那么对控制本身可能会造成不可预知的影响。

分段 PID 控制可以较好地实现上述过程。由于本任务使用的只有 P 控制，所以实际上是分段 P 控制，是 PID 控制中去掉积分单元（I，Integration）和微分单元（D，Differentiation），只使用比例单元（proportion），并且在不同范围使用不同比例参数的控制方法。

以观测目标与摄像头正前方的水平差距为例，即在图像中 X 轴上与 160 的差值作为输入 $e(t)$，输出作为舵机的转动值 $O(t)$，比例系数为 K_{P}，可以得到以下公式：

$$O(t)=\begin{cases}K_{\mathrm{P}}\times e(t) & (e(t)<A)\\ C_{\mathrm{A}} & (e(t)\geqslant A)\end{cases}$$

式中，A 是临界差值，C_A 是舵机一个周期内的最大转动角度。结合任务要求，可以得到控制算法的整个流程，如图 19.6 所示。由于舵机转动范围的限制，所以流程中需要进行越界处理。

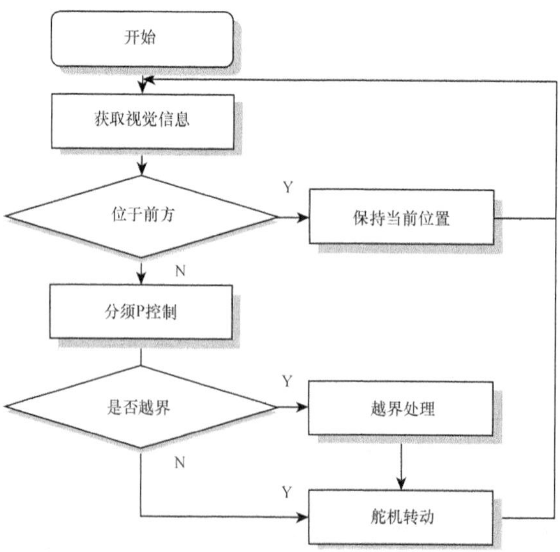

图 19.6　跟随平台运行流程

19.3.2　图形化程序

在进行图形化程序编写之前，做如下约定：控制周期为 100ms，舵机周期内最大转动角度为 100（1024 范围内的角度量化值，需要根据使用的舵机实际测试来确定），具体程序设计过程如下。

① 建立 6 个整型变量如下。

iCX：目标中心点的 X 坐标值。

iCurA：当前舵机的转动角度。

iKp：比例系数。

Et：*X* 轴上目标中心点与图像中点的差值。

Ot：舵机的转动值。

iMaxA：舵机周期内最大旋转角度量化值。

给 *iKp*、*iMaxA*、*iCurA* 赋初值 2、100、512，将 *iCurA* 与舵机控件关联，延时 1500ms，让舵机转动至中间位置，如图 19.7 所示（*iKp*、*iMaxA* 的设置可自行设定，要满足 *iKp*×*Et* 的最大值不能超过 *iMaxA*）。

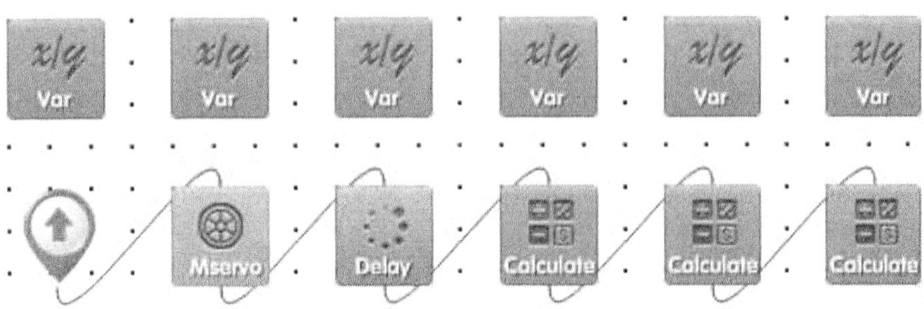

图 19.7　变量设置及舵机复位

② 建立无限循环，打开摄像头，设置 HSI 阈值，将 *iCX* 与摄像头获取的目标 *X* 值关联，判断目标是否位于机器人前方（*Et* >= −20 && *Et* <= 20）。如果是，那么直接进入下一次循环；如果不是，继续下面的操作，如图 19.8 所示。

③ 分段 P 控制：如果 *Et* 的绝对值大于 50（*Et* > 50 && *Et* < −50），那么直接让 *iCurA* 加上或减去周期最大转动 *iMaxA*，否则按照公式计算 *Ot*、*iCurA* 的值，如图 19.9 所示。

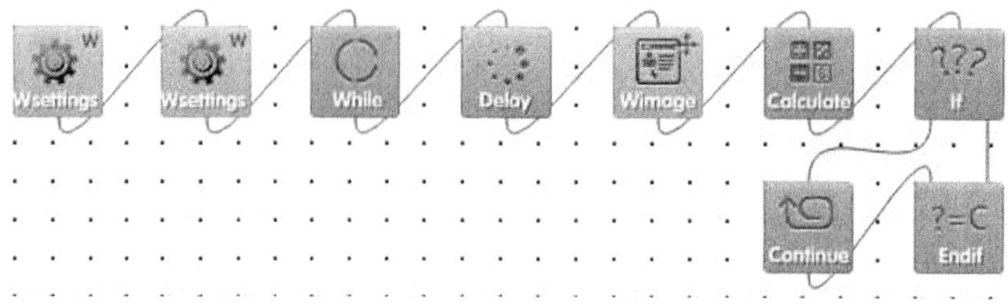

图 19.8　视觉搜索及目标位于前方的处理

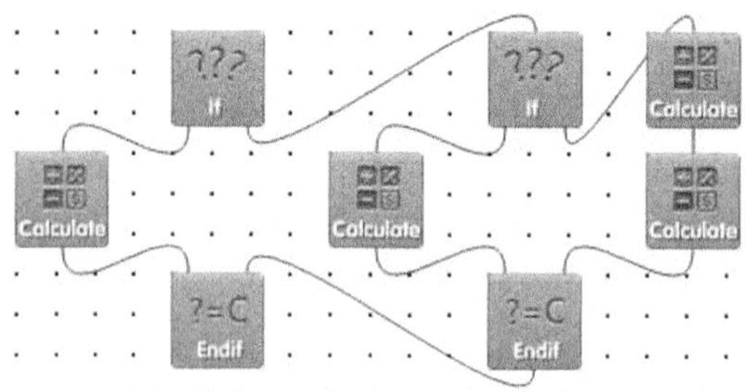

图 19.9　分段 P 控制

需要注意的是，这里需要两个条件判断控件进行分别处理 $Et>50$ 和 $Et<-50$ 的情况，确定运算是加法还是减法。

④ 进行越界判断与处理：将舵机转动值限制在 0～1023 的范围内，并将舵机的角度值设置为 *iCurA*，如图 19.10 所示。

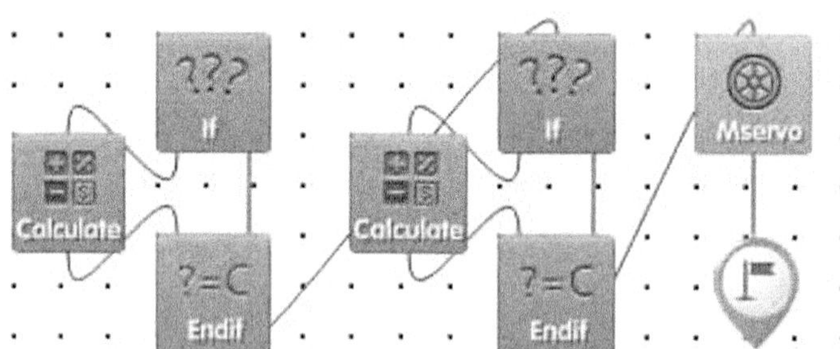

图 19.10　越界判断及处理

完整的图形化程序如图 19.11 所示。

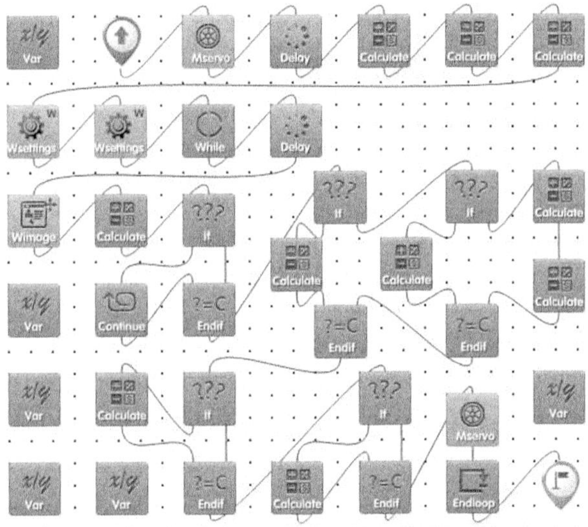

图 19.11 完整的图形化程序

19.4 C 语言程序设计

本任务中由于用到视觉控件，所以首先介绍一下视觉控件相关的库函数，再给出 C 语言程序代码。

Woody 视觉库函数众多，本节只给出了其中一部分（见表 19.1～19.5），其他视觉库函数可查阅相关资料。

表 19.1 Woody 初始化

函数原型	**void UP_Woody_Init(void)**	
作用	初始化 Woody	
返回说明	/	
形参说明	/	/

表 19.2 Woody 功能启动

函数原型	**void UP_Woody_StartUp(u32 command)**	
作用	Woody 的功能启动设置	
返回说明	/	
形参说明	command	启动功能对应的数值，1/2/4/8/16 对应语音识别、语音播放、图形捕捉、颜色识别和条形码识别

表 19.3　图像识别运行下发

函数原型	**void UP_Woody_ImageRecLetIssue()**	
作用	Woody 的图像识允许下发	
返回说明	/	
形参说明	/	/

表 19.4　设置图像识别的颜色 id

函数原型	**void UP_Woody_ImageRecIDSet(u32 id)**	
作用	设置图像识别的颜色 id	
返回说明	/	
形参说明	id	颜色 id

表 19.5　获取目标中心的 *X* 坐标值

函数原型	**u32 UP_Woody_X_Coordinates(void)**	
作用	返回目标中心的 *X* 坐标值	
返回说明	目标中心的 *X* 坐标值	
形参说明	/	/

Woody 相关的视觉函数使用流程，可参考 10.3.2 节的图形化流程，基于视觉的目标跟随平台的 C 语言代码可参考图 19.12。

```
#include "Uplib\UP_System.h"
int iMaxA = 100;
int Et = 0;
int iCurA = 500;
int Ot = 0;
int iKp = 2;
int iCX = 0;

int main(void)
{
    UP_System_Init();
    UP_CDS_SetMode(1, CDS_SEVMODE);

    UP_CDS_SetAngleTimes(1,iCurA,512);
    UP_delay_ms(2000);

    UP_Woody_Init();
```

图 19.12　完整的 C 语言程序代码

```
    UP_Woody_StartUp(4);
    while(1)
    {
        UP_delay_ms(100);
        UP_Woody_ImageRecLetIssue();                //允许下发命令
        UP_Woody_ImageRecIDSet(1);                  //颜色 id 设置
        iCX=UP_Woody_X_Coordinates();               //获取中心 X 坐标

        Et=iCX - 160;
        if(Et>-20&&Et<20)
        {
             continue;
        }

        //    下一转动速度设置
        if(Et>50)
        {
            iCurA=iCurA - iMaxA;
        }
        else    if(Et<-50)
        {
            iCurA=iCurA + iMaxA;
        }
        else
        {
            Ot=Et * iKp;
            iCurA=iCurA + Ot;
        }

        //    越界判断
        if(iCurA>1023)
        {
            iCurA=1023;
        }
        if(iCurA<0)
        {
            iMaxA=0;
        }
        UP_CDS_SetAngle(1,iCurA,512);
    }
}
```

图 19.12 完整的 C 语言程序代码（续）

第20章 简易视觉云台及在目标定位中的应用

任务说明

搭建基于视觉的二自由度云台，能够实现机器人跟随具有颜色特征的目标转动，保持目标位于机器人视觉中的中间区域。

任务要求

① 理解二自由度运动的控制原理。

② 理解目标定位的原理。

③ 能够按照示例搭建简易视觉云台。

④ 能够正确编写图形化与C语言程序。

20.1 视觉云台简介

由于社会公共安全的需求和防范技术的不断进步，在社会公共安全事业兴起和发展的过程中，服务于社会公共安全的科学技术也应运而生，并得到迅速发展，逐渐形成了一个独立的科学技术体系，这就是社会公共安全科学技术。而安全防范技术是它的重要组成部分。利用视觉（摄像设备）进行安全防范则是随处可见，例如小区、机场、大型超市等。

本节所叙述的云台是监控系统中的云台（见图20.1），是安装、固定摄像机的支撑设备，分为固定云台和电动云台两种。

图 20.1 视觉云台及云台摄像机

固定云台适用于监视范围不大的情况，在固定云台上安装好摄像机后可调整摄像机的水平和俯仰的角度，达到最好的工作姿态后只要锁定调整机构即可。

电动云台适用于对大范围进行扫描监视，它可以扩大摄像机的监视范围。电动云台高速姿态是由执行电机来实现，电机接受来自控制器的信号精确地运行定位。在控制信号的作用下，云台上的摄像机既可自动扫描监视区域，也可在监控中心值班人员的操纵下跟踪监视对象。根据其回转的特点可分为只能左右旋转的水平旋转云台（如第 19 章的基于视觉的目标跟随平台）和既能左右旋转又能上下旋转的全方位云台（本章任务）。全方位云台内部有两个电机，分别负责云台上下和左右各方向的转动。

云台的性能指标主要有几下几项。

① **转动速度**：云台的转动速度是衡量云台档次高低的重要指标。云台水平和垂直方向是由两个不同的电机驱动的，因此云台的转动速度也分为水平转速和垂直转速，一般来说垂直转速要低于水平转速。交流云台使用的是交流电机，转动速度固定，直流云台大都采用的是直流步进电机，具有转速高、可变速的优点，十分适合需要快速捕捉目标的场合。

② **转动角度**：云台的转动角度尤其是垂直转动角度与负载（防护罩/摄像机/镜头总成）安装方式有很大关系。云台的水平转动角度一般都能达到 355°，某些云台甚至可以达到 360°或 365°，以消除监控死角。用户使用时应根据现场的实际情况进行选择。

③ **负载**：云台的最大负载是指垂直方向承受的最大负载能力。摄像机的重心必须通过云台回转中心，并且与云台工作面垂直，这个中心即为云台的最大负载点，云台的承载能力是以此点作为设计计算的基准。如果负载位置安装不当，重心偏离回转中心，增大了负载力矩，实际的负载量将小于最大负载量的设计值。因此云台垂直转动角度越大，重心偏离也越大，相应的承载重量就越小。云台的负载量是选用云台的关键，如果云台负载小于实际负载不仅会使操作功能下降，而且云台的电机、齿轮也会因长时间超负荷损坏。

20.2　基于视觉的目标定位原理

摄像机最重要的两个组成部分是感光芯片和镜头，是摄像机成像的关键。一般摄像机的成像原理可用小孔成像进行分析，如图 20.2 所示。

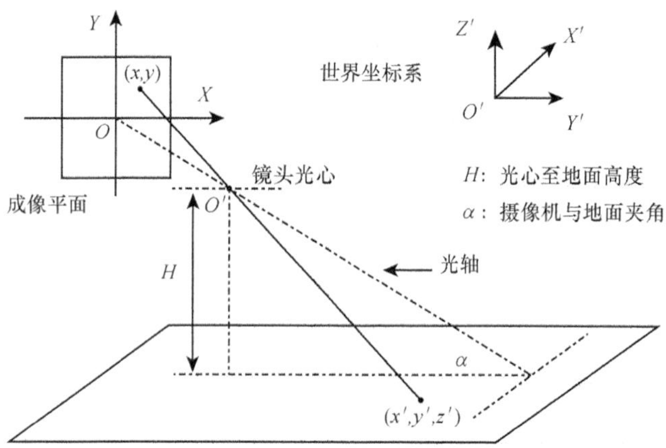

图 20.2　摄像机成像分析

坐标系 *OXY* 是成像平面，*O'X'Y'Z'*是世界坐标系，很显然，由 *OXY* 平面即成像平面（也就是图像坐标）逆推 *O'X'Y'Z'*坐标系上立体空间中的某一点（*x'*，*y'*，*z'*）是不可实现的，所以一般都是将 *Z'*坐标确定，求取 *X'*与 *Y'*坐标的数值，通过推倒，可以得到如下公式：

$$\begin{cases} x' = \dfrac{xH}{f\sin(\alpha+\gamma)} \\ y' = H/\tan(\alpha+\gamma) \end{cases}$$

式中，f 表示镜头的焦距，在图 20.2 中是指 $O'O$ 的长度，角度γ=arctan(y/f)。

这里两个坐标系采用同样的单位，但是在图像上的单位是像素，所以还存在一个成像平台从长度转换成像素的问题，如果成像的图像大小为 $IW \times IH$，成像芯片的大小为 $iw \times ih$，一般有 $iw/IW=ih/IH$，再加上图像坐标系与成像坐标系之间存在转换关系，如图 20.3 所示，所以最终图像像素坐标与成像坐标之间的转换如下。

$$\begin{cases} x = iw\left(\dfrac{x_i}{IW} - \dfrac{1}{2}\right) \\ y = ih\left(\dfrac{1}{2} - \dfrac{y_i}{IH}\right) \end{cases}$$

事实上，即使可以得到理论上的求解公式，也很难在实际中精确测量出这些参数，例如光心的位置，并且光心会跟随摄像头垂直角度的不同而改变其位置，特别是在一些摄像机采用广角镜头时，其焦距是非固定的，更增加了计算的难度。

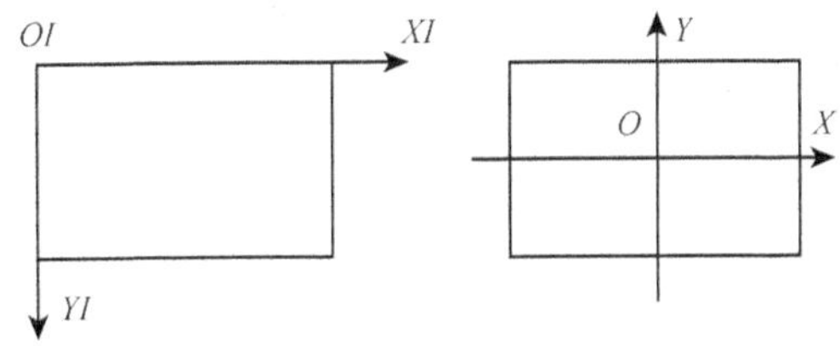

(a) 图像坐标系统　　(b) 成像坐标系

图 20.3　图像与成像坐标系的区别

如果应用场合要求的精度不高，可以采用实际测量若干点的进行图像坐标与地面坐标函数关系的曲线拟合，甚至采用直线拟合，具体方式可以查阅相关资料。

20.3　简易二自由度视觉云台的搭建

这次任务搭建的是二自由度的视觉云台，既具有水平的转动，也具有垂直的转动。搭建在简易扫描雷达的基础上进行。

① 构造摄像头支架，如图 20.4（a）所示。

② 构造水平与垂直转动机构，如图 20.4（b）所示。

③ 将摄像头支架与转动机构连接，如图 20.4（c）所示。

④ 将转动机构安装在底板上，形成完整的简易二自由度视觉云台，如图 20.4（d）所示。

(a) 摄像头支架　　(b) 水平与垂直转动机构　　(c) 支架与转动机构连接　　(d) 完整视觉云台

图 20.4　简易二自由度视觉云台的搭建过程

20.4　控制原理

本任务的目的是将目标的位置限制在图像的中心区域，如中心点上下左右 20 像素的范围内。云台需要同时控制水平方向与垂直方向的旋转，也就是存在两个分段 P 控制。这里为了简化处理流程，水平 *X* 轴和垂直 *Y* 轴的控制都采用同样的参数。完整的程序流程控制可以参考图 20.5。

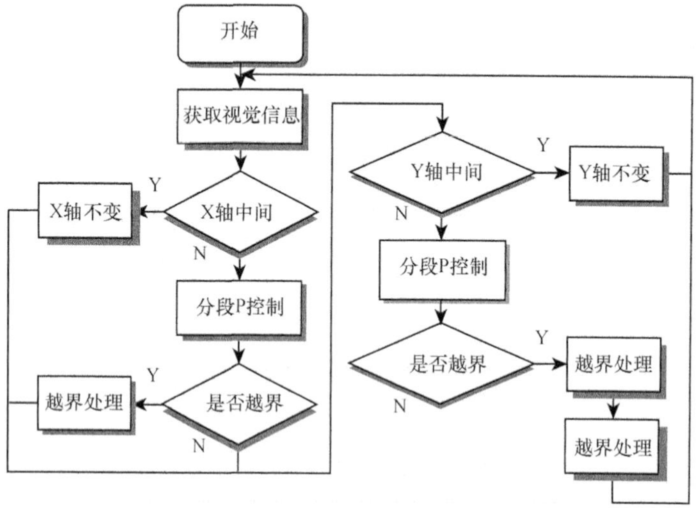

图 20.5　云台控制完整流程

20.5　图形化程序设计

具体程序设计过程如下。

① 建立 8 个整型变量：

iCX、*iCY*：目标中心点的 *X*、*Y* 坐标值。

iCurAx、*iCurAy*：水平与垂直旋转舵机的位置值。

Kp、*Et*、*Ot*：比例系数、偏差、转动角度。

iMaxA：舵机周期内最大旋转角度量化值。

给 *iMaxA*、*iCurAx*、*iCurAy*、*Kp* 赋初值（由实际情况确定），将 *iCurAx*、*iCurAy* 与舵机控件关联，延时 1500ms，让舵机转动至中间位置，如图 20.6 所示。

② 对 Woody 进行设置，启动图像捕捉功能，然后建立无限循环，实时获取目标位置，将 *iCX*、*iCY* 与摄像头获取的目标点相关联，首先进行水平 *X* 轴方向上的判断，判断流程与第 19 章相同，图形化程序如图 20.7 所示。

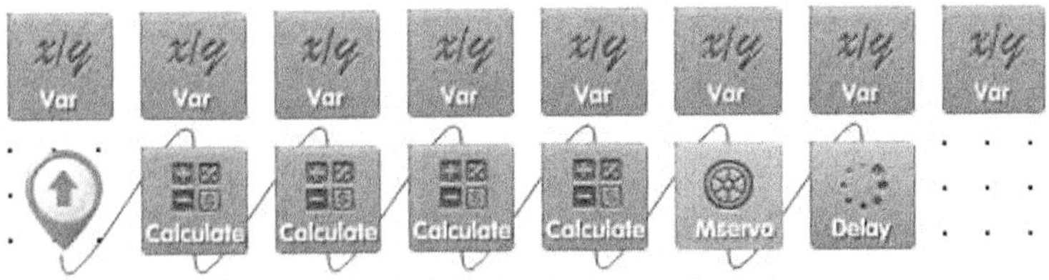

图 20.6　初始设置及舵机复位

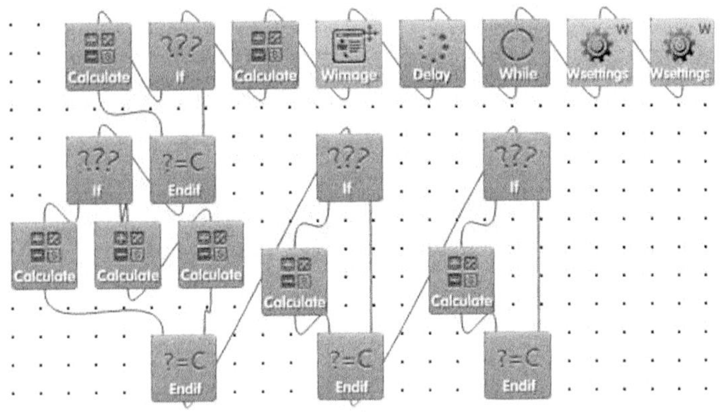

图 20.7　水平 X 轴的控制处理

③ 最后进行垂直 Y 轴上的分段 P 控制，与水平 X 轴相同，将 iCurAx、iCurAy 的值赋予控制 Y 轴转动的舵机，完整的图形化程序参考图 20.8。

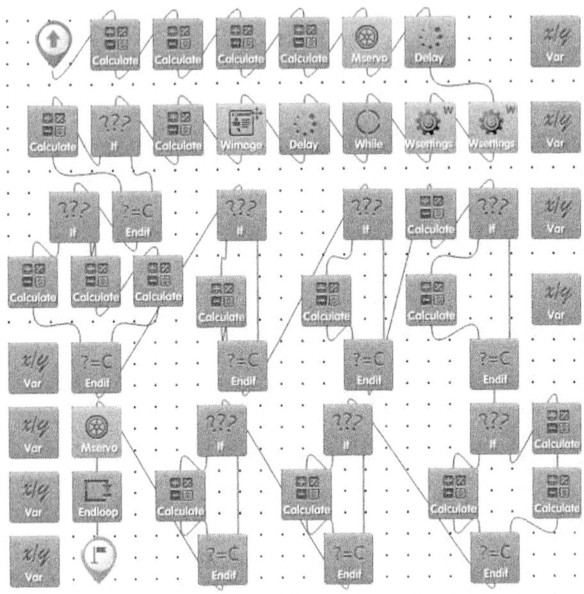

图 20.8　完整的图形化程序

20.6　C 语言程序设计

由于需要同时获取目标中心X轴和Y轴的坐标值，需要使用对应的视觉库函数，见表20.1。

表 20.1　获取目标中心的 X 坐标值

函数原型	u32 UP_Woody_Y_Coordinates(void)	
作用	返回目标中心的 Y 坐标值	
返回说明	目标中心的 Y 坐标值	
形参说明	/	/

根据控制原理和图形化编程流程，可以得到简易视觉云台的 C 语言代码，如图 20.9 所示。

```
#include "Uplib\UP_System.h"
int iMaxA = 100;
int Ot = 0;
int Et = 0;
int iKp = 2;
int iCurAy = 500;
int iCurAx = 500;
int iCY = 0;
int iCX = 0;

int main(void)
{
    UP_System_Init();

    UP_CDS_SetMode(1, CDS_SEVMODE);
    UP_CDS_SetMode(2, CDS_SEVMODE);
    UP_CDS_SetAngle(1,iCurAx,512);                    //云台初始位置设置
    UP_CDS_SetAngle(2,iCurAy,512);
    UP_delay_ms(1000);

    UP_Woody_Init();                                  //启动 Woody
    UP_Woody_StartUp(4);                              //启动图像捕捉功能

    while(1)
    {
    UP_delay_ms(100);
    UP_Woody_ImageRecLetIssue();                      //允许下发代码
```

图 20.9　简易视觉云台的 C 代码

```
UP_Woody_ImageRecIDSet(1);                    //设置颜色 ID
iCurAx=UP_Woody_X_Coordinates();              //获取目标中心 XY 位置
iCurAy=UP_Woody_Y_Coordinates();

//   计算下一次的 X 舵机的角度
Et=iCX - 160;
if(Et>50)
{
    iCurAx=iCurAx + iMaxA;
}
else if(Et<-50)
{
    iCurAx=iCurAx - iMaxA;
}
else
{
    Ot=iKp * Et;
    iCurAx=iCurAx + Ot;
}
//   X 舵机值越界处理
if(iCurAx>1023)
{
    iCurAx=1023;
}
if(iCurAx<0)
{
    iCurAx=0;
}

//   计算下一次的 X 舵机的角度
Et=iCY - 120;
if(Et>50)
{
    iCurAy=iCurAy + iMaxA;
}
else if(Et<-50)
{
    iCurAy=iCurAy - iMaxA;
}
else
{
    Ot=Et * iKp;
    iCurAy=iCurAy + Ot;
}
//   Y 舵机值越界处理
```

图 20.9　简易视觉云台的 C 代码（续）

```
        if(iCurAy>1023)
        {
            iCurAy=1023;
        }
        if(iCurAy<0)
        {
            iCurAy=0;
        }

        //   设置新角度值
        UP_CDS_SetAngle(1,iCurAx,512);
        UP_CDS_SetAngle(2,iCurAy,512);
        }
    }
```

图 20.9　简易视觉云台的 C 代码（续）

第21章 全向运动机器人的设计与制作

21.1 示例项目说明

本节设计的机器人运动机构采用四轮全向机构，视觉出于控制简单的考虑，只设计了一个垂直自由度，并且只设定了两个转动角度，一个近点，一个远点，方便观察近处或远处的目标，由于所需的技术在前面章节已经进行讲述，故在此重点讲解如何搭建机器人与编写机器人程序。

21.2 全向运动机器人的搭建

全向运动机器人的搭建过程如下。

① 先组装舵机垂直转动机构，如图 21.1（a）、（b）所示。

② 将视觉云台安装于全向运动平台上，如图 21.1（c）所示。

③ 安装控制器、电池与 Woody，连线，形成完整的机器人，如图 21.1（d）所示。

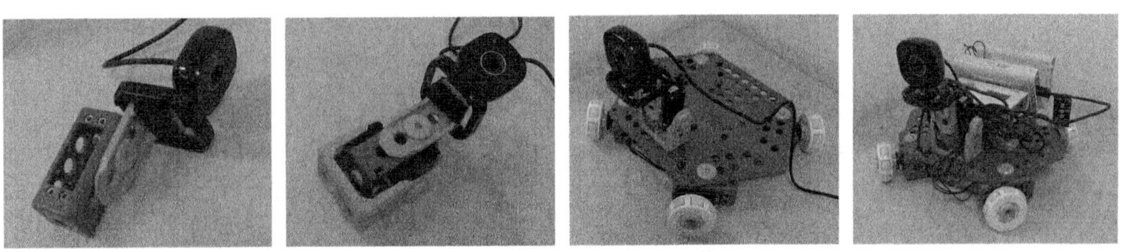

(a) 摄像头支撑架　(b) 安装舵机　(c) 转动机构安装与底盘　(d) 完整的机器人

图 21.1　全向运动机器人的搭建流程

21.3　控制原理

21.3.1　控制原理全向机器人运行流程

真正的机器人跟踪是一个较为复杂的过程，需要在每一步运动中观测目标以便能实时地改变当前策略，提高跟踪效率。在本项目中，简化搜索过程和观测视角转换的复杂性，降低程序编写的难度。由于摄像头处于远视点时，可以观测到更大范围，所以参考流程假设目标搜索以摄像头处于远视点位置来进行。

完整的实现流程可以参考图 21.2。

首先，以是否发现目标作为分支条件，如果没有发现目标，则进入目标搜索流程。确认摄像头此时是否处于远视点，如果是，直接进行下一次循环；如果不是，则进行远视点位置的转换，再进行下一次循环。

如果发现了目标，则确认摄像头此时是否处于远视点；如果不是，采用近视点的计算方式计算机器人各个轮子的轮速，驱动机器人转动后，进行下一次循环。如果位于远视点，那么判断是否适合转换成近视点，如果适合，则进行近视点位置转换，不论是否进行转换，都按照远视点的计算方式计算机器人各个轮子的轮速，然后进入下一次循环。

本节设计的流程较为简单，依靠项目搭建的硬件资源，也可自行设计搜索过程，但是要注意搜索的完备性。

21.3.2　轮速计算（C 语言）

机器人各个轮子的具体计算公式可以参考第 17 章。假设最佳的跟随位置在图像中是（160,100），当目标位于图像中这个位置范围时，机器人停止运动。

完整的工作流程可参考图 21.2。

首先，要根据目标与机器人的位置计算出当前机器人的合速度（$V_X,V_Y,\dot{\theta}$）。这里还是采用比例控制的方式：

$$\begin{cases} V_X = D_x Kpx \\ V_Y = D_y Kpy \\ \dot{\theta} = \theta K_{pa} \end{cases}$$

$$\theta = \arcsin\frac{Dx}{\sqrt{Dx^2 + Dy^2}}$$

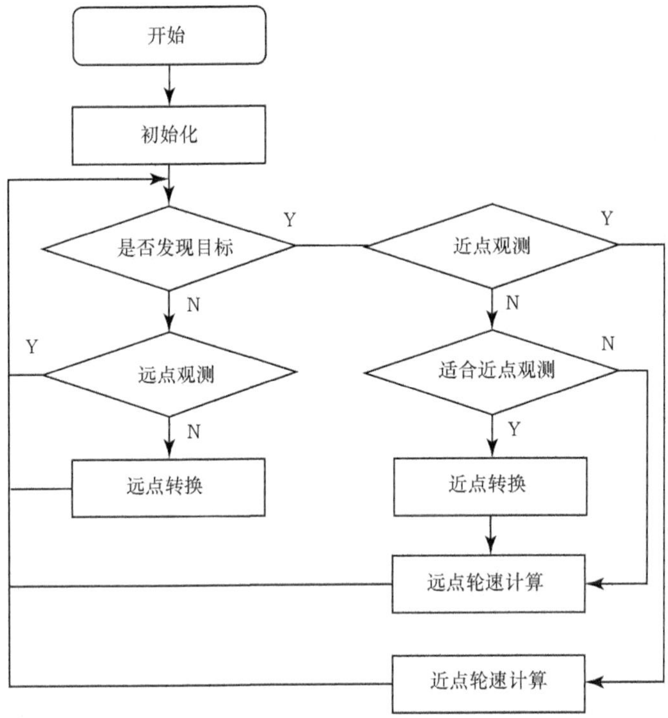

图 21.2 全向运动机器人工作流程

其中：

K_{px}、K_{py}：X 和 Y 轴速度上的比例系数；

D_x、D_y：图像中目标在 X 轴和 Y 轴上与最佳跟随点的偏差；

θ: 目标与机器人正方向的角度偏差。

D_x、D_y、θ的近似计算参考下面的公式，c_x、c_y 是目标中心点的 X 轴和 Y 轴坐标值。

$$\begin{cases} D_x = c_x - 160 \\ D_y = 120 - c_y \\ \theta = \dfrac{D_x}{T\sqrt{D_x{}^2 + D_y{}^2}} \end{cases}$$

代入第 17 章的公式，可以得到各个轮子的速度值。

21.3.3　轮速计算（图形化）

事实上，由于图形化编程的不足，无法实现三角函数的计算，所以以上过程只适合使用 C 语言进行编程。对于图形化编程，采用一种较为简单的控制方式，具体过程如下所示：

① 将 Y 轴的差值放大 10 倍后，作为移动速度分量的速度值：

$$Dm = DyKpy$$

② 将 X 轴的差值放大两倍后，作为旋转速度分量的速度值：

$$Dr = DxKpx$$

③ 根据移动与旋转速度分量，计算各个轮子的速度：

$$\begin{cases} V_1 = V_3 = Dm + Dr \\ V_2 = V_4 = Dr - Dm \end{cases}$$

式中，V_1、V_3 为所有机器人左侧的轮子速度值，V_2、V_4 为所有机器人右侧的轮子速度值。

21.4　图形化程序设计

假设调整视点的舵机 ID 为 5，设置如下变量。

iCX、*iCY*：目标中心点坐标值。

iEx、*iEy*：目标 X 轴、Y 轴与中心点的差值。

Dm、*Dr*：前进、旋转速度分量。

Vl、*Vr*：左右两侧轮子速度。

iMode：近远视点的标记（0/1：近/远）

*Kpx*1、*Kpy*1、*Kpx*2、*Kpy*2：近、远视点的比例系数。

首先，机器人复位，停止运行，调整成近视点观测，如图 21.3 所示。

图 21.3 复位与开启图像捕捉功能

构建无限循环，实时获取目标信息，计算 X、Y 轴的目标偏差：

$iEx = iCX - 160$

$iEy = iCy - 100$

判断是否在停止区域内，判断条件如下。

$iArea > 50 \; \&\& \; iEx > -30 \; \&\& \; iEx < 30 \; \&\& \; iEy > -20 \; \&\& \; iEy < 20$

具体数值以实际测试为主，这里仅作参考，图形化程序如图 21.4 所示。

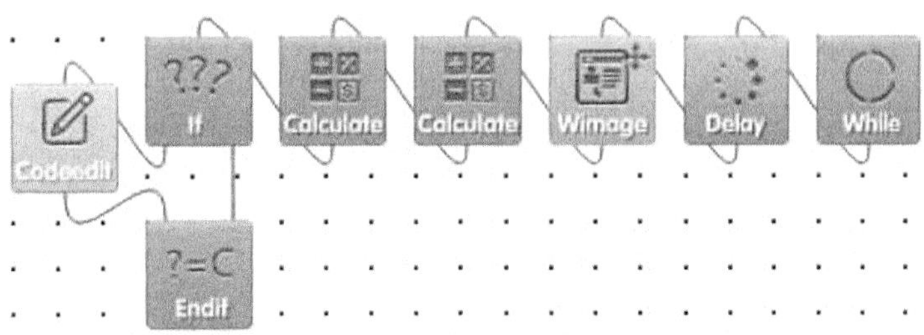

图 21.4 实时图像捕捉并判断是否为停止状态

如果观测的目标区域面积太小，则认为没有发现目标，否则进入下一步处理。

如果没有发现目标，停止运动，并根据 *iMode* 的值判断是否需要进行视点的转换，0 为近视点，1 为远视点，图形化程序如图 21.5 所示。

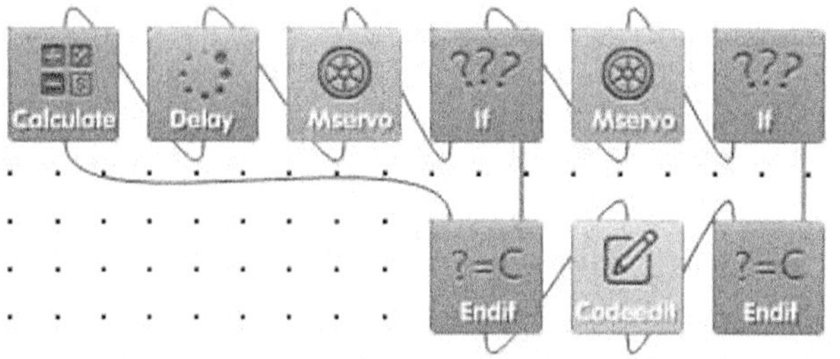

图 21.5　近远视点的转换

根据不同视点情况分别计算出 *iVL* 与 *iVR*，得到四个轮子的实际速度值，图形化程序如图 21.6 所示。

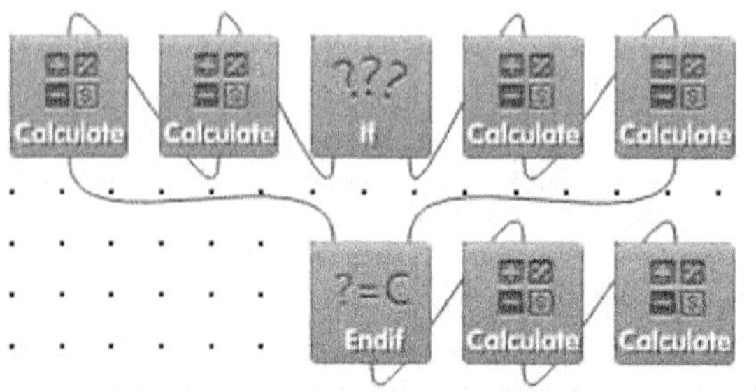

图 21.6　计算 *iVL* 与 *iVR*

如果计算出的 *iVL* 和 *iVR* 有可能超出舵机转动速度，则需要进行越界处理，否则，可以直接连接舵机控件，设置各个舵机的速度值，并判断是否可以进行近视点转换，判断条件如下。

$iMode == 1 \ \&\& \ Area > 50 \ \&\& \ iEx > -100 \ \&\& \ iEx < 100 \ \&\& \ iEy > -80 \ \&\& \ iEy < 80$

图形化程序如图 21.7 所示（无越界判断）。

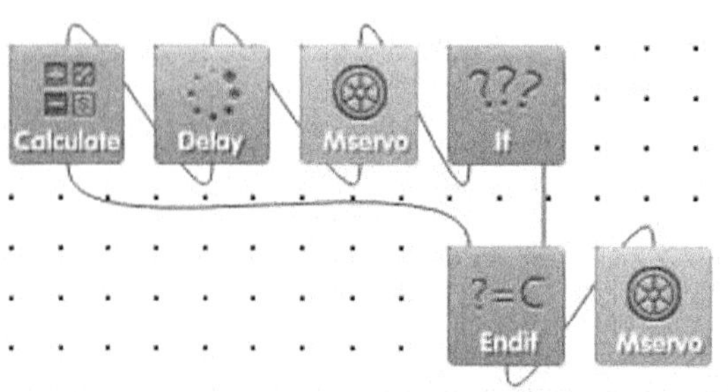

图 21.7　近远视点转换

完整的图形化程序如图 21.8 所示。

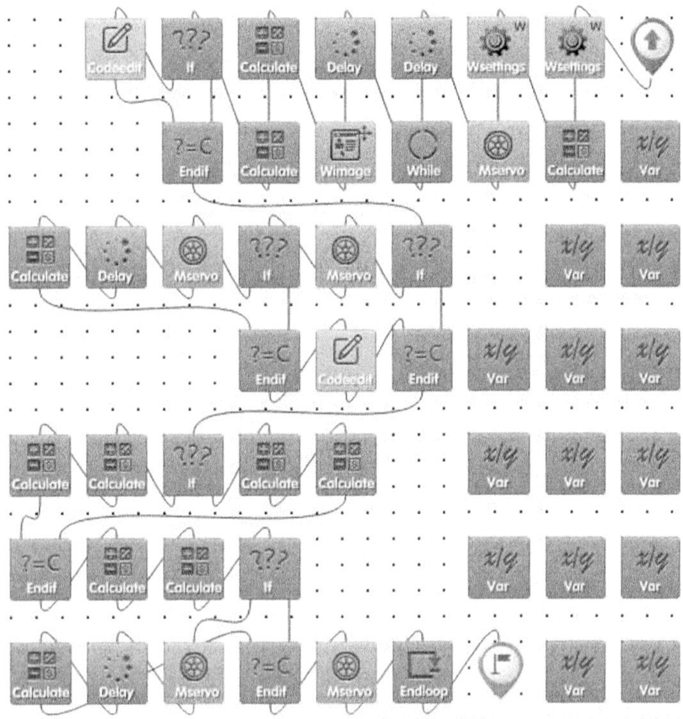

图 21.8　完整的图形化程序

21.5　C 语言程序设计

在图形化程序中，由于不存在三角函数和浮点数，导致只能采用简单的控制结构，控制效果不是十分明显，更为合理的控制流程可参考图 21.9 所示的全向运动机器人的 C 语言代码。

```
#include "Uplib\UP_System.h"
#include    "math.h"
#define pi       3.14159265

int iDm, iDr;
int iVR = 0, iVL = 0;
int Kpy1 = 2, Kpy2 = 3, Kpx1 = 1.9,  Kpx2 = 2.2;
int iEy, iEx, iArea;
int iMode = 0;
int iCY, iCX;
```

图 21.9　全向运动机器人的 C 语言代码

```
int main(void)
{
    UP_Woody_Init();
    UP_System_Init();
    iMode=0;
    UP_Woody_StartUp(4);
    UP_CDS_SetMode(1, CDS_MOTOMODE);
    UP_CDS_SetMode(2, CDS_MOTOMODE);
    UP_CDS_SetMode(3, CDS_MOTOMODE);
    UP_CDS_SetMode(4, CDS_MOTOMODE);
    UP_CDS_SetMode(5, CDS_SEVMODE);
    UP_CDS_SetSpeed(1,0);
    UP_CDS_SetSpeed(2,0);
    UP_CDS_SetSpeed(3,0);
    UP_CDS_SetSpeed(4,0);
    UP_CDS_SetAngle(5,300,512);
    UP_delay_ms(1000);
    while(1)
    {
        UP_delay_ms(100);
        UP_Woody_ImageRecLetIssue();
        UP_Woody_ImageRecIDSet(1);
        iCX=UP_Woody_X_Coordinates();
        iCY=UP_Woody_Y_Coordinates();
        iArea=UP_Woody_ImagePixel();
        iEx=iCX - 160;
        iEy=iCY - 100;
        //   没有发现目标
        if ( iArea<50 && iEx>-30 && iEx<30 && iEy>-20 && iEy<20 )
        {
             continue;
        }
        //   视点转换
        if(iArea<50)
        {
            UP_CDS_SetSpeed(1,0);
            UP_CDS_SetSpeed(2,0);
            UP_CDS_SetSpeed(3,0);
            UP_CDS_SetSpeed(4,0);
            if(iMode==0)
            {
                UP_CDS_SetAngle(5,400,512);
                UP_delay_ms(300);
                iMode=1;
            }
```

图 21.9　全向运动机器人的 C 语言代码（续）

```
            continue;
        }
        //   速度计算
        iAn = iEx/(0.1*sqrt(iEx*iEx+iEy*iEy));
        iAn = iAn*Kpa;
        iVx = iEx*Kpx;
        iVy = iEy*Kpy;

        iV1 = -sin(pi/4-angle)*iVx - cos(pi/4-angle)*iVy + iR*iAn;
        iV2 = -sin(pi/4+angle)*iVx + cos(pi/4+angle)*iVy + iR*iAn;
        iV3 = +sin(pi/4-angle)*iVx + cos(pi/4-angle)*iVy + iR*iAn;
        iV4 = +sin(pi/4+angle)*iVx - cos(pi/4+angle)*iVy + iR*iAn;

        angle = iAn;
        UP_CDS_SetSpeed(1,iV1);
        UP_CDS_SetSpeed(2,iV2);
        UP_CDS_SetSpeed(3,iV3);
        UP_CDS_SetSpeed(4,iV4);

        //   视点转换
        if(iMode==1)
        {
            if (abs(iEx)< 100 && abs(iEy)<80)
            {
                iMode = 0;
                UP_CDS_SetAngle(5,400,512);
                UP_delay_ms(300);
            }
        }
    }
}
```

图 21.9　全向运动机器人的 C 语言代码（续）

第 5 篇

综合项目

第22章 四足爬行机器人

任务说明

设计与搭建一个四足爬行机器人，在保持重心的情况下，合理进行步态规划，利用四足实现机器人向前爬行。

设计要求

① 能够按照示例搭建四足爬行机器人的主体。

② 能够设计合理的爬行动作，实现机器人的运动。

③ 能够编写正确的图形化程序。

使用套件与软件说明

本任务使用高级版机器人套件和 Crater 软件实现，也可以使用标准版的机器人套件和 NorthSTAR 实现，实现流程与参数设置可以参考本章，具体实现程序见第 30 章的 30.3 节。

机器人技术日新月异，各种新型仿人机器人、仿生机器人不断地被研制出来，其中足式机器人不同于传统轮式和履带式机器人的运动特点，因其独特的运动特性依然是机器人研究领域的热点。各国科学家都在不断通过研究动物的行走特性来研制各种仿生足式步行机器人，其中四足机器人因结构和控制相对简单而成为一个理想的研究对象，并且在军事、太空、灾害救助、工业应用以及家庭娱乐等领域具有良好的应用前景。

本节设计的爬行机器人具备行走功能，在添加传感器后，按同样的方式设计左移、右移、后退动作，即可以实现爬行机器人的避障功能。

22.1 四足爬行机器人的搭建

搭建的四足机器人每个足具有 2 个自由度，具体机器人的搭建过程参考如下。

① 搭建二自由度的足模块，如图 22.1（a）所示。

② 机器人躯干主题采用大电池盒，以便与足模块进行组装，如图 22.1（b）所示。

③ 将其他三条足模块与电池盒相连，构成最终的四足爬行机器人，如图 22.1（c）所示。

(a) 二自由度足　(b) 足与电池连接　(c) 完整机器人外形

图 22.1　四足爬行机器人搭建过程

与其他需要进行角度控制的机器人一样，舵机在与结构件连接时，需要注意连接角度，以保证足够的舵机转动。

22.2　控制原理

四足爬行机器人的运动可以有多种方式，本节介绍的是一种四足同时运动的方式（见图 22.2），读者可自行设计其他运动方式。

首先，设计合适的运动起始位置，如图 22.2（a）所示，当次对角线的双足离地时，主对角线的双足可以使控制器保持平衡（这也是为什么搭建机器人时要采用接触面积较大的构件）。

然后，次对角线的双足离地向前运动，主对角线的双足向后运动，如图 22.2（b）所示。不论是向前还是向后运动，其最终的运动位置都应使单独一条对角线的双足能够使机器人整体保持平衡。

接着，次对角线的双足落地，主对角线的双足离地，为了运动的连贯性，如果离地高度较低，这两个动作可以同时进行，如图 22.2（c）所示。

最后，主对角线的双足离地向前运动，次对角线的双足向后运动，如图 22.2（d）所示。需要连续运动时，不停交替此两个动作即可。

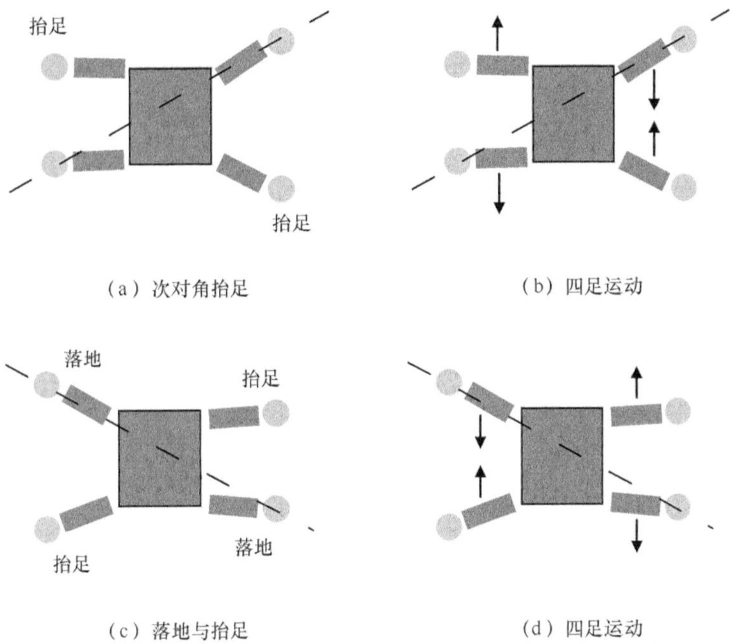

（a）次对角抬足　　（b）四足运动

（c）落地与抬足　　（d）四足运动

图 22.2　运动过程示意

22.3　图形化程序设计

在理解控制原理后，图形化程序的编写则变得很简单。程序设计主要由以下两部分组成。

① 机器人先复位至将要运动的状态。

② 进入运动循环，主次对角线的足模块分别进行向前与向后的运动，每次运动可分为抬足和跨步两个动作，根据实际情况分别设置相应的舵机值即可。

图形化程序可参考图 22.3。设置延时时间时，为了使运动过程尽量流畅，延时时间应尽量小，使得舵机前后两个转动动作之间没有明显的停顿。

此节的图形化程序控件的参数按实际情况进行设置，图形化程序仅仅给出的是流程框架，勿直接拿来控制机器人。

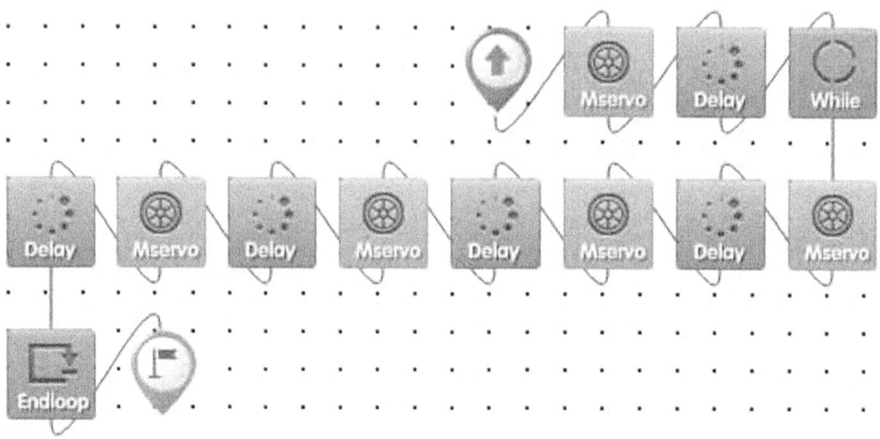

图 22.3　爬行机器人的图形化程序

22.4　运行效果

将四足爬行机器人摆放于地面，可以观测到图 22.4 所示的效果。

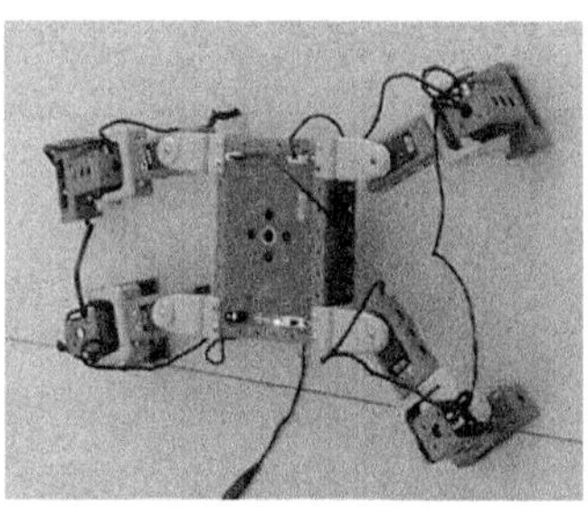

(a) 未启动状态

(b) 机器人复位

(c) 左前和右后足抬起

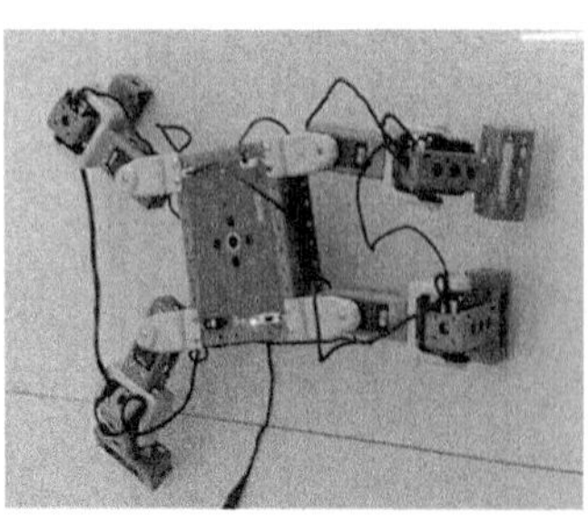

(d) 运动足向前和支撑足向后

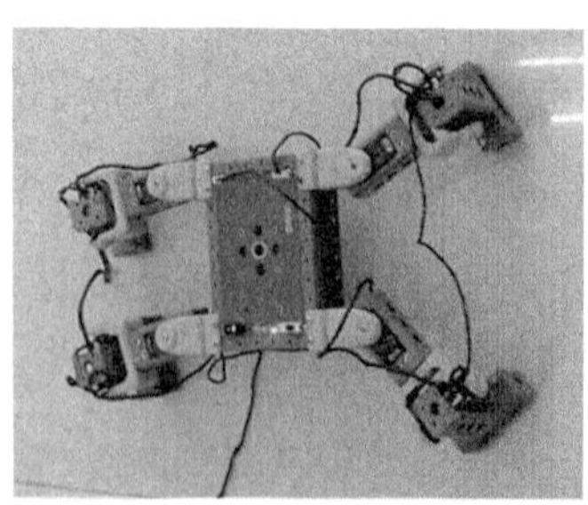

(e) 运动足向前和支撑足向后

(f) 循环运动

图 22.4　四足爬行机器人的实际运动

第23章 双足步行机器人

任务说明

设计与搭建一个双足步行机器人，在保持重心的情况下，合理进行步态规划，利用四足实现机器人向前爬行。

设计要求

① 能够按照示例搭建双足步行机器人主体。

② 能够设计合理的步态流程实现机器人的行走。

③ 能够编写正确的图形化程序。

使用套件与软件说明

本任务使用高级版机器人套件和 Crater 软件实现，也可以使用标准版的机器人套件和 NorthSTAR 实现，实现流程与参数设置可以参考本章，具体实现程序见第 30 章的 30.4 节。

双足行走机器人属于类人机器人，典型特点是机器人的下肢以刚性构件通过转动副连接，模仿人类的腿及髋关节、膝关节和踝关节，并以执行装置代替肌肉，实现对身体的支撑及连续地协调运动，各关节之间可以有一定角度的相对转动。与其他足式机器人相比，双足机器人对步行环境要求低，能适应各种地面且具有较高的逾越障碍的能力，不仅能够在平面行走，而且能够方便地上下台阶及通过不平整、不规则或较窄的路面，故它的移动“盲区”很小。

双足机器人具有广阔的工作空间，由于行走系统占地面积小，活动范围很大，其上配置的机械手具有更大的活动空间，也可使机械手臂设计得较为短小、紧凑。

双足行走是生物界难度最大的步行动作，但其步行性能却是其他步行结构所无法比拟的。

此外，双足行走机器人能够在人类的生活和工作环境中与人类协同工作，而不需要专门为其对环境进行大规模改造。所以双足行走机器人具有广阔的应用领域，特别是作为残疾人

（下肢瘫痪者或截肢者）提供室内和户外行走工具、极限环境下代替人工作业等方面更是具有不可替代的作用。

23.1　双足机器人的搭建

双足机器人的自由度由运动的复杂程度决定，为了运动的稳定性，也可以适当增加自由度，本节搭建的双足机器人具有 10 个自由度，每条单足有 5 个自由度，如图 23.1（a）、（b）所示。为了重点落点更容易控制，选用大面积扁平构件作为脚板。

搭建一个简易的双足连接模块，如图 23.1（c）所示。在保证稳定连接的前提下，双足连接模块应尽量简单并降低重量，使得机器人整体的重心较低。

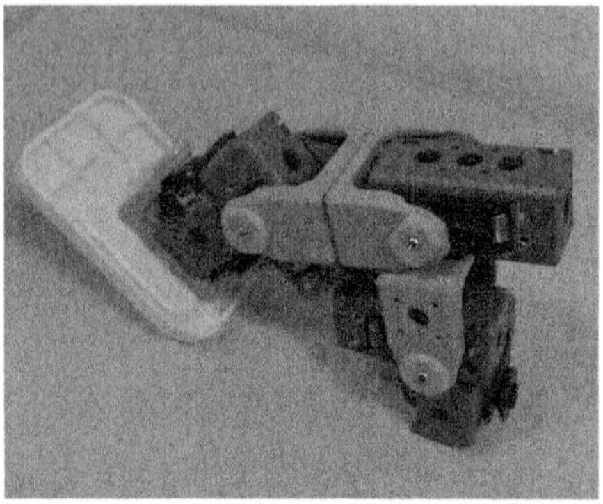

(a) 单足结构

(b) 单足结构

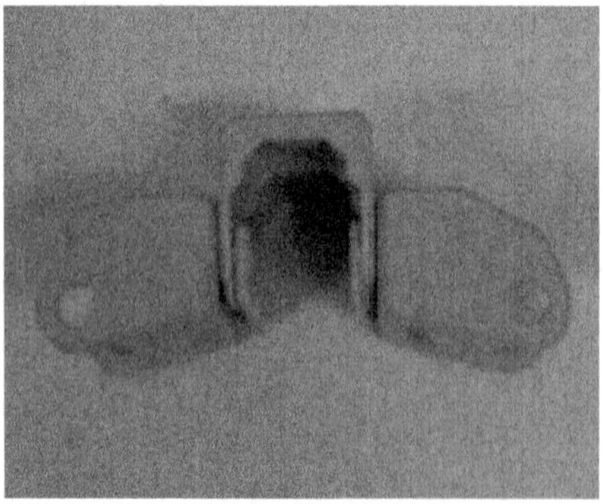

(c) 双足连接模块

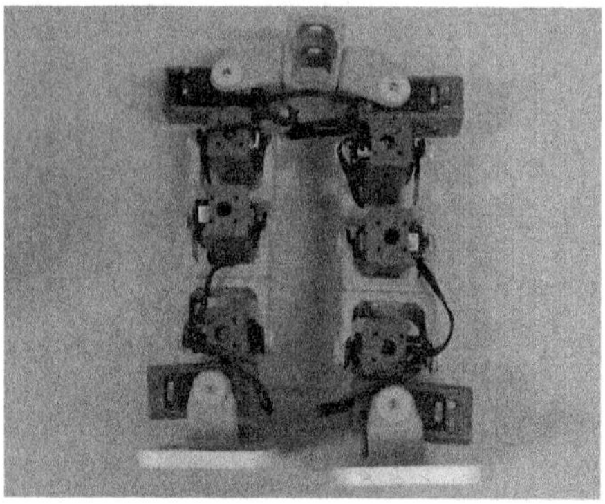

(d) 双足机器人

图 23.1　双足机器人搭建示例

最后，将两个单足与连接模块组合成完整的双足机器人，并连线至外部的控制器，如

图 23.1（d）所示。

23.2 控制流程

为了保证机器人不掉落，双足机器人行走时的重心要落在“大脚板”上，如果有可能出现重点落在“大脚板”之外，则必须要保证时间非常短。

本节采用一个较为简单的行走控制流程，如图 23.2 所示，机器人行走方向为朝向纸面外。

① 机器人正常状态，如图 23.2（a）所示。

② 机器人向一侧倾斜，便于抬脚与向前跨出，如图 23.2（b）所示。

③ 机器人悬空的脚向前跨出，如图 23.2（c）所示。

④ 机器人前脚落地，如图 23.2（d）所示。

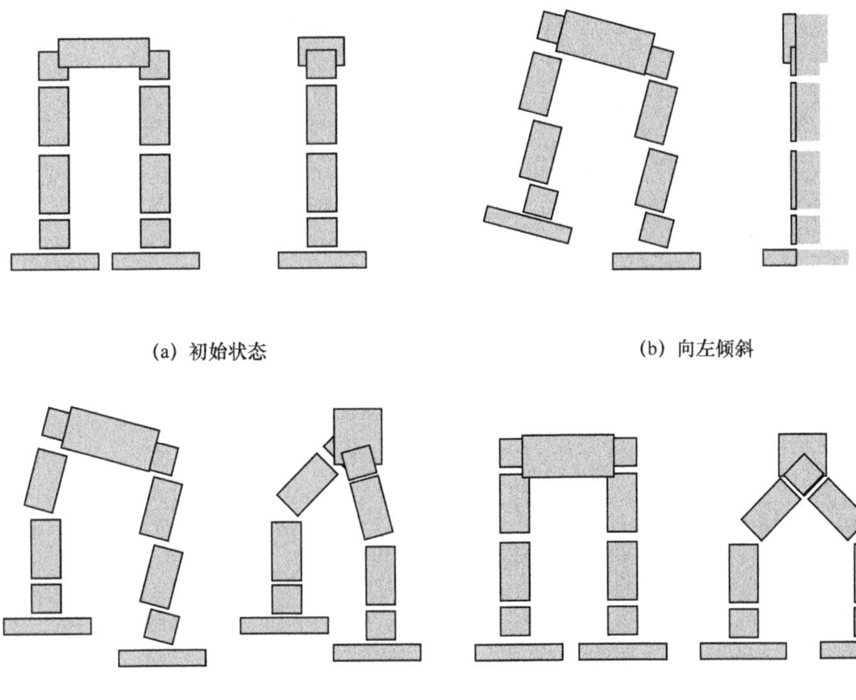

(a) 初始状态

(b) 向左倾斜

(c) 右脚踏出

(d) 右脚落地

图 23.2 双足机器人行走控制示例

照此顺序对另外一只脚进行同样的动作，即可实现机器人的行走控制。这样的控制方式较为简单，但是角度稍有偏差，可能会出现机器人倒地的情况，实际控制中，可以在此基础上在细化动作流程。

23.3　图形化程序设计

双足机器人的图形化程序（见图 23.3）较为简单，分为启动模块和循环行走控制模块，重要的是其中设置舵机的参数值，由于舵机的数值取决于行走的幅度以及舵机安装时的初始角度，这里不给出具体的设置值。

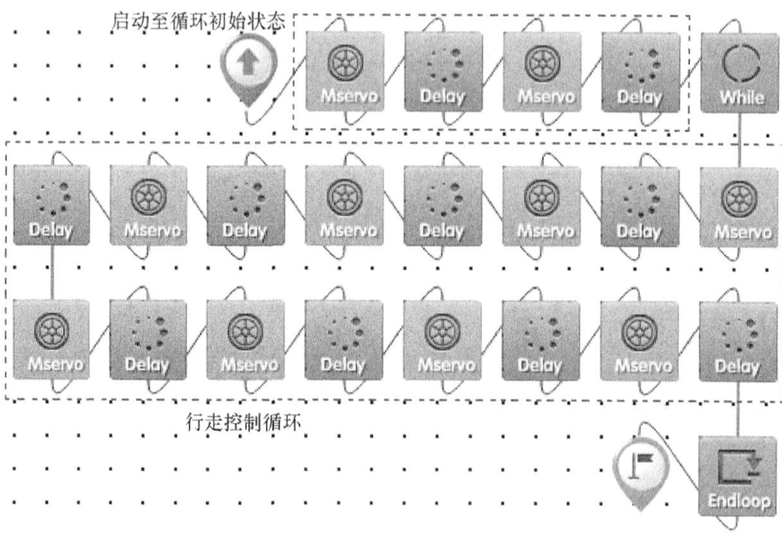

图 23.3　双足机器人的图形化程序

23.4　运行效果

将双足机器人直立后摆放于地面，如图 23.4（a）所示，完成启动动作一和动作二，然后进行到行走循环，整个过程如图 23.4 所示。

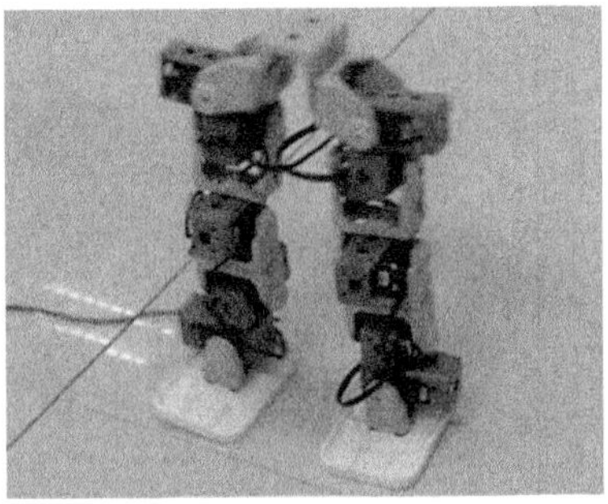

(a) 初始状态

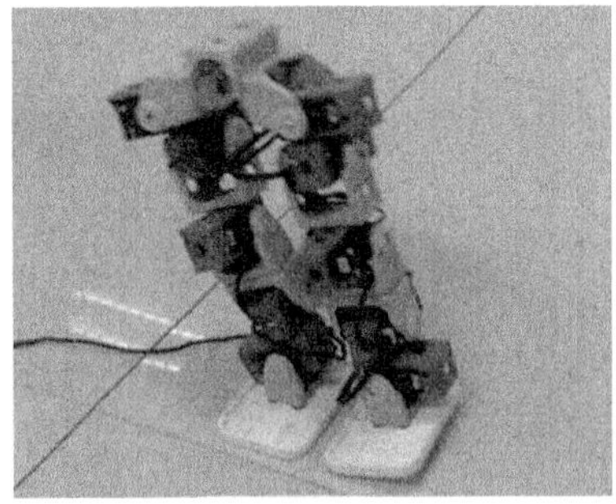

(b) 启动一

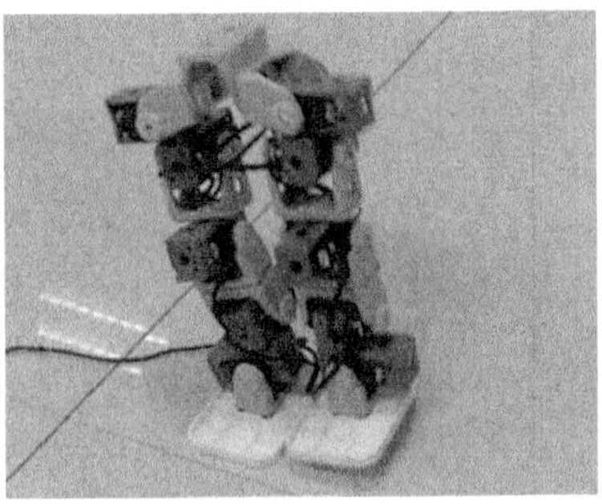

(c) 启动二

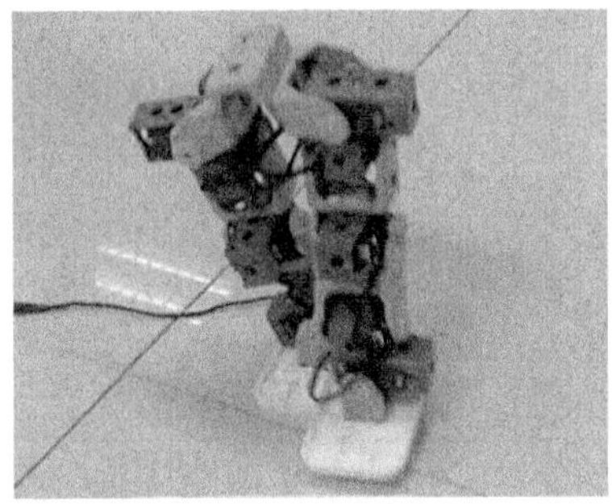

(d) 循环一左脚踏出

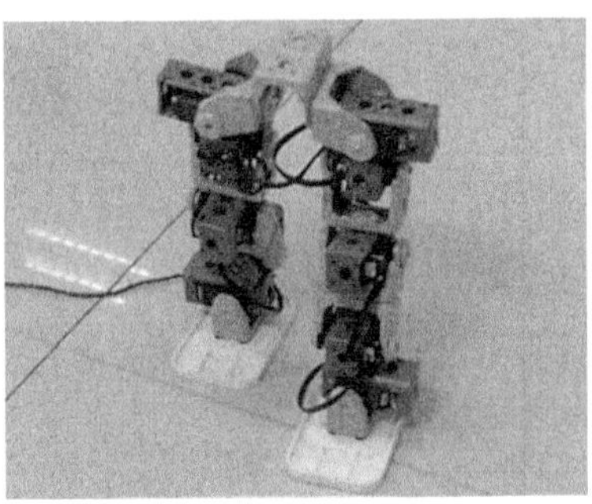

(e) 循环二左脚落地

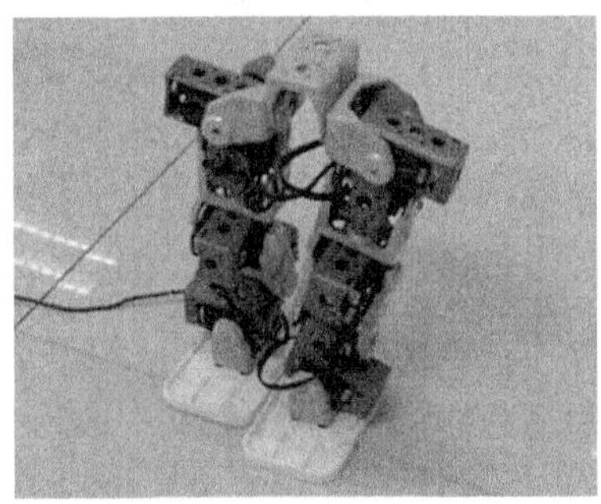

(f) 循环三右脚跟上

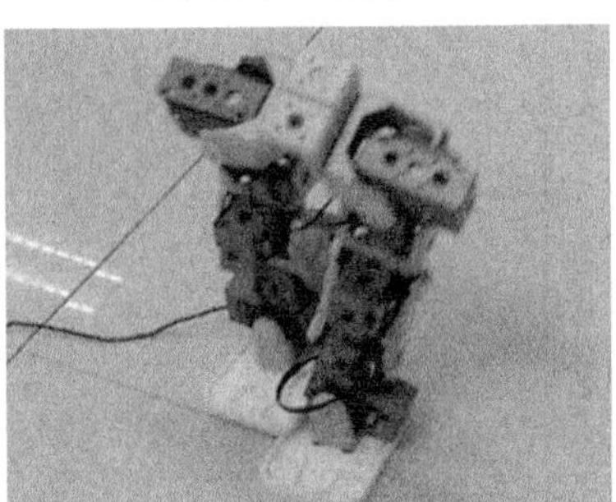

(g) 循环四整体左倾

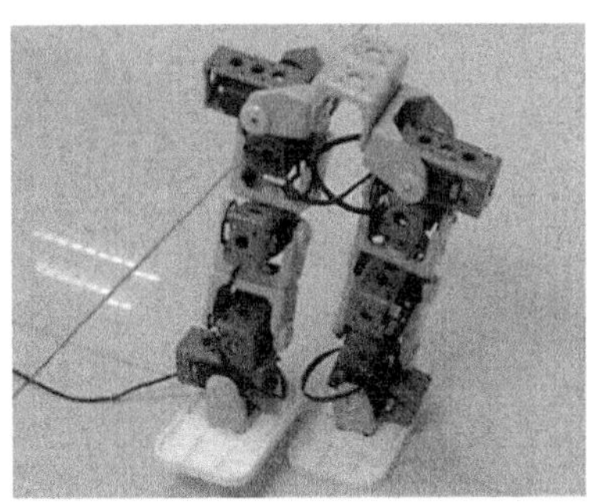

(h) 循环五右脚踏出

图 23.4 双足机器人的运行过程

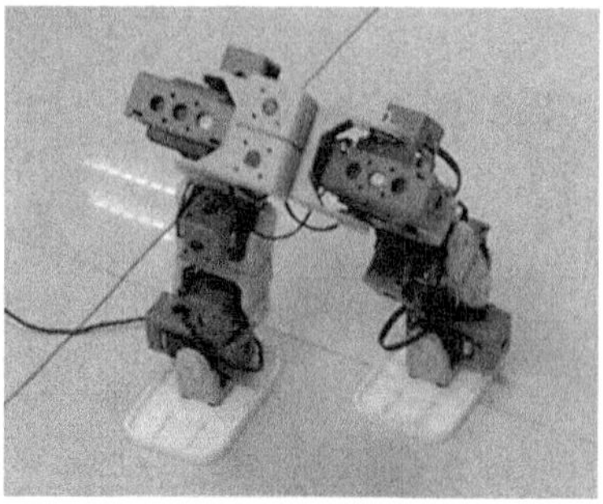

(i) 循环六右脚落地

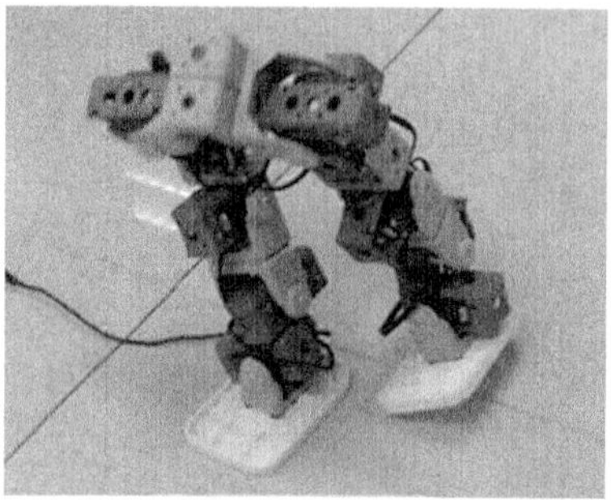

(j) 循环七左脚跟上

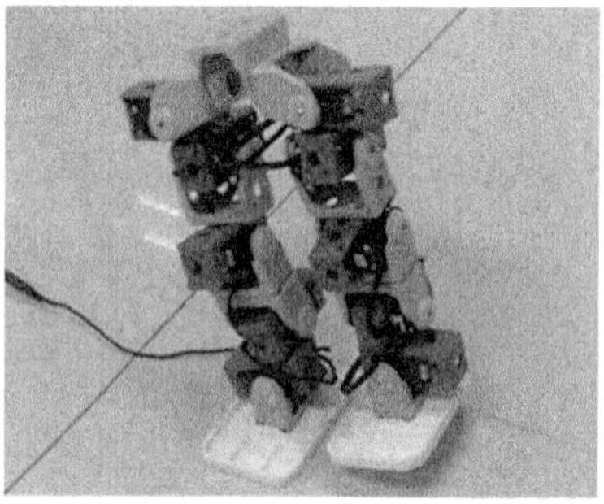

(k) 循环八整体右倾

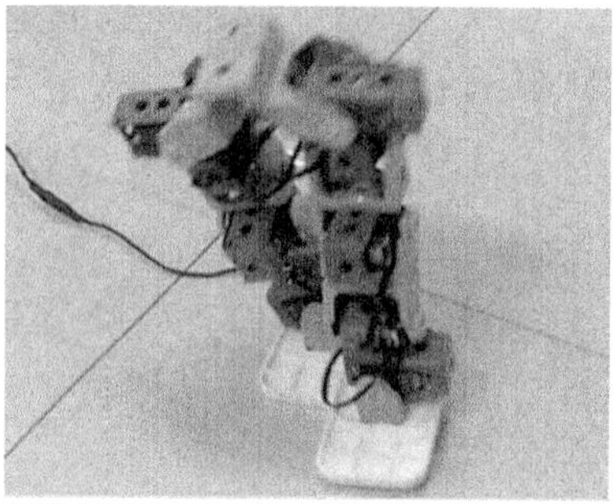

(l) 循环九左脚踏出

图 23.4　双足机器人的运行过程（续）

第24章 循迹机器人

任务说明

设计与搭建一个四轮驱动的机器人，利用灰度传感器或者寻迹模块，实现机器人的路径跟随功能。

设计要求

① 掌握灰度传感器的工作原理。

② 能够按照示例搭建机器人主体。

③ 能够不同的传感器信息组合设置合理的运动方式。

④ 能够编写正确的图形化与 C 语言程序。

使用套件与软件说明

本任务使用高级版机器人套件和 Crater 软件实现，也可以使用标准版的机器人套件和 NorthSTAR 实现，实现流程与参数设置可以参考本章，具体实现程序见第 30 章的 30.5 节。

循迹机器人是一种能够自动按照给定的路线（通常是采用不同颜色或者其他信号标记来引导）进行移动的机器人，它是一个运用传感器、信号处理、电机驱动及自动控制等技术来实现路面探测、障碍检测、信息反馈和自动行驶的技术综合体。循迹机器人在军事、民用和科学研究等方面已获得了广泛的应用。例如自动化生产线的物料配送机器人，医院的机器人护士、商场的导游机器人等。

24.1 灰度传感器简介

灰度（色）是指一系列从纯黑到纯白的过渡色。平常所说的黑白照片、黑白电视，实际上应称为灰度照片、灰度电视才确切。灰度色中不包含任何色相，即不存在红色、黄色这样的颜色。

灰度传感器是模拟传感器，由高亮 LED 和光敏电阻组成，如图 24.1 所示。灰度传感器利用不同颜色的检测面对光的反射程度不同，光敏电阻对不同检测面返回的光其阻值也不同的原理进行颜色深浅检测。在有效的检测距离内，发光二极管发出白光，照射在检测面上，检测面反射部分光线，光敏电阻检测此光线的强度并将其转换为机器人可以识别的信号。在环境光干扰不是很严重的情况下，用于区别黑色与其他颜色。

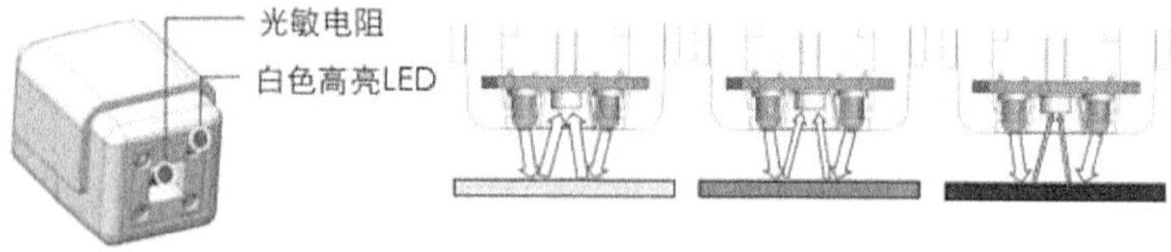

图 24.1　灰度传感器的工作原理

灰度传感器有比较宽的工作电压范围，在电源电压波动比较大的情况下仍能正常工作。它输出的是连续的模拟信号，因而能很容易地通过 A/D 转换器或简单的比较器实现对物体反射率的判断，是一种实用的机器人巡线传感器。

24.2　寻迹模块

套件提供了专用的寻迹模块（见图 24.2），可以使用对应的寻迹控件获取路径信息，其控制原理和本章后续所述类似，故在此不做详细讲解。

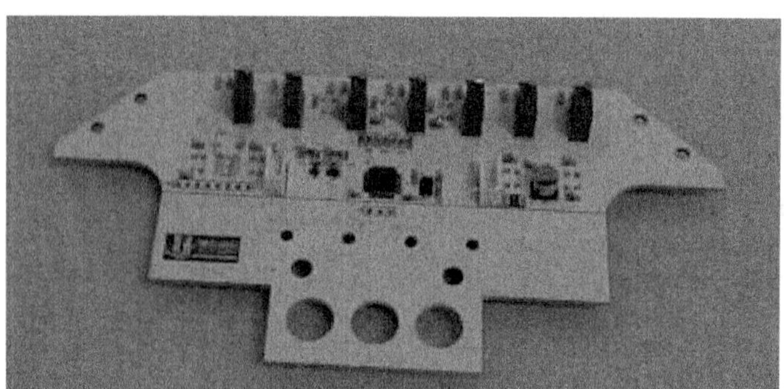

图 24.2　专用寻迹模块

使用寻迹模块搭建机器人可参考图 24.3。

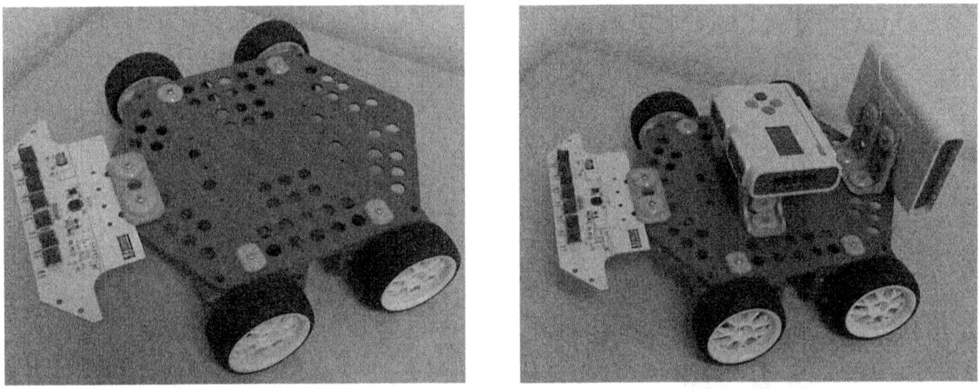

(a) 安装寻迹模块　　(b) 安装控制器与电池

图 24.3　寻迹模块搭建示例

24.3 机器人跟随原理

采用两个灰度传感器平行安装在机器人前部是最简单的办法，但是在较大的弯道上两个传感器可能会同时检测不到路径，从而造成路径信息的丢失，机器人任务失败。

本任务采用 3 个灰度传感器，一个在前，两个紧跟在后，具体安装见 24.4 节。假设不存在机器人逆行的情况，对可能涉及的情行进行枚举，如图 24.4 所示。每种情形对应着一种机器人运行状态。

① 前左右传感器都检测到路径信息，机器人直行。

② 前右传感器检测到路径信息，机器人左转。

③ 前左传感器检测到路径信息，机器人右转。

④ 左右传感器检测到路径信息，机器人直行。

⑤ 右传感器检测到路径信息，机器人原地右转。

⑥ 左传感器检测到路径信息，机器人原地左转。

⑦ 前传感器检测到路径信息，机器人原地右转。

⑧ 无传感器检测到路径信息，丢失路径，机器人原地不动。

虽然这个流程也是不完整的，但是比起两个传感器来说，其可靠性提高了不少。

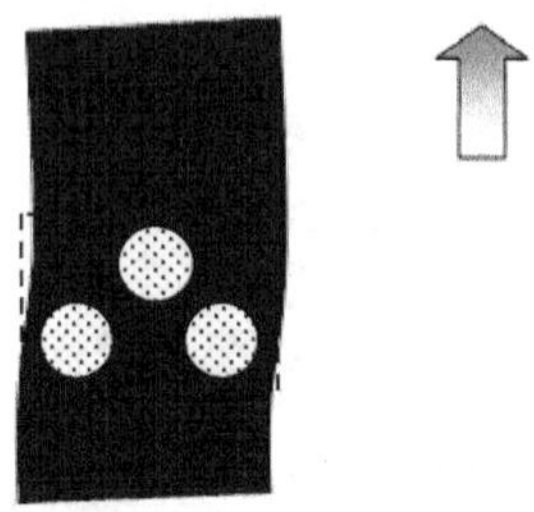

(a) 前左右传感器都检测到路径信息

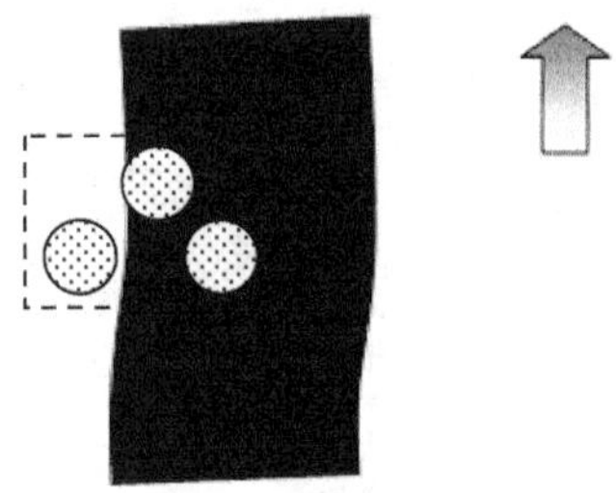

(b) 前右传感器检测到路径信息

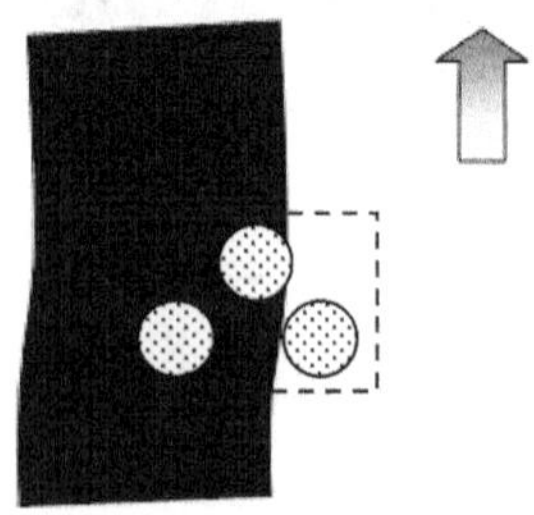

(c) 前左传感器检测到路径信息

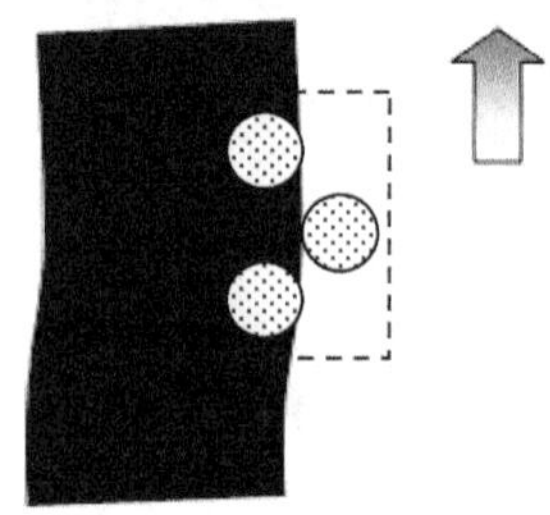

(d) 左右传感器检测到路径信息

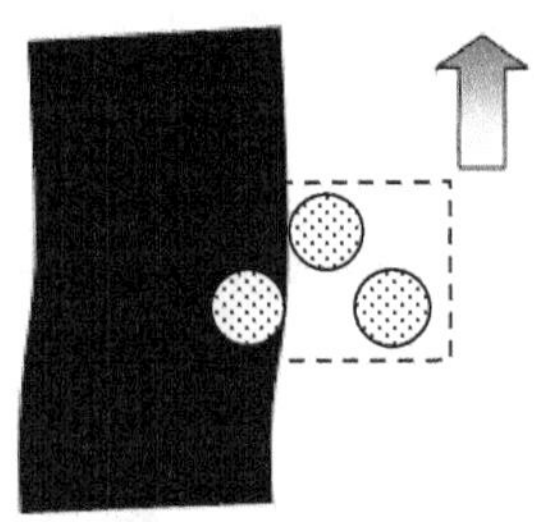

(e) 左传感器检测到路径信息

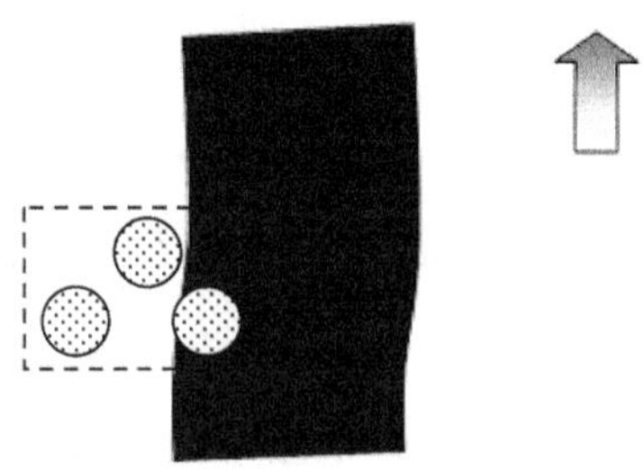

(f) 右传感器检测到路径信息

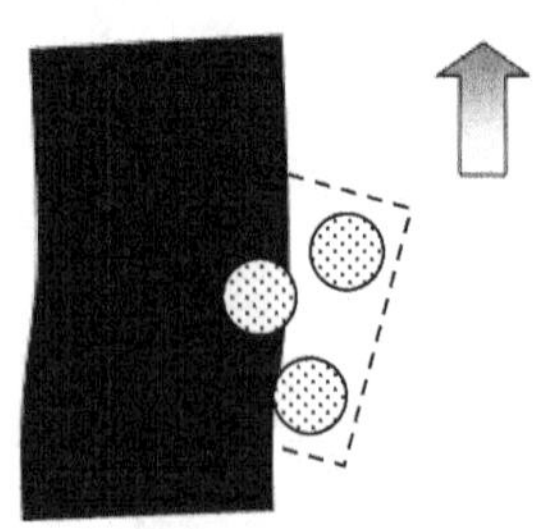

(g) 前传感器检测到路径信息

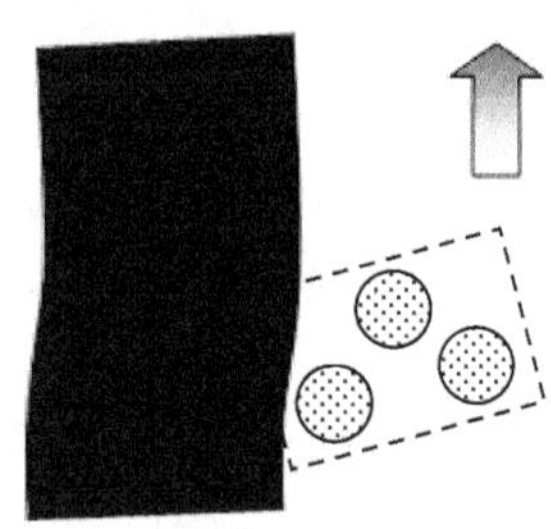

(h) 没有检测到路径信息

图 24.4　路径与传感器的可能情况

24.4　路径跟随机器人的搭建

首先，搭建普通的四轮运动机器人，控制器除外，如图 24.5（a）所示。

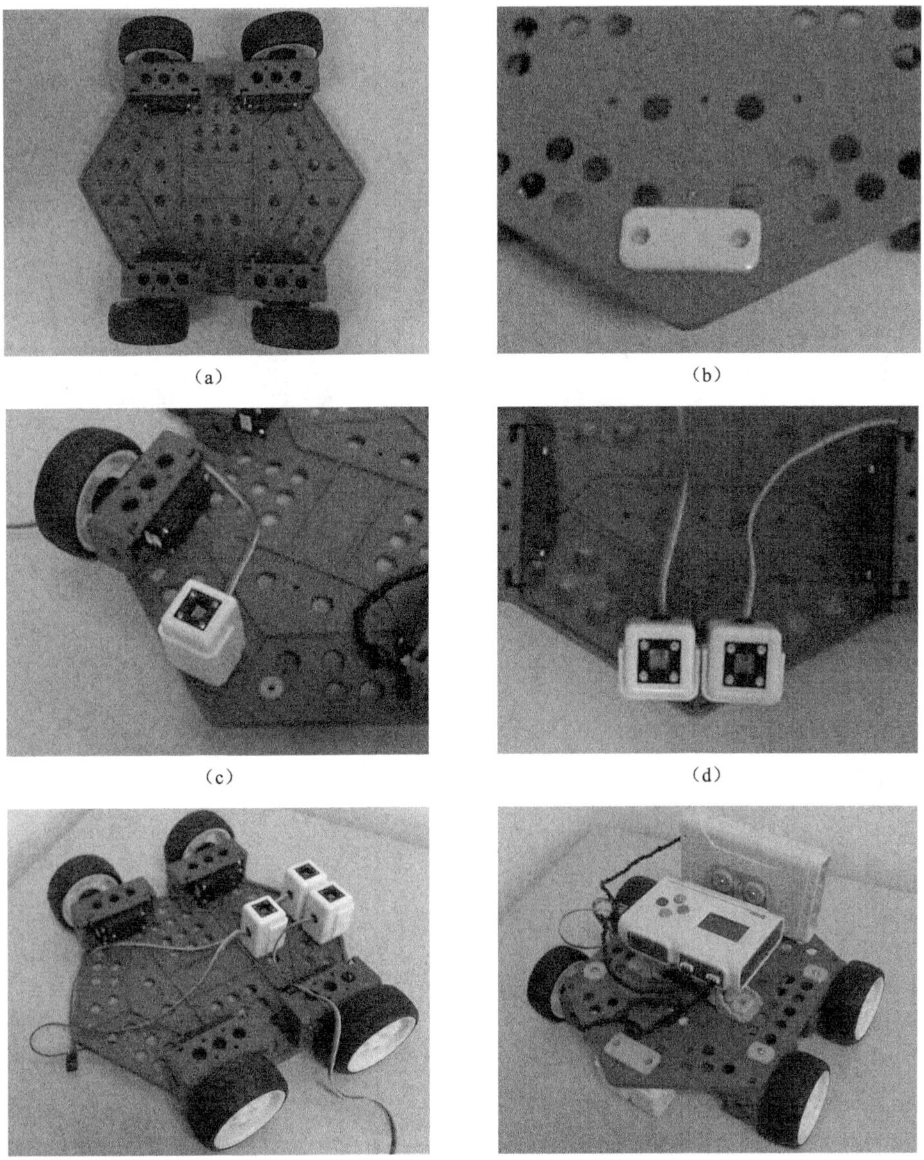

（a）（b）（c）（d）（e）（f）

图 24.5　机器人的搭建过程

其次，按照图 24.5（b）、（c）安装第一个灰度传感器。

接着，安装好其他两个灰度传感器，如图 24.5（d）、（e）所示。

最后，在底盘上安装控制器，形成完整的机器人主体，如图 24.5（f）所示。

24.5　图形化程序设计

首先，定义获取灰度传感器数据的 *int* 变量 *iHD*1、*iHD*2、*iHD*3，整型变量 *iNum* 代表路径处理情况标号，在循环起始设置循环周期为 100ms 和获取 3 个灰度传感器数据，如图 24.6 所示。

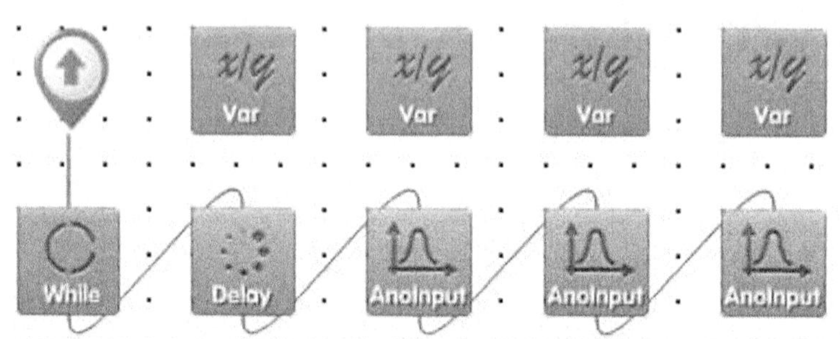

图 24.6　获取灰度传感器的数据

接着，如果灰度传感器有数据，则累加其标记，如图 24.7 所示。如果检测到路径，将左右后的灰度传感器标记定义为 1、2、4，这样可以在判断传感器的组合时没有重复。首先在运算控件设置 *iCase* 为 0。

IF 控件（左起第一个）条件参考如下。

$iHDF < 200$

$iHDL < 200$

$iHDR < 200$

运算模块填写（左起第一个）。

$iCase = iCase + 1$

$iCase = iCase + 2$

$iCase = iCase + 4$

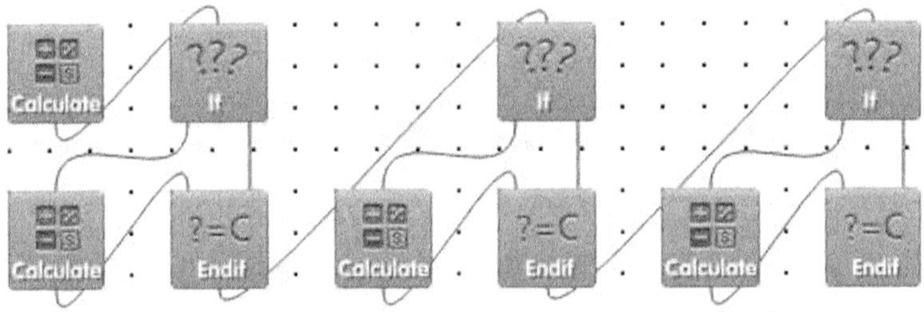

图 24.7 累计传感器标记

注：*iNum* 是所有灰度传感器累计标记值，其含义见表 24.1。

表 24.1 iNum 变量的含义

iNum 值	含　义
0	没有传感器检测到路径
1	前传感器检测到路径，其他没有
2	左边传感器检测到路径，其他没有
3	前左传感器检测到路径，右传感器没有
4	右传感器检测到路径，其他没有
5	前右传感器检测到路径，左传感器没有
6	左右传感器检测到路径，前传感器没有
7	全部传感器都检测到路径

然后，对 *iCase* 的值进行分支，根据 24.3 节的跟随原理设置相应的速度，如图 24.8 所示。

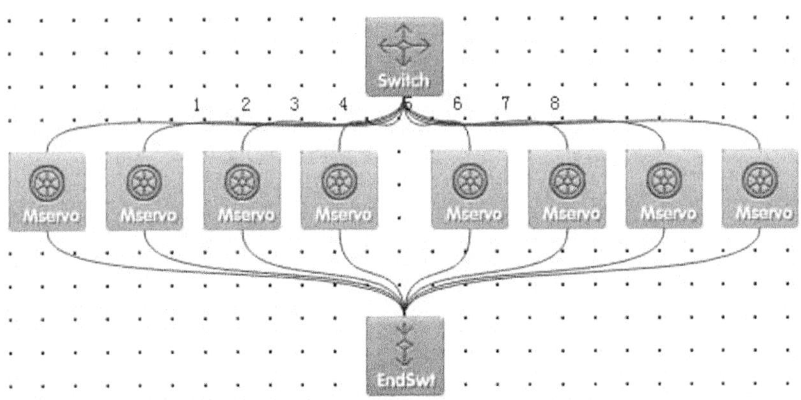

图 24.8 Switch 控件使用

完整的图形化程序如图 24.9 所示。

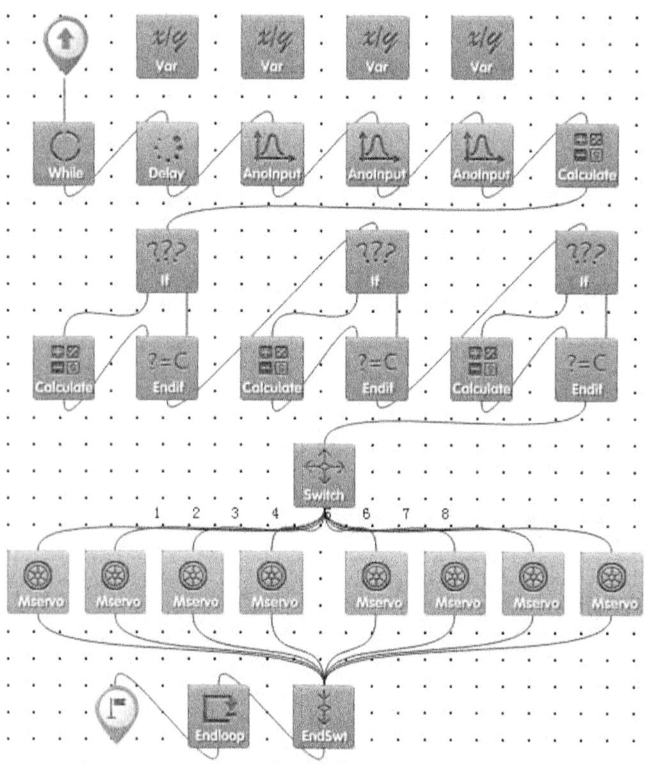

图 24.9　完整的图形化程序

速度的设置不应过大，否则容易出现跑偏的情况。

第25章 语音控制机器人

任务说明

设计与搭建一个具有复合运动结构的机器人，可以实现语音控制与语音播放，实现普通四轮和全向四轮的前进、后退、左移和右移等运动。

设计要求

① 掌握 Woody 的语音相关设置。

② 掌握语音相关的控件使用。

③ 能够按照示例搭建机器人主体。

④ 能够编写正确的图形化程序。

语音处理（speech signal processing）是用以研究语音发声过程、语音信号的统计特性、语音的自动识别、机器合成以及语音感知等各种处理技术的总称。由于现代的语音处理技术都以数字计算为基础，并借助微处理器、信号处理器或通用计算机加以实现，因此也称数字语音信号处理。

各种娱乐、示教、服务类型的机器人正在走进人们的日常生活，带来诸多的方便和乐趣。语音一直是日常生活最惯常自然的信息交流方式，实现人机间语音通信就显得必不可少，进行语音控制的研究工作具有很强的现实意义和应用前景。

25.1 语音控制机器人的搭建

由于需要实现普通四轮向全向四轮的变化，所以在每个轮子结构上增加一个水平转动的自由度，如图 25.1（a）所示。

将其安装在底板上，如图 25.1（b）所示，四个轮子安装于底板时应注意，在全向运动时，相邻轮子之间的间距大致一样，如图 25.1（c）所示。

最后，安装控制器、Woody 和电池，如图 25.1（d）所示。

(a) 运动轮结构

(b) 运动轮安装

(c) 运动底盘

(d) 完整机器人

图 25.1　语音控制机器人搭建过程

25.2　控制流程

本次任务主要运动较为简单，只有前进、后退、左移（左转）、右移（右转）。由于普通运动方式（见图 25.2（a））和全向运动方式（见图 25.2（b））的速度设置上有所区别，需要对获取的语音命令作进一步的处理。

(a) 普通运动方式

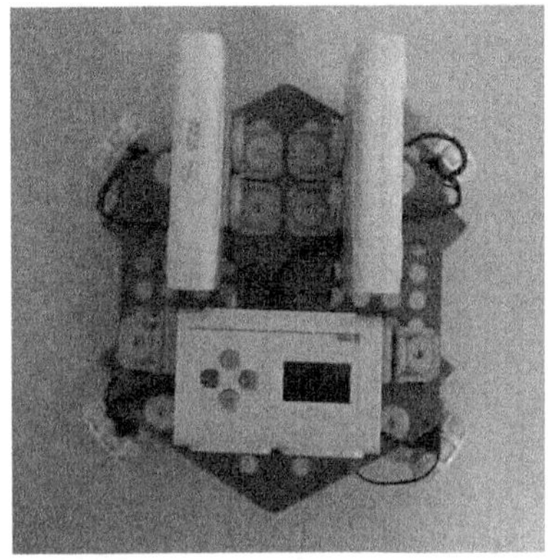

(b) 全向运动方式

图 25.2 运动结构的两种形式

假设语音命令 *ID* 与对应的命令见表 25.1，用 2 个变量 *iID* 和 *iMode* 分别表示当前接收到的命令 *ID* 和机器人的运动结构方式，对于 *ID* 为 3～6 的命令可以作一个变换：

iNewID = (*iMode*-1)*4 + *iID*

iMode 的取值与对应的 *ID* 号相同。

表 25.1 *ID* 与对应的命令

ID	命　令	*ID*	命　令
1	普通四轮	4	后退
2	全向四轮	5	左移
3	前进	6	右移

新的 *iNewID* 范围为 3～10，其中，3～6 表示的是普通四轮的运动命令，7～10 表示的是全向四轮的运动命令。不需要额外的 IF 判断即可在一个 switch 结构中处理所有的情况。

25.3 Woody 设置

25.3.1 语音识别

在 Woody 中进行语音识别的设置分为以下几个步骤。

（1）**灵敏度设置**

不同的输入设备（如麦克风）灵敏度各有差异，在进行语音识别前可以根据设备特点设置输入设备的灵敏度，直接修改图 25.3 中 Mic 灵敏度的数值（parameter）即可。

Woody 中默认灵敏度为 88，最佳设置范围是 64～90，可设置范围是 0～127。如果超出设置范围，Woody 会将参数设为默认值。麦克风灵敏度值越大则越灵敏，但是过度灵敏会造成语音失真，误识别率增高。所以，设置麦克风灵敏度之后需要进行测试，满足需求效果即可。

图 25.3　参数设置

（2）**增加新的语音命令**

选中语音识别标签，可以保留或删除之前预先设置的语音指令，如图 25.4 所示。增加新的语音命令，需要设置 ID、Keyword、remark。

ID 是关键词的编号，范围是 0～255，如果语音命令的语义相同时，ID 可以相同，Keyword 为关键字，pinyin 指的是关键字的拼音，remark 是语音命令的说明。当 Woody 识别关键词之后，将会通过串口发回关键词对应的 ID 号。

Keyword 指的是在语音识别过程中能够识别的关键词。关键词必须是中文，长度最好不大于 5，总个数不大于 50，否则识别效果不佳。

关键词编辑完成后，点击右侧的自动注音按钮，会在 pinyin 栏显示关键词的拼音。

remark 栏，用户可以对关键词进行备注说明。

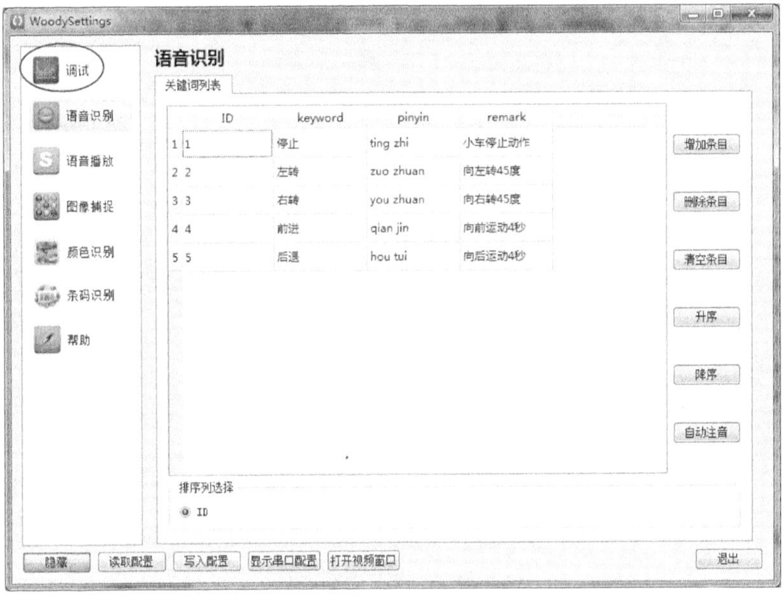

图 25.4 语音识别设置

（3）写入配置（与其他按钮）

设置完成后点击“写入配置”就可以将关键词导入 Woody 端，写入操作会覆盖 Woody 端原有配置。

读取配置：则可以将 Woody 端的配置读取到 PC 端，读取操作会覆盖 PC 端的本地配置。

增加条目：可以增加关键词的个数。

删除条目：可以删除选中的一条关键词。

清空条目：可以清除所有关键词列表。

升序和降序：可以根据 ID 号大小对关键词列表进行排序。

（4）语音识别测试

做好设置后可点选对应功能，然后点击显示串口配置按钮（会在显示和隐藏串口配置切换），在新界面上选择语音识别并设置启动，如图 25.5 所示，一声脆响且收到原命令回复证明启动该功能成功，点击允许下发即开始语音识别，如果识别到关键词列表的内容就会有返回值。

图 25.5　语音识别测试

25.3.2　语音播放

语音播放包含两个步骤：添加语音文件与语音播放检测。

（1）添加语音文件

首先将要添加的语音文件（wav 文件）存放在一个文件夹内，然后选中语音播放标签，如图 25.6 所示。单击“打开”按钮，选择语音文件所在的文件夹，再单击“全部添加”按钮则可以将目录下所有 wav 格式的音频文件信息添加到表格当中，最后单击“检出”按钮，可以将表格中所罗列的音频文件传送至 Woody 端，Woody 端的音频文件会在检出时自动清空。

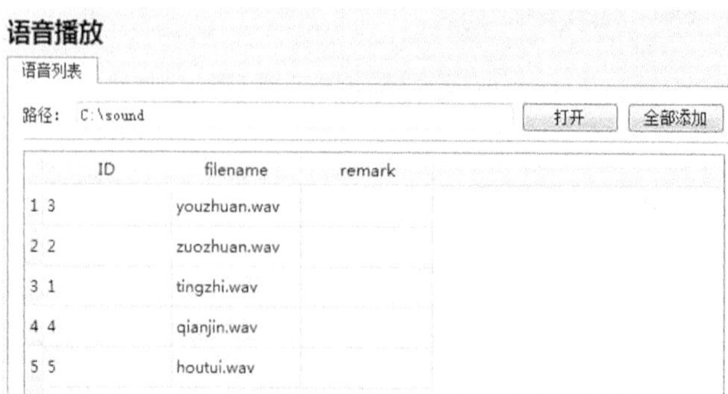

图 25.6　语音播放窗口

Woody 有 2G 左右的空间用于存放音频文件。检出文件越大，需要传送的时间越长。上传成功后会有“成功上传/下载，关闭连接”的提示。

列表框中的 ID 号可以进行设置，取值范围是 0～9999。ID 号的数值应设置为不同值。

需要注意的是，不要改动列表中音频文件的文件名，否则不能将音频文件正确检出到 Woody 端。

（2）语音播放测试

启动串口设置界面，选中语音播放，单击播放音乐 1 按钮，如图 25.7 所示，即可播放序号为 1 的音乐，如果想播放其他 id 的音乐可以根据串口协议修改串口发送区的指令帧。

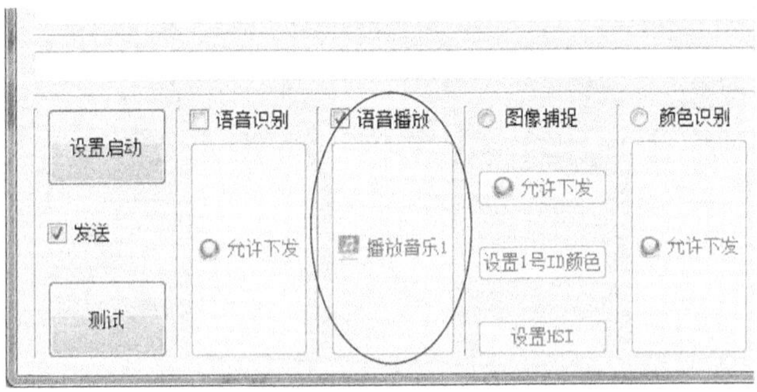

图 25.7　语音播放测试

25.4　图形化程序设计

设置 2 个变量：*iID* 和 *iMode*，分别表示识别到的语音 ID 和当前运动方式。

图形化程序一开始对 Woody 进行初始化，并对变量进行设置：

iID = 0

iMode = 1

然后将 Woody 的语音识别和语音播放功能打开，并允许下发代码。

设置 While 无限循环，添加语音识别与语音播放模块做准备，如图 25.8 所示。

利用语音识别 Wspeech 控件获取识别的 iID，用一个 switch 结构处理运动结构的改变，判断条件为 iID，分支取值分别为 1 和 2，同时设置相应的 iMode 数值，如图 25.9 所示。

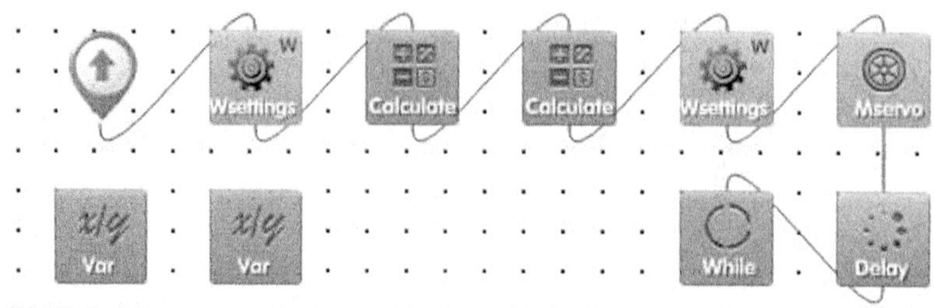

图 25.8　初始设置

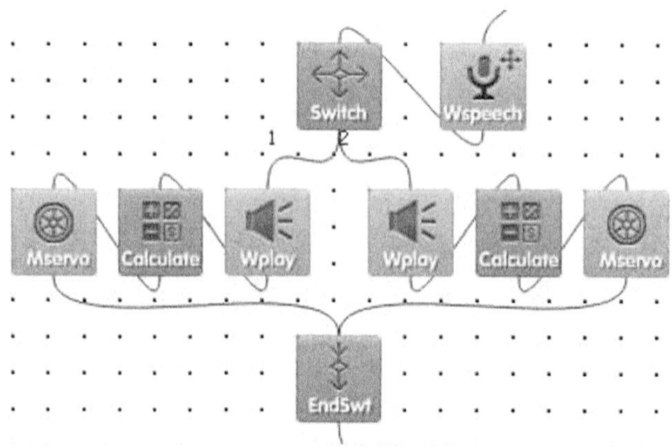

图 25.9　运动结构改变处理

用另一个 switch 结构处理运动形式，判断条件为(*iMode*-1)×4+*iID*，分支取值分别为 3～10，并设置各自的语音播放并运行，如图 25.10 所示。

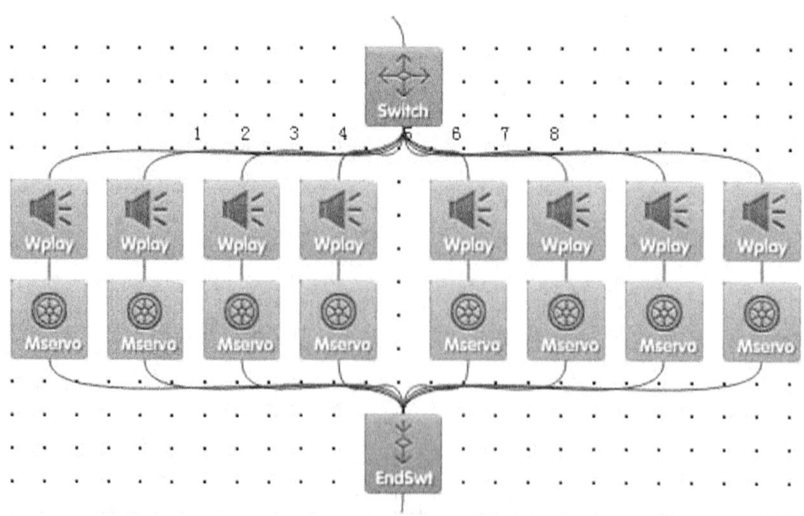

图 25.10　运行形式判断并执行

运行一段时间后，将所有舵机速度设置为 0，停止机器人运行，并接收下一个语音命令，完整的图形化程序如图 25.11 所示。

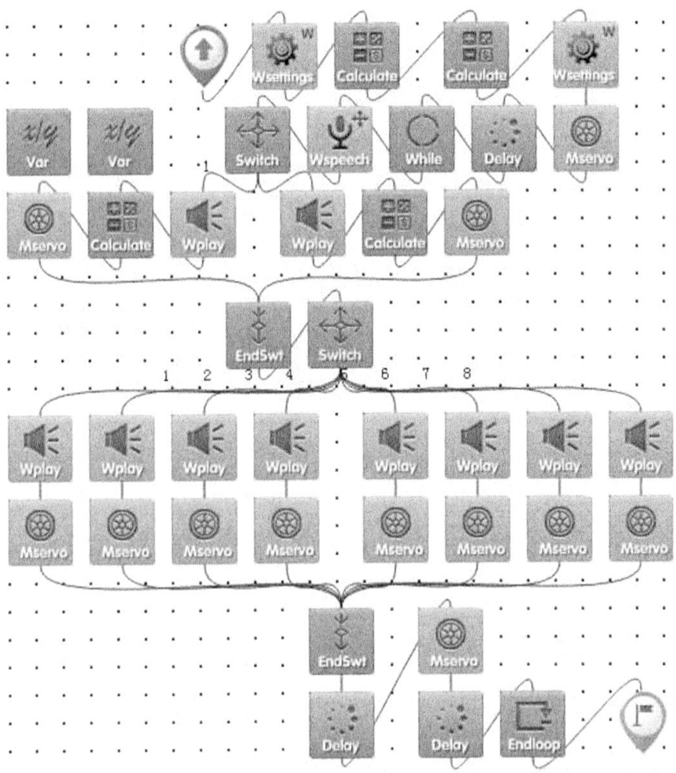

图 25.11　完整的语音控制机器人图形化程序

第26章 出入控制系统

任务说明

设计与搭建一个门控系统，以及一个轮式机器人，通过条形码检验，自动完成机器人的出入允许控制。

设计要求

① 掌握 Woody 的条形码相关设置。

② 掌握条形码控件使用。

③ 能够按照示例搭建机器人主体和门控主体。

④ 能够编写正确的图形化程序。

本次任务需要 2 个子系统构成，一个是门控子系统，一个是机器人，同时也需要 2 个控制器对这 2 个子系统分别控制。

26.1 机器人及门控的搭建

机器人采用轮式结构，带机械臂，机械臂主要是用来配合条形码（也可以用二维码进行代替）检验的。运动小车的搭建如图 26.1 所示。

出入门控系统由两部分组成，一个是摄像头，用来检查条形码；另一个是包含挡车栏的门控模块。门控系统的搭建如图 26.2 所示。

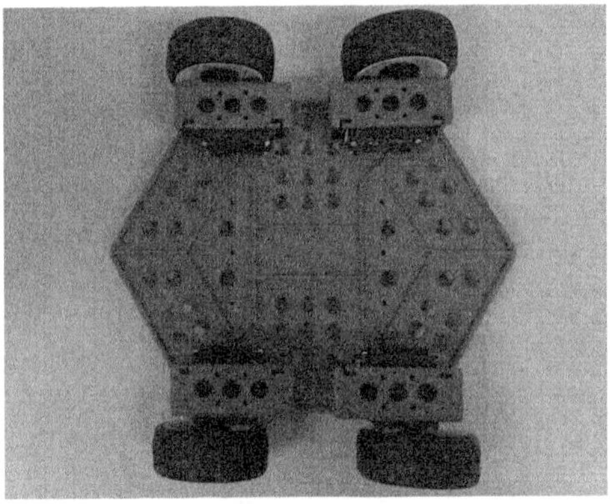

(a) 运动底盘

(b) 机械臂

(c) 安装控制器和电池

(d) 安装传感器

图 26.1 运动小车的搭建

(a) 安装摄像头

(b) 安装挡车栏

图 26.2 门控系统的搭建

26.2　控制流程

本次任务存在两个控制流程：门控和小车控制流程。

门控系统的控制流程较为简单，不停地利用摄像机扫描前方，如果发现符合的条形码，则升高栏杆，一段时间后自动恢复。

小车利用前方的光电传感器检测栏杆，如果存在，则停止运动，利用机械臂将条形码放置于摄像头前方，等待栏杆升高后通过。

26.3　条码或二维码识别测试

在 Woody 主界面选择条码识别标签，设置条码信息，如图 26.3 所示。

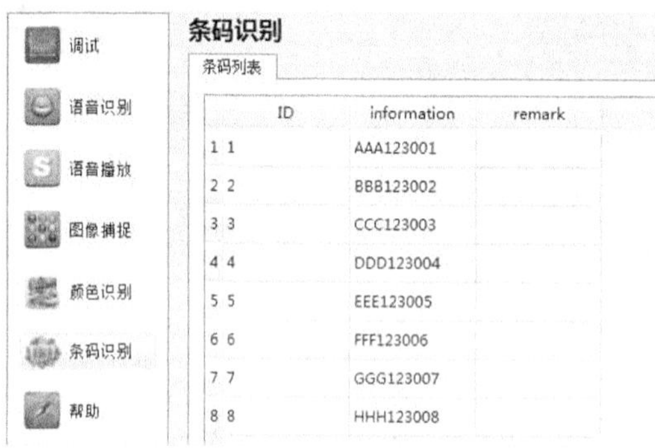

图 26.3　条码信息设置

在串口配置界面中，选择条码识别并允许识别结果下发，打开视频窗口，识别到的结果 ID 会在视频显示窗口显示。如果未点击允许下发，则不会收到串口信息，如图 26.4 所示。

图 26.4　条码检测设置

26.4 图形化程序设计

本章需要编写门控和小车的 2 个图形化程序。

门控系统较为简单，挡车栏复位，摄像头不停地检测前方是否存在条形码，以及是否属于正确的条形码。如果不正确，继续循环，如果正确，升高挡车栏，等待一段时间后，降低挡车栏，继续循环，完整的图形化程序如图 26.5 所示。

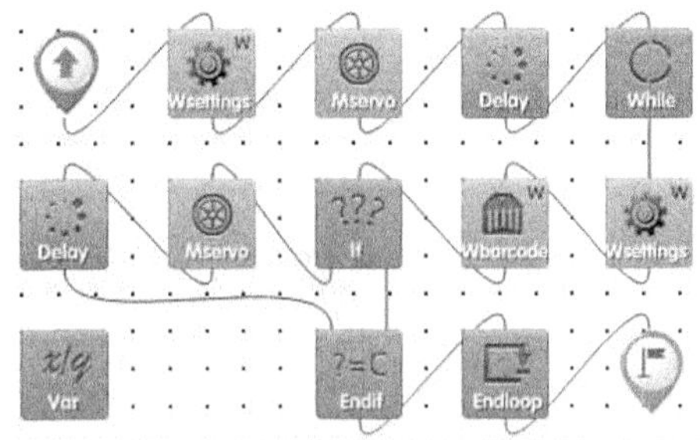

图 26.5 门控系统的图形化程序

运动小车的流程如下。

① 运动小车直线运行。

② 采集前方障碍（挡车栏）信息，无则重复此步骤，否则转入下一步。

③ 停止运动，然后伸出机械臂，将条形码放置到摄像头前方。

④ 等待门控系统的响应，如果挡车栏升高，即没有障碍了，则收回机械臂。

⑤ 继续直线运行，重复整个流程。

完整的运动小车图形化程序如图 26.6 所示。

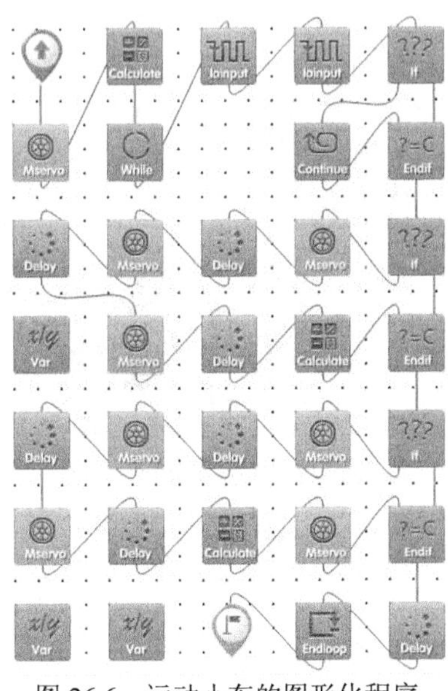

图 26.6 运动小车的图形化程序

26.5　运行效果

搭建好门控与运动小车，下载程序后，整个系统的运行效果可以参考图 26.7。

(a) 运动小车正常直线行走

(b) 遇到挡车栏停止

(c) 机械臂伸出条码进行检测

图 26.7　系统实际运行流程

(d) 条形码正确挡车栏升高

(e) 收回条形码机械臂复位

(f) 小车继续直行

(g) 挡车栏降低

图 26.7 系统实际运行流程（续）

第 6 篇

基于创意之星平台的实现

第 27 章 控制器与 NorthStar 图形化软件

27.1 MultiFLEX™2-AVR 控制器

MultiFLEX™2-AVR 控制器（见图 27.1）是一款小型机器人通用控制器，除了不能实现语音、视频等功能，可以胜任其他功能的开发。

MultiFLEX™2-AVR 控制器具有众多 IO、AD 接口，能够控制 R/C 舵机、机器人舵机，具有 RS-232 接口和 RS-422 总线接口，能够胜任常规机器人的控制。MultiFLEX™2-AVR 控制器开发简单，使用 NorthStar 图形化软件进行程序编写，编译下载到控制器后就可实现机器人的各种功能控制。

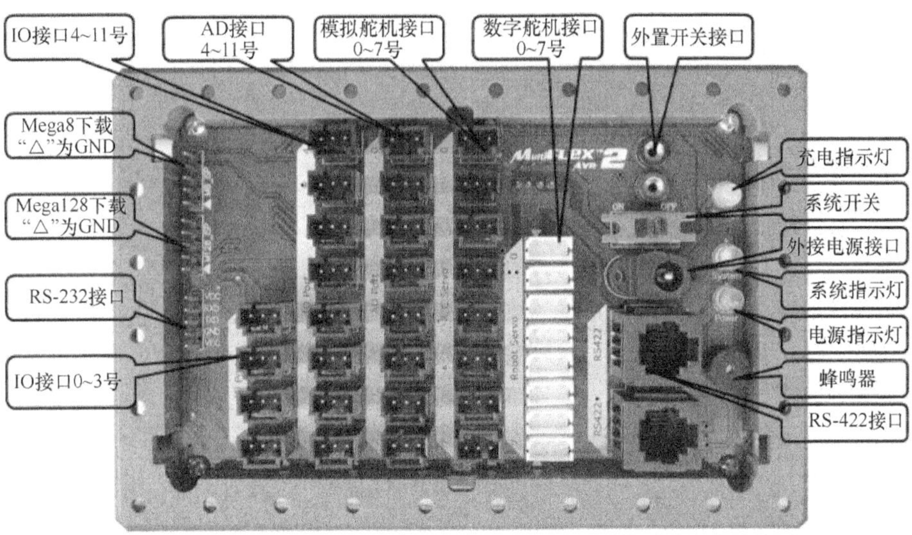

图 27.1　MultiFLEX™2-AVR 控制器

27.1.1　功能概述

MultiFLEX™2-AVR 控制器功能如下。

① ATmega128@16MHz。

② 8 个机器人舵机接口，完全兼容 Robotis Dynamixel AX12+。

③ 8 个 R/C 舵机接口。

④ 12 个 TTL 电平的双向 I/O 口，GND/SIG/VCC 三线制。

⑤ 8 个 AD 转换器接口（0～5V）。

⑥ 2 个 RS-422 总线接口（可挂接 1～127 个 422 设备）。

⑦ 1 个无源蜂鸣器。

⑧ 通过 RS-232 与上位机通信，可选无线通信模组。

⑨ 使用 USB 接口的 AVR-ISP 下载调试器。

27.1.2　外部接口及电气规范

操作 MultiFLEX™2-AVR 控制器时，需要对其各种输入、输出接口的电气规范心中有数，错误的操作可能会导致危险。例如给充电口接上 12V 的电压可能会让整个控制器冒烟。MultiFLEX™2-AVR 控制器的部分电气规范见表 27.1。

表 27.1　MultiFLEX™2-AVR 控制器的电气规范

项　目	数　据	说　明
电池电压	6.5～8.4V	内置两节锂聚合物充电电池，标称电压 7.4V
充电电压		内置充电器，充电过程自动调节电压
外接电源	12V	外接直流稳压电源，电压 12V，电流 0～5A
保护电流	6～8A	超过后自动切断，约 10s 后才能再次工作
IO 电平		低电平<GND+1.5V；高电平>VCC-1.5V
RS232 接口		TX/RX/GND 三线制
数字量输入输出	12 个	GND/VCC/SIG 三线制
模拟量输入	8 个	GND/VCC/SIG 三线制，10 位精度
数字舵机接口	8 个	GND/VCC/SIG 三线制，理论可连接 255 个

续表

项　目	数　据	说　明
数字舵机接口	8 个	GND/VCC/SIG 三线制，理论可连接 255 个，由于供电能力的限制，建议控制在 30 个之内
R/C 舵机接口	8 个	GND/VCC/SIG 三线制
ISP 功能		GND/RST/MOSI/MISO/SCK 五线制

27.1.3 电池和直流电源

MultiFLEX™2-PXA270 控制器和 MultiFLEX™2-AVR 控制器内置一组 7.4V 的锂离子电池，一般情况下使用电池供电。电池电量不足的情况下，可以使用直流稳压电源给控制器供电。

在电池的使用过程中需要注意以下几点。

① 电池输出电压会随着电池电量的下降而下降，充满电时电池电压约为 8.4V，使用过程中可能会降低到 6.5V。

② 电池电压过低时（低于 6.5V），控制器电源指示灯会以 2s 的周期闪烁，蜂鸣器会发出短促的鸣叫。这时要切断电源，给电池充电，继续使用会使电池过度放电，造成永久性损伤。也可以选择使用外接直流稳压电源为控制器供电。

③ 充电器和电池已经内置到控制器里面，不要自行拆卸。如果需要更大容量的电池，请在确认电池符合要求（额定电压 6.5～8.4V）后，将电池直接连接到用于连接外接直流稳压电源的圆形插座上，而不是替换原装电池。

创意之星配置了一个直流稳压电源，电源的输出为 12V/5A，峰值电流可达 8A。直流稳压电源使用过程中，需要注意以下情况。

① 电源的正常输出能力是 12V/5A，峰值可达到 8A，但是长时间工作在 5A 以上会导致电源过热，缩短电源使用寿命。

② 如果使用外置电源时，要保证电源输出电压是在 12V。

③ 欠压报警症状是蜂鸣器短促鸣叫，控制器电源指示灯以 2s 的时间间隔闪烁。过压报警症状是蜂鸣器短促鸣叫，控制器电源指示灯以 200ms 的时间间隔闪烁。

27.2 NorthStar 工程建立及修改

27.2.1 工程的建立

打开 NorthSTAR 软件，在文件菜单下选择新建选项，弹出工程设置对话框，在控制器选项组合框中，选择目标控制器为 MultiFLEX™2-AVR，在构型选项组合框中选择自定义，如图 27.2 所示。

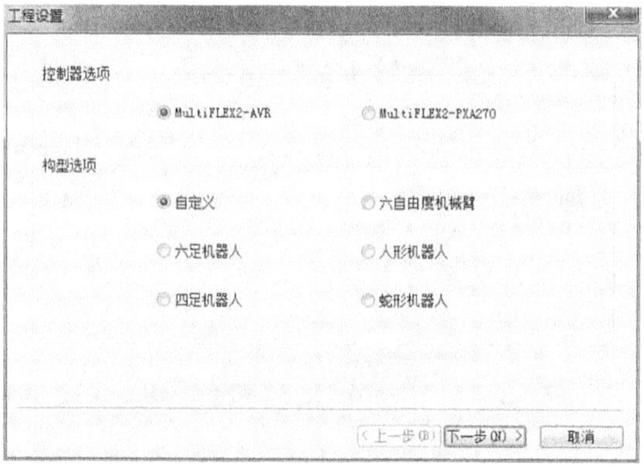

图 27.2　选择控制器与构型

单击下一步按钮，根据实际需求设置当前构件的舵机个数，在当前构型的舵机列表中，合理设置舵机的 ID 和模式（Mode），如图 27.3 所示。

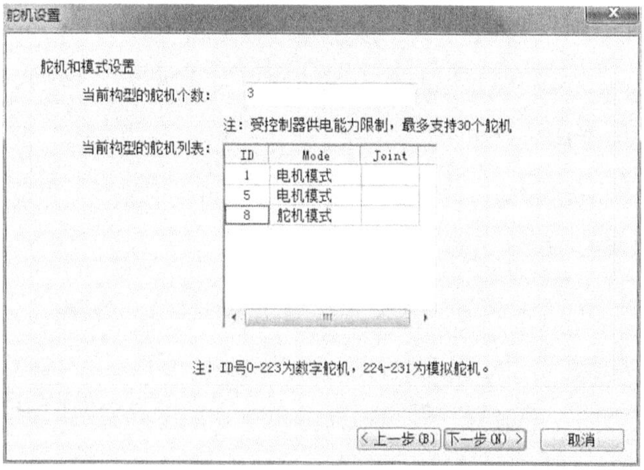

图 27.3　舵机设置界面

ID 和模式的设置均为用鼠标双击对应的表格，ID 为直接修改，模式双击时会在电机模式和舵机模式之间变换。

需要注意的是，这里的舵机 ID 要与实际的舵机 ID 相一致，否则在“（4）利用舵机模块进行舵机测试”时，无法查询到舵机的信息。

单击下一步按钮，进入 AD 设置界面，如图 27.4 所示，设置所需的 AD 模拟传感器数量以及通道，设置过程与舵机设置类似。

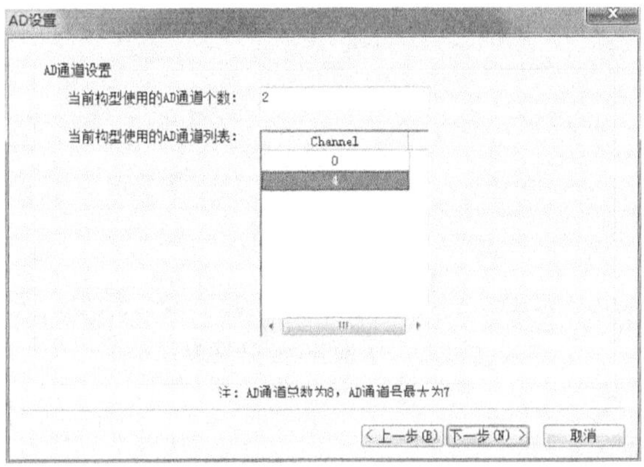

图 27.4　AD 设置界面

单击下一步按钮到达最后一项设置——IO 设置，设置界面如图 27.5 所示，设置过程与舵机设置过程完全一样。

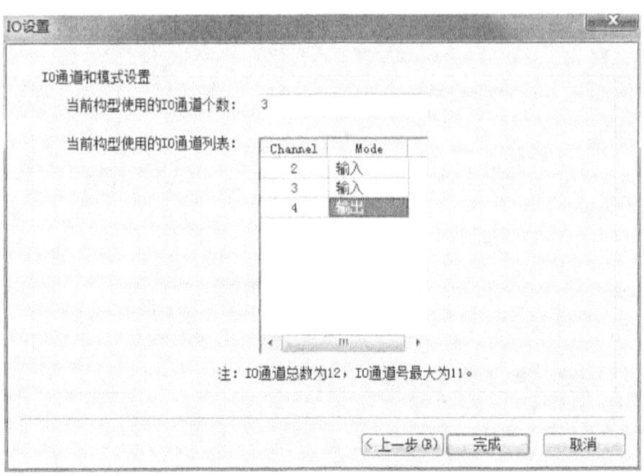

图 27.5　IO 设置界面

最后，单击完成按钮，整个工程设置完成，随后出现的软件界面与 Crater 相似，如图 27.6 所示。

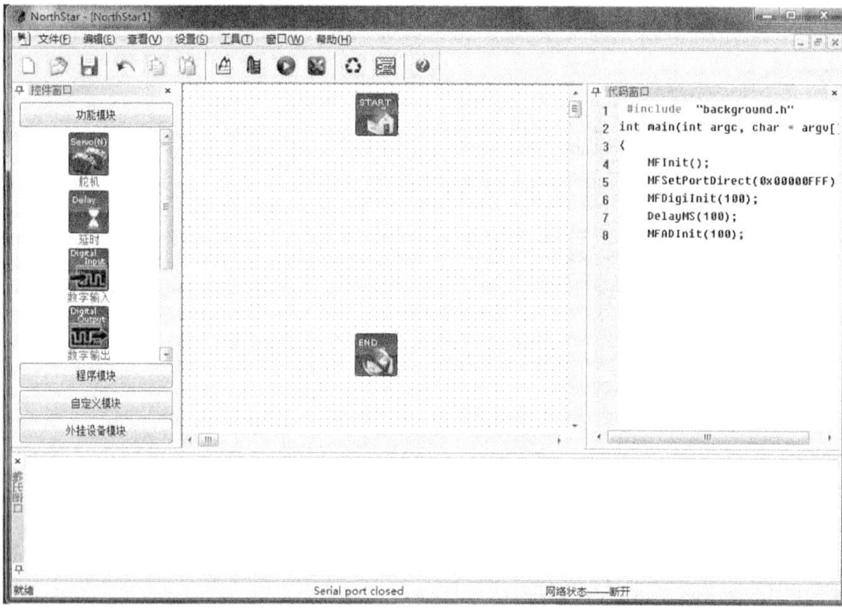

图 27.6　NorthStar 开发界面

27.2.2　工程的修改

由于功能的增加等原因，原始的工程设置参数不能满足设计要求，这时需要对工程设置参数进行修改。可以通过工具栏的设置图标，以及设置菜单下的工程设置选项重新设置工程参数，选择不同的标签页面对相应的参数进行设置，如图 27.7 所示。

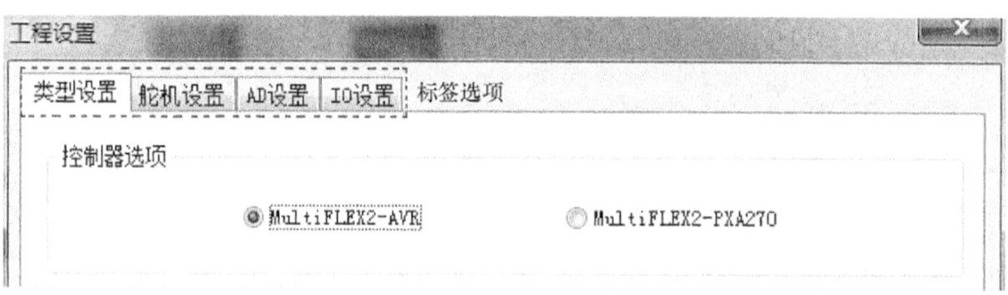

图 27.7　工程设置

27.3　NorthStar 控件使用说明

27.3.1　控件的连接与断开

NorthStar 的控件图标作用与 Crater 的控件相同或相似，使用控件编写图形化程序的过程也相似。单击一个控件时，会出现该控件的连接引脚，不同的控件引脚数量不同，在控件上端的为输入引脚，下端的为输出引脚，如图 27.8 所示。

图 27.8 控件的连接引脚类型

控件通过引脚相互连接，连接时需要将鼠标指针移到上一控件的输出引脚，并按住鼠标左键拖动至下一控件的输入引脚，松开鼠标左键，出现连线，至此两个控件的连接完成，整个过程如图 27.9 所示。

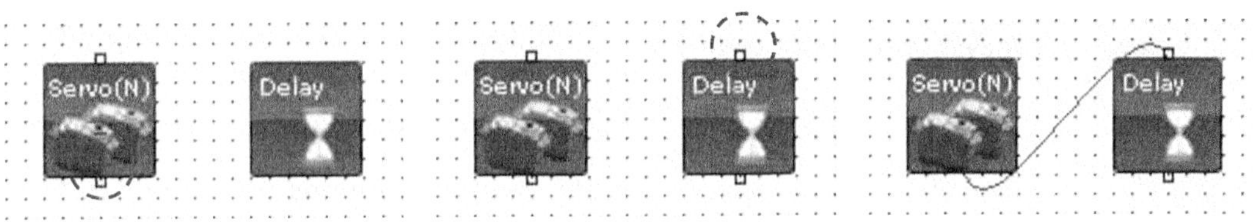

(a) 选中输出引脚 (b) 拖动至输入引脚 (c) 连线完成

图 27.9 控件之间的连线

控件的断开需要在控件属性中实现，与 crater 一样，双击编程界面中的控件图标，可以打开该控件的属性界面，在底部后出现如图 27.10 的引脚组合框，不同的控件出现的按钮数量不一样，按下相应的断开引脚按钮，即可断开与该引脚相连的连线。

图 27.10 引脚组合框

27.3.2 主要控件的设置

本节主要介绍 Servo 舵机控件、输入控件和 Switch 分支控件的属性设置，关于视频和语音控件不作叙述，可以参考其他资料。

（1）Servo 舵机控件

与 crater 软件不一样，在 NorthStar 的舵机控件中，只要有一个舵机需要设置，则需要对所有舵机都进行设置，如图 27.11 所示。

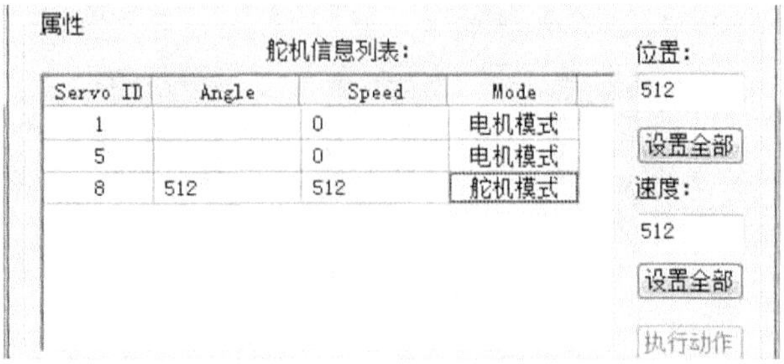

图 27.11　舵机控件属性设置

舵机模式下，设置 Angle 角度属性，电机模式则设置 Speed 速度属性。

（2）模拟输入和数字输入控件

这两个控件的设置一样，在属性界面上需要设置通道号和通道号对应的变量，变量负责获取该通道的数值，如图 27.12 所示。当前通道数值可以直接书写，也可以从下拉列表中获取。

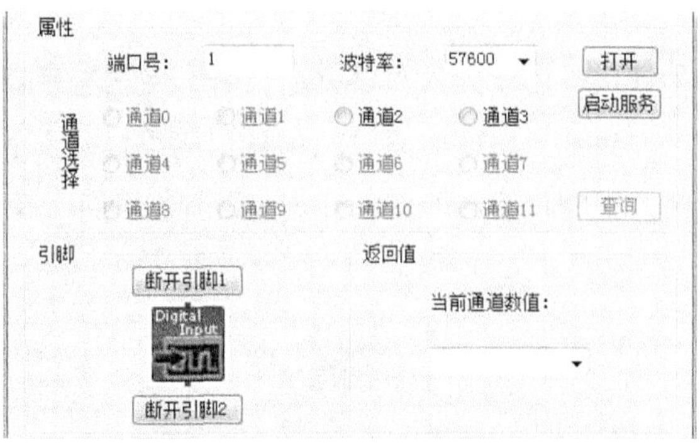

图 27.12　输入控件的属性设置

（3）Switch 分支控件

NorthStar 的 Switch 分支控件只具有 4 个分支，其中最右边的分支为默认分支，在前 3 个分支都不成立的情况下执行。如图 27.13 所示，判断条件可以手写或从下拉列表中选择，case 1～case 3 表示前 3 个分支的取值，只能为常量表达式。

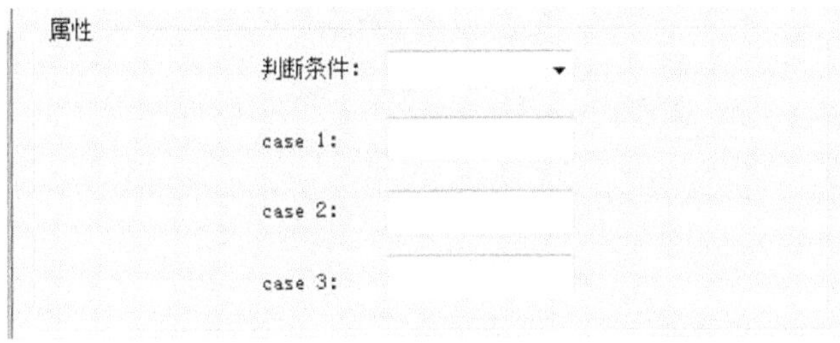

图 27.13 Switch 分支控件设置界面

27.3.3 程序编译和下载

编写完程序后，在工具栏找到图 27.14 所示的编译下载工具栏，从左至右的图标依次为编译、下载、运行和终止。

图 27.14 编译下载工具栏

程序编译成功后，通过调试器给控制器下载程序，首先进行硬件连接，如图 27.14 所示。然后将将调试器设为 AVRISP 模式，把调试器的 USB 线接到 PC 机上，将 5 针杜邦头接到控制器左侧的 M128_ISP 插针上，杜邦头有“△”号的为 GND 针脚，注意线的 GND 针脚和控制板的 GND 针脚对应。最后，给控制器上电，按下软件的下载按钮，即可实现程序的下载。

27.4 舵机与传感器的调试

舵机除了在专用软件上进行调试外，还可以在 NorthStar 软件中调试，同时，NorthStar 软件还可以进行调试。

调试时，需要将下载线的 3 针接口接到控制器的 RS232 接口上，注意 3 针线的 GND 小三角与控制器上的小三角对应，同时调试器设置为 RS232 模式。

27.4.1 利用菜单选项对舵机进行测试

从“工具”菜单选择“调试舵机”，弹出调试舵机界面，如图 27.15 所示。

设置好端口号，单击打开按钮，如果设置与接线正确，则设备连接成功后，灰色部分变为可用，在正确设置舵机 ID 并按下启动服务按钮，可以完成以下功能。

① 查询舵机现在的角度位置：单击“查询”按钮，可以查询现在舵机的角度，并且会根据角度的变化而进行实时修正更新。

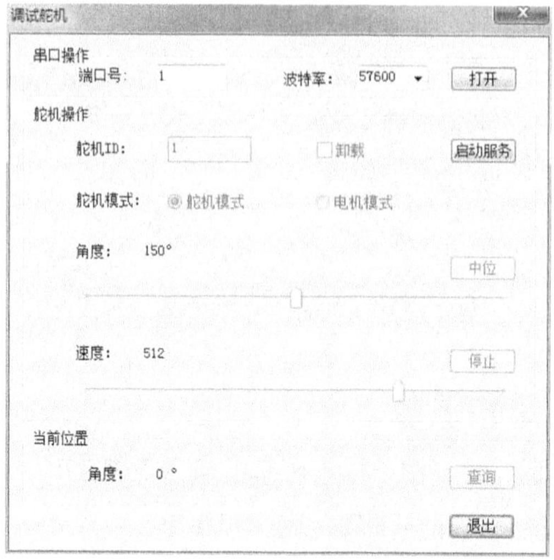

图 27.15　调试舵机界面

② 以舵机模式调试：将舵机设置为“舵机模式”，拉动“角度”下面的滑动块，可以实时改变舵机的角度，用来测试舵机的角度转动功能是否正常，单击“中位”按钮，可以将角度设置为舵机转动角度范围的中间值，即 150°。

③ 以电机模式调试：将舵机设置为“电机模式”，拉动“速度”下面的滑块，可以实时改变舵机的转动速度，用来测试舵机的转动及转动速度功能是否正常，按“停止”按钮，可以将舵机的转动速度设置为 0。

27.4.2　利用舵机控件对舵机进行测试

向流程图中拖曳一个舵机控件，双击控件进入属性页（见图 27.16）。设置好端口号，单击打开按钮，在舵机信息列表中选择某个舵机的 ID（见图 27.17），则可以在图 27.18 的界面上进行舵机的测试操作。也可以在图 27.17 右侧的“设置全部”中对所有舵机进行速度或位置的设置。

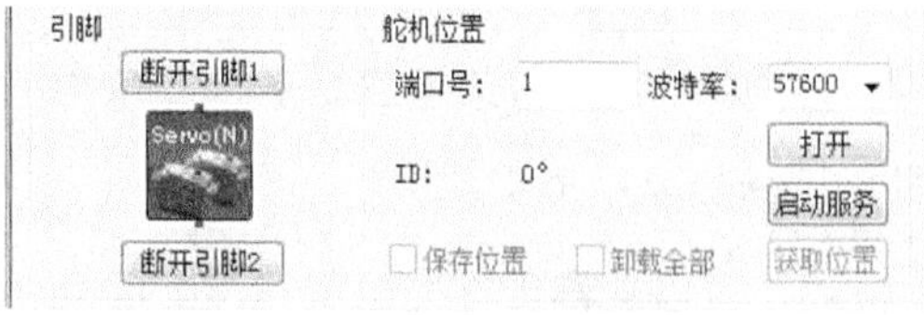

图 27.16　舵机连接

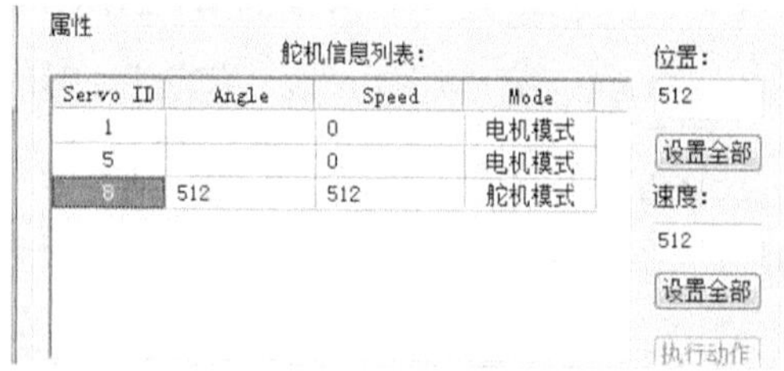

图 27.17　选中需要调试的舵机 ID

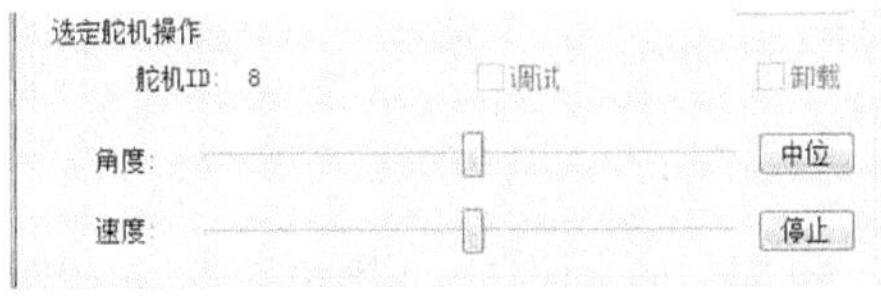

图 27.18　舵机调试界面

27.4.3　利用菜单选项对传感器进行测试

从“工具”菜单选择传感器查询选项（见图 27.19），弹出传感器查询界面，如图 27.20 所示。除了开关量，AD 模拟量、超声波数据也都可以在该界面进行查询。

图 27.19　“查询传感器”选项

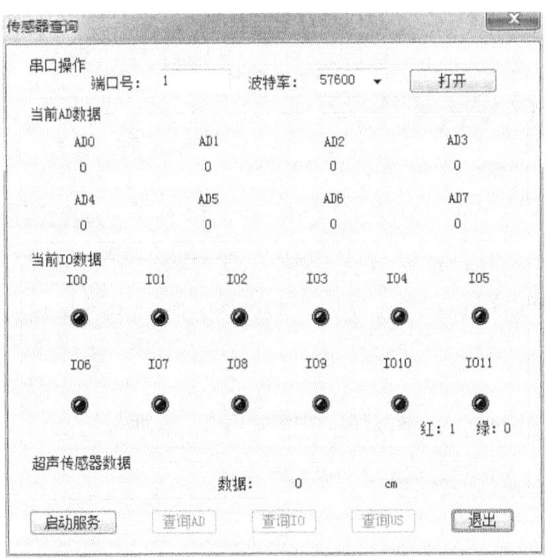

图 27.20　传感器查询界面

正确设置端口号，然后单击打开按钮，如果连接与设置正确，这时底部的“启动服务”“查询 AD”“查询 IO”“查询 US”4 个按钮可用。

单击“启动服务”按钮，将实时查询程序下载至控制器，如果下载成功，则可以单击相应的查询按钮查询插在其上的传感器的状态。

在“当前 IO 数据”组合框中有指示灯，红色代表未连接光电开关或光电开关检测到障碍物，绿色代表没有检测到障碍物。

在“当前 AD 数据”组合框中，对应 AD 号下的数值表示模拟传感器检测到的数值，其取值与 crater 中一致。

27.4.4　利用控件对传感器进行测试

利用控件对传感器的调试，方法与采用传感器查询界面一样，在控件的属性界面上（见图 27.21），设置端口号，依次按下打开、启动服务按钮，成功后，按下查询按钮则会显示采集到的数值或高低电平状态。

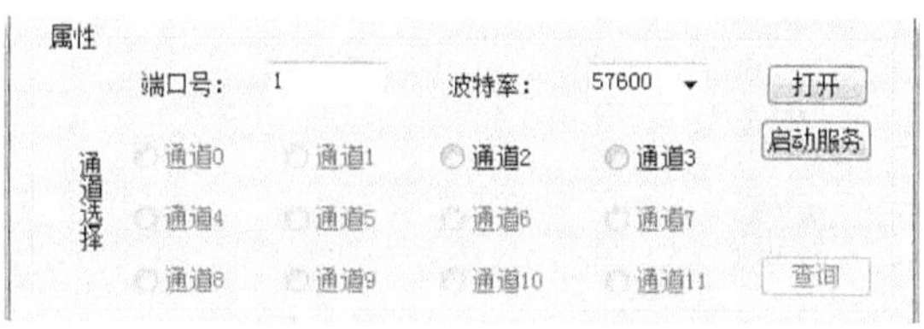

图 27.21　控件调试界面

27.5　关于直接 C 语言开发

需要注意的是，软件的图形化编程与 C 语言编程不能同时使用。因为图形化编程在图形数量、连接等发生变化时，会自动按照图形化的连接图进行 C 语言代码的刷新，但是 C 语言代码的编写并不会刷新图形化界面，如果一开始就采用 C 语言的编写方式，那么就不会有图形化连接图的产生。

在代码编写时，建议简单流程可以采用图形化界面进行开发。在功能复杂时，由于图形化编写本身的限制，建议用 C 语言直接开发。

第28章 避障机器人的实现

对于机器人的搭建，本模块内不再给出，可根据之前的搭建方式进行一些修改后，自行搭建。

28.1 轮式小车直行运动控制

本节内容对应第 5 章，机器人搭建过程与工作流程可以参考第 5 章的相关内容，这里不再详叙,只对工作或编程流程进行简单叙述。

工程设置：舵机数量为 4，模式为电机模式。

完整的图形化程序可参考图 28.1，简略编程流程如下。

① 增加 1 个舵机和 1 个延时控件，根据前进要求设置各个轮子的速度，延时控件设置延时时间为 3000ms，如图 28.1（a）所示。

② 增加 1 个舵机和 1 个延时控件，根据后退要求设置各个轮子速度，延时控件设置延时时间为 3000ms，如图 28.1（b）所示。

③ 根据①②再另外设置另两个速度的前进与后退，完成整个图形化程序设计，如图 28.1（c）所示。

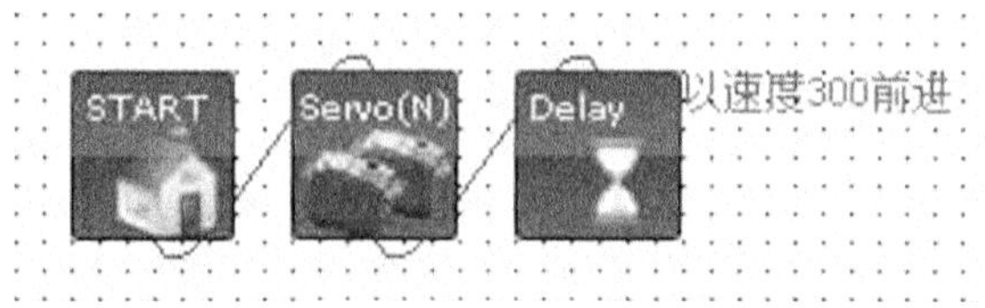

(a) 以速度 300 直行

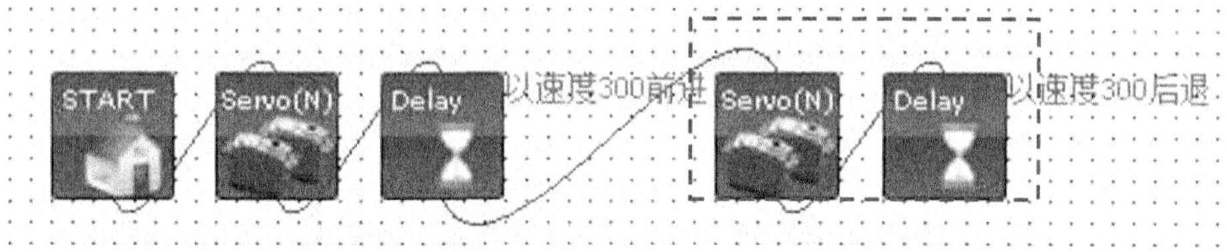

(b) 以速度 300 运动

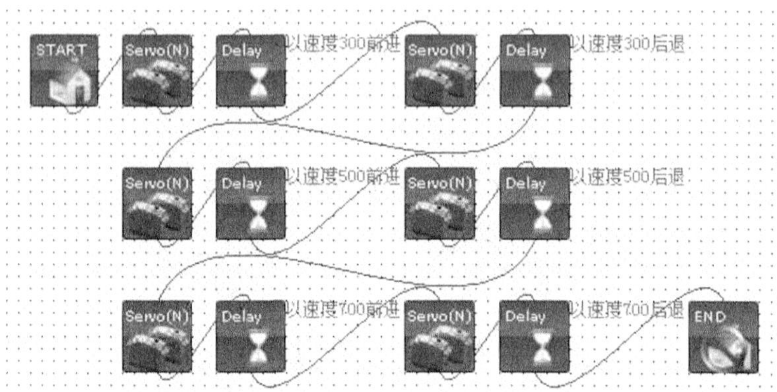

(c) 速度 500 与 700 的运动及完整图形化程序

图 28.1　直行运动图形化程序编写流程

28.2　轮式机器人运动轨迹控制

本节内容对应第 6 章，机器人搭建过程与工作流程可以参考第 6 章的相关内容，这里不再详叙，只对工作或编程流程进行简单叙述。

工程设置：舵机数量为 4，模式为电机模式。

图形化程序中参数设置与第 6 章相同，完整的图形化程序可参考图 28.2，简略编程流程如下。

① 增加一个舵机和一个延时控件，根据前进要求设置各个轮子速度，如图 28.2（a）所示。

② 增加一个舵机和一个延时控件，根据自转要求设置各个轮子速度，完成一个边长的运动，如图 28.2（b）所示。

③ 根据①②再设置其他 3 个边长的运动，如图 28.2（c）所示。

④ 增加一个舵机和一个延时控件，按照自转原理调整圆运动的朝向角度。

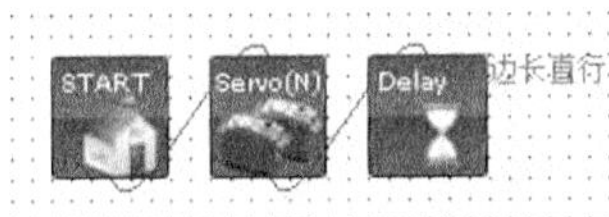

(a) 沿边长直行

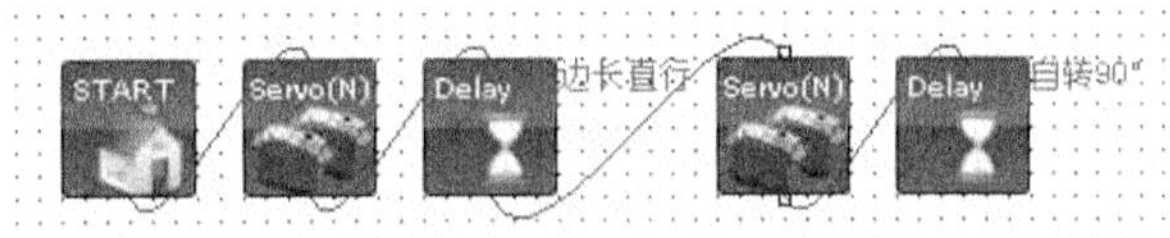

(b) 直行加自转

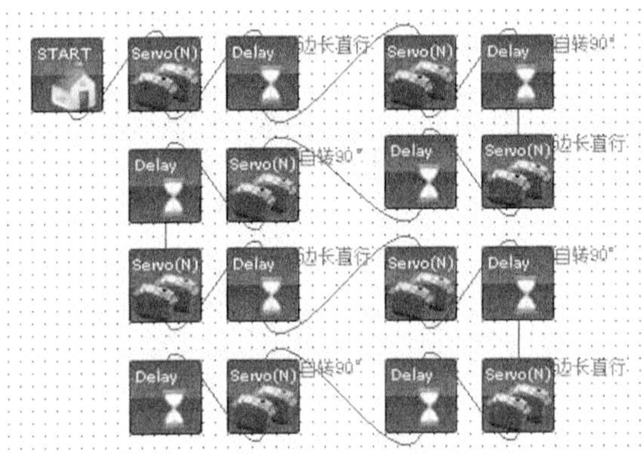

(c) 矩形轨迹运动

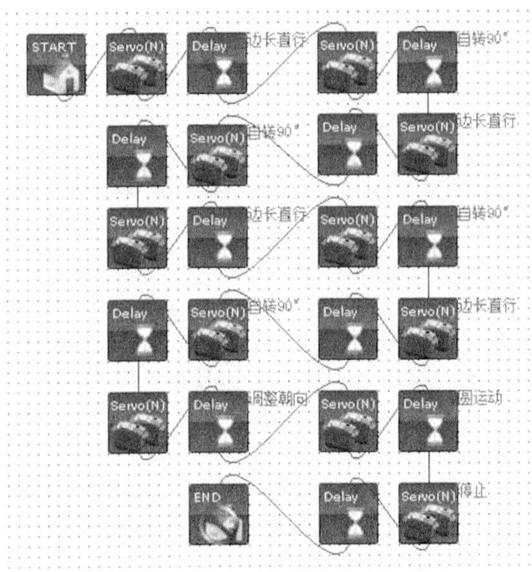

(d) 圆运动及完整图形化程序

图 28.2 正方形与圆弧运动轨迹图形化程序编写流程

⑤ 增加一个舵机和一个延时控件，按照圆运动的要求设置各个轮子速度。

⑥ 增加一个舵机和一个延时控件，恢复机器人的朝向，完成整个图形化程序设计，如图 28.2（d）所示。

需要注意的是，各个延时控件的延时时间应根据实际效果进行设置。

28.3　简易扫描跟踪平台

本节内容对应第 7 章，机器人搭建过程与工作流程可以参考第 7 章的相关内容，这里不再详叙,只对工作或编程流程进行简单叙述。

工程设置：舵机数量为 1，模式为电机模式，IO 数量为 2。

图形化程序中参数设置与第 7 章相同，完整的图形化程序可参考图 28.3，简略编程流程如下。

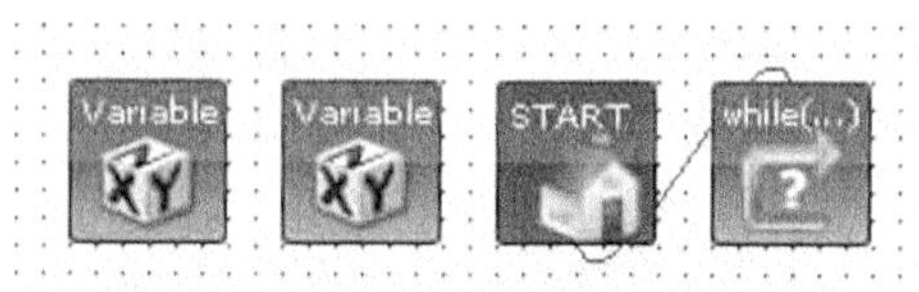

(a) 设置变量与无限循环

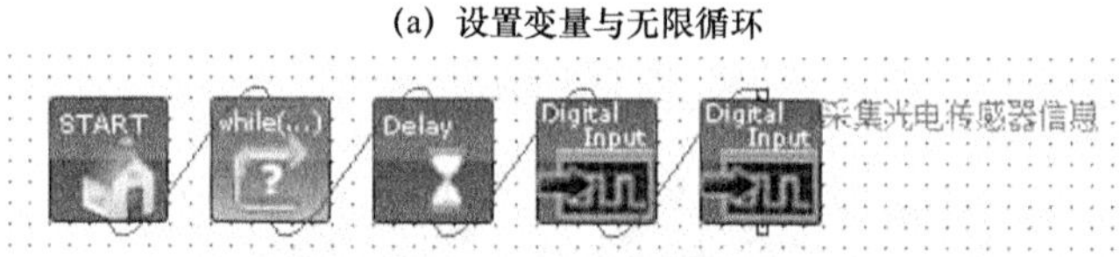

(b) 光电传感器信息采集

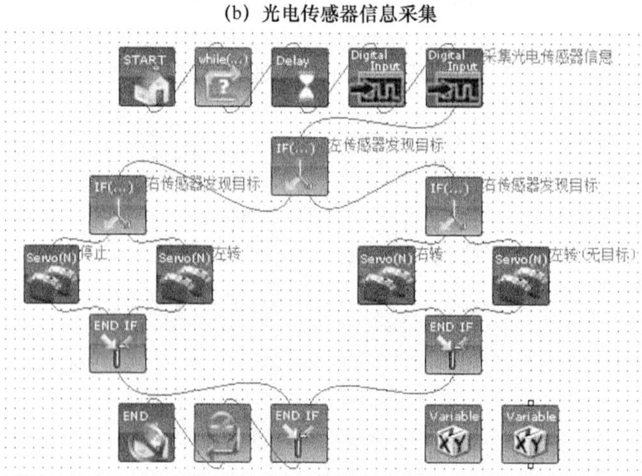

(c) 转动处理及完成图形化程序

图 28.3　简易扫描跟踪平台图形化程序编写流程

① 添加 while 循环控件，实现无限循环，添加 2 个变量控件用于连接光电传感器的输入数据，如图 28.3（a）所示；

② 添加 Delay 控件，设置循环控制周期，并设置实时获取光电传感器信息，如图 28.3（b）所示；

③ 利用 3 个 IF 控件，根据光电传感器数据，设置舵机的转动，结束循环内的编程，完成整个图形化程序设计，如图 28.3（c）所示。

需要注意的是，各个延时控件的延时时间应根据实际效果进行设置。

28.4　避障机器人

本节内容对应第 8 章，机器人搭建过程与工作流程可以参考第 8 章的相关内容，这里不再详述，只对工作或编程流程进行简单叙述。

工程设置：舵机数量为 4，模式为电机模式，IO 数量为 4。

图形化程序中参数设置与第 8 章相同，完整的图形化程序可参考图 28.4，简略编程流程如下。

① 添加 4 个变量控件用于连接光电传感器的输入数据，添加 while 循环控件，实现无限循环，设置循环控制周期，并设置实时获取光电传感器信息，如图 28.4（a）所示。

② 利用 9 个 IF 控件，构建一个 4 层的分支结构，用来处理机器人的运动，结束循环内的编程，完成整个图形化程序设计，如图 28.4（b）所示。

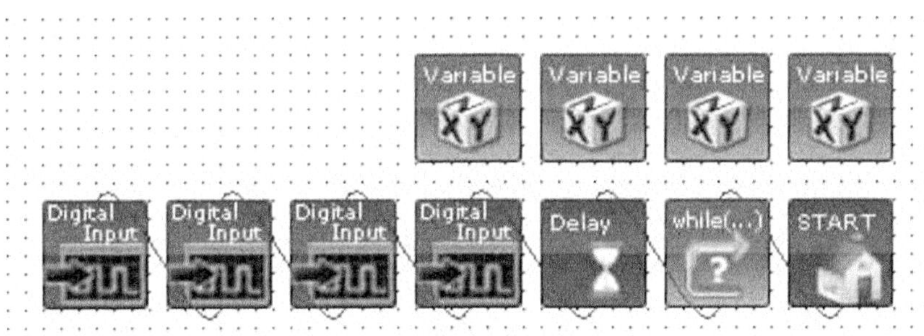

(a) 获取传感器信息

图 28.4　避障机器人图形化程序编写流程

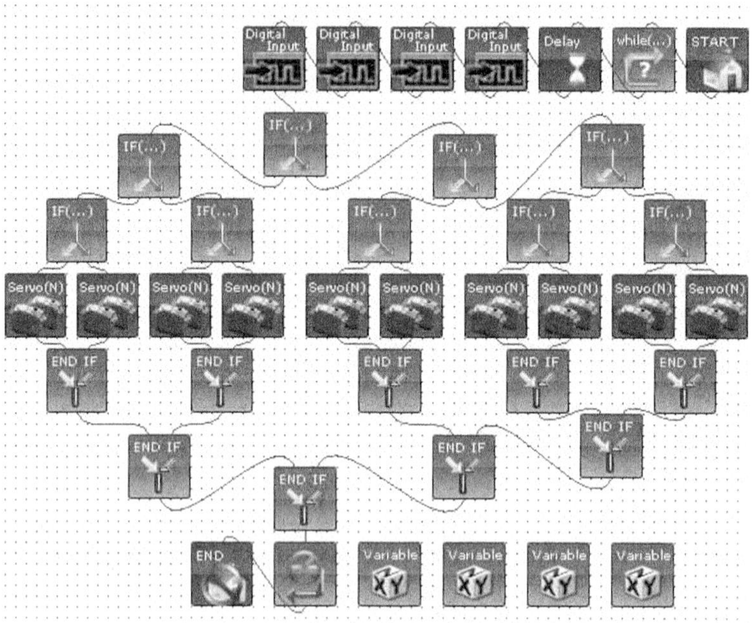

(b) 避障处理及完整图形化程序

图 28.4　避障机器人图形化程序编写流程（续）

第29章 除障机器人的实现

29.1 多关节机械手运动控制

本节内容对应第 10 章，机器人搭建过程与工作流程可以参考第 10 章的相关内容，这里不再详叙。

工程设置：舵机数量为 3，模式为舵机模式。

图形化程序中参数设置与第 10 章相同，完整的图形化程序可参考图 29.1。由于这是一个顺序处理的流程，本节不给出简略工作流程。

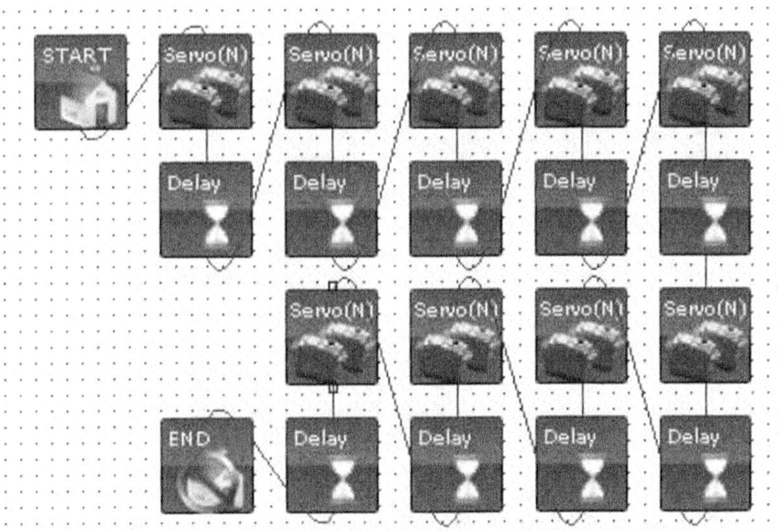

图 29.1　多关节机械手图形化程序

29.2　基于红外测距的跟随小车

本节内容对应第 11 章，机器人搭建过程与工作流程可以参考第 11 章的相关内容，这里不再详叙，只对工作或编程流程进行简单叙述。

工程设置：舵机数量为 4，模式为电机模式，AD 数量为 1。

图形化程序中参数设置与第 11 章相同，完整的图形化程序可参考图 29.2，简略编程流程如下。

① 添加一个变量控件用于连接红外测距传感器的输入数据，添加 while 循环控件，实现无限循环，如图 29.2（a）所示。

② 根据红外测距传感器的数据对机器人的运动进行处理，结束循环内的编程，完成整个图形化程序设计，如图 29.2（b）所示。

(a) 循环与周期设置及模拟信号采集

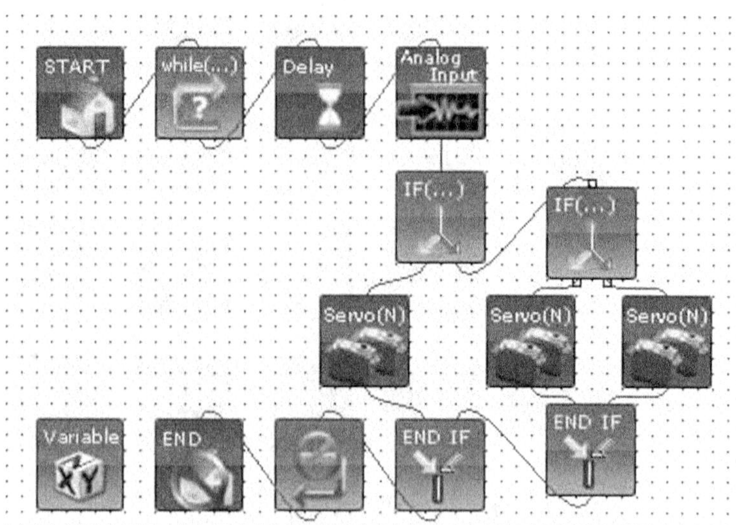

(b) 转动处理及完整图形化程序

图 29.2　基于红外测距的跟随小车图形化程序编写流程

29.3 简易雷达扫描平台

本节内容对应第 12 章，机器人搭建过程与工作流程可以参考第 12 章的相关内容，这里不再详叙，只对工作或编程流程进行简单叙述。

工程设置：舵机数量为 1，模式为舵机模式，IO 数量为 2。

图形化程序中参数设置与第 12 章相同，完整的图形化程序可参考图 29.3，简略编程流程如下。

① 添加 4 个变量控件，分别代表两个光电传感器、转动角度间距、转动方向；添加 3 个运算控件，分别给转动角度间距和转动方向赋初值，并让舵机转动到中间位置，如图 29.3（a）所示。

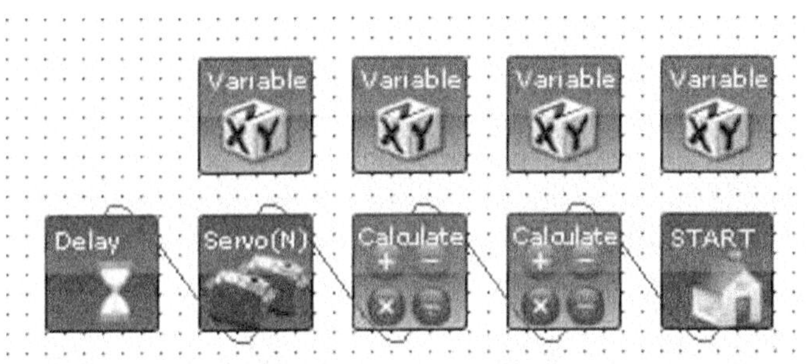

(a) 初始化设置

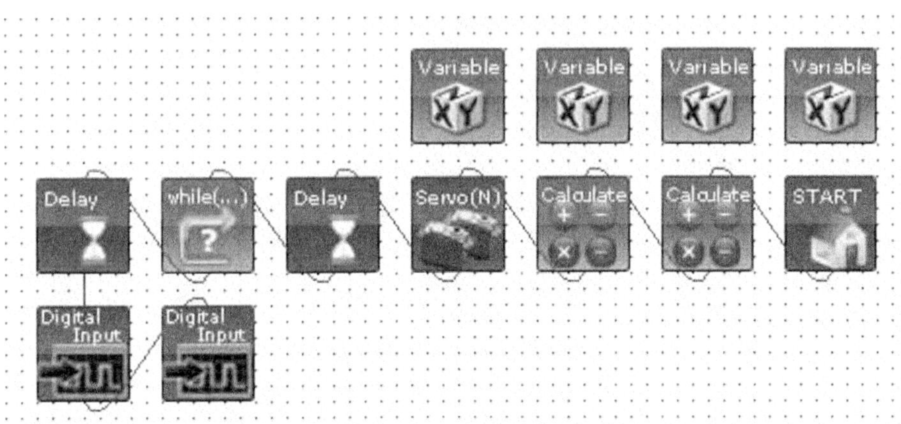

(b) 设置循环与周期以及获取传感器信息

图 29.3 基于红外测距的跟随小车图形化程序编写流程

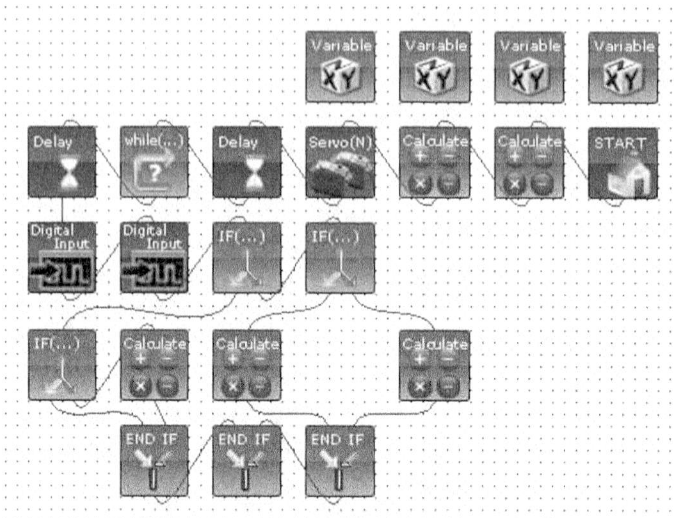

(c) 根据传感器信息设置下一个转动角度

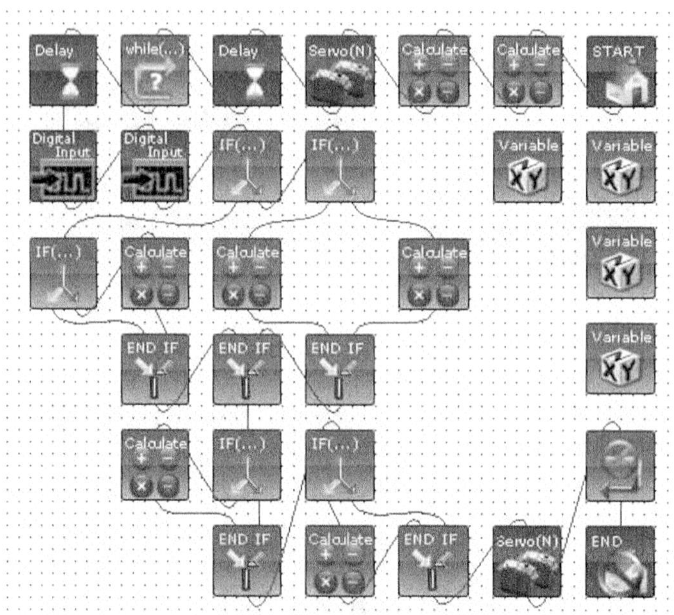

(d) 越界判断及完整图形化程序

图 29.3　基于红外测距的跟随小车图形化程序编写流程（续）

② 构建 while 无限循环，设置循环周期和获取传感器信息，如图 29.3（b）所示。

③ 根据传感器信息确定下一次转动角度，如图 29.3（c）所示。

④ 判断下一次转动角度是否越界并进行相应处理，结束循环内的编程，完成整个图形化

程序设计，如图 29.3（d）所示。

29.4　搬运机器人

本节内容对应第 13 章，机器人搭建过程与工作流程可以参考第 13 章的相关内容，，这里不再详叙，只对工作或编程流程进行简单叙述。

工程设置：舵机数量为 7，模式为舵机模式，IO 数量为 2。

图形化程序中参数设置与第 13 章相同，完整的图形化程序可参考图 29.4，简略编程流程如下。

① 添加 3 个变量控件，分别代表 2 个光电传感器和抓取转动角度，设置舵机转动，使机器人复位，构建无限循环，设置循环周期和获取传感器信息，如图 29.4（a）所示。

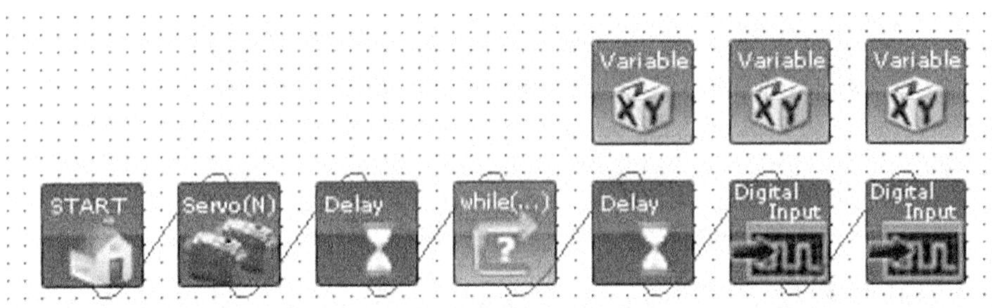

（a）初始化设置

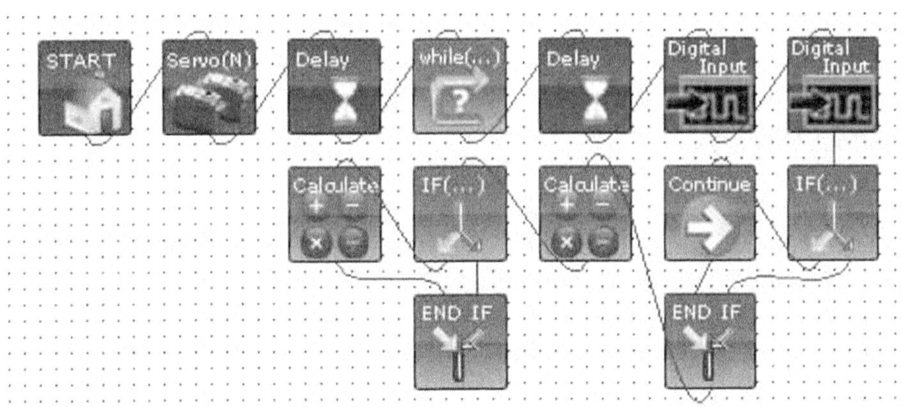

（b）根据传感器信息设置初始复位角度

图 29.4　搬运机器人图形化程序编写流程

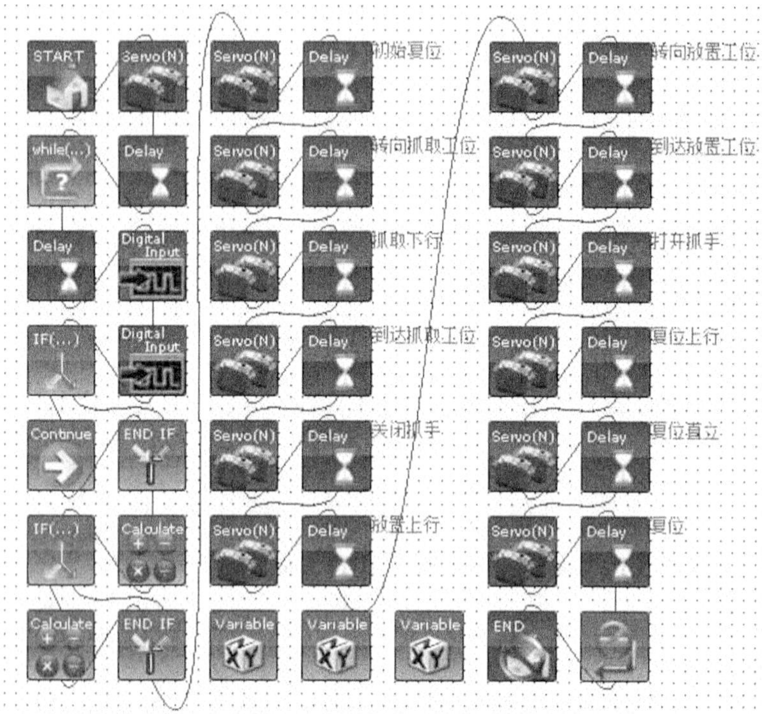

(c) 抓取放置流程及完整图形化程序

图 29.4　搬运机器人图形化程序编写流程（续）

② 根据传感器信息判断是否需要处理以及抓取的转动角度，如图 29.4（b）所示。

③ 根据抓取与放置流程进行抓取和放置，结束循环内的编程，完成整个图形化程序设计，如图 29.3（c）所示。

29.5　除障机器人

本节内容对应第 14 章，机器人搭建过程与工作流程可以参考第 14 章的相关内容，这里不再详叙，只对工作或编程流程进行简单叙述。

工程设置：舵机数量为 10，4 个模式为电机模式，其余 6 个为舵机模式；IO 数量为 2，AD 数量为 1。

图形化程序中参数设置与第 14 章相同，完整的图形化程序可参考图 29.5，简略编程流程如下。

① 添加 3 个变量控件分别代表左右光电开关和红外测距传感器的状态和数值，构建无限循环，设置循环周期和获取传感器信息，如图 29.5（a）所示。

② 根据传感器信息判断是否障碍和调整抓取位置，如图 29.5（b）所示。

③ 实现抓取过程和复位，结束循环内的编程，完成整个图形化程序设计，如图 29.5（c）所示。

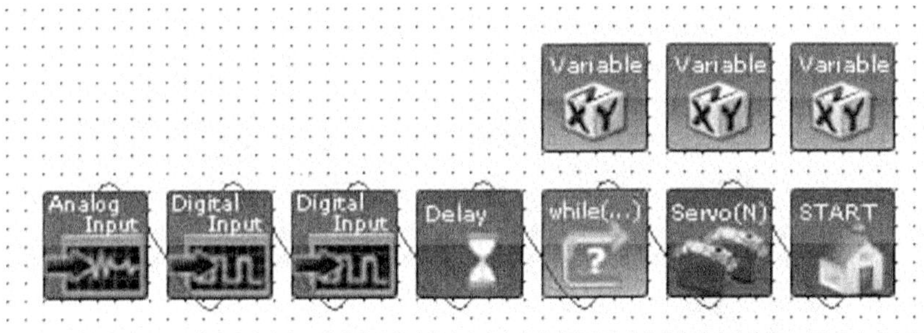

(a) 初始化设置

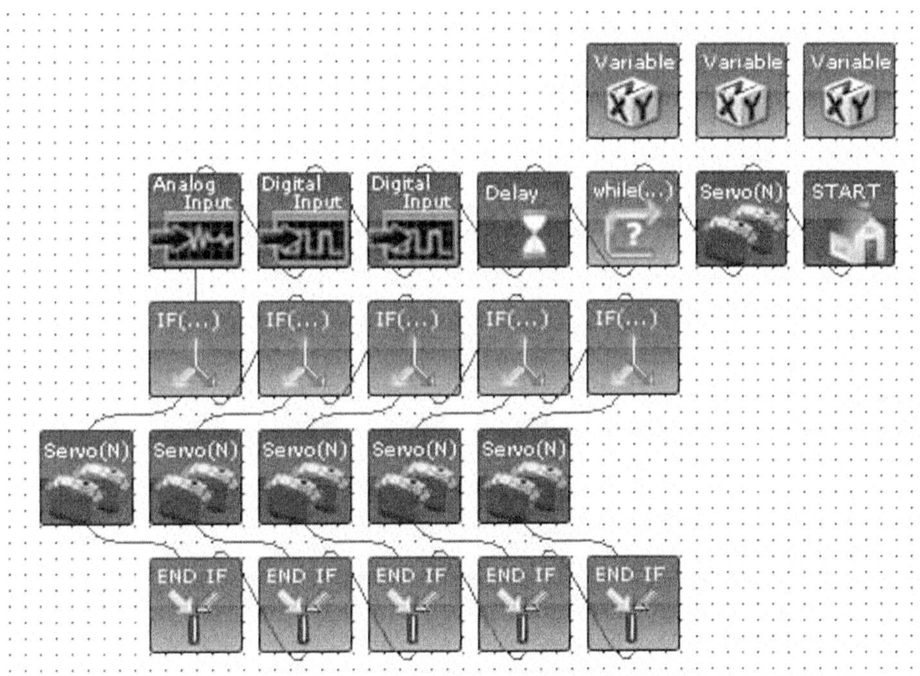

(b) 无目标及位置调整

图 29.5　除障机器人图形化程序编写流程

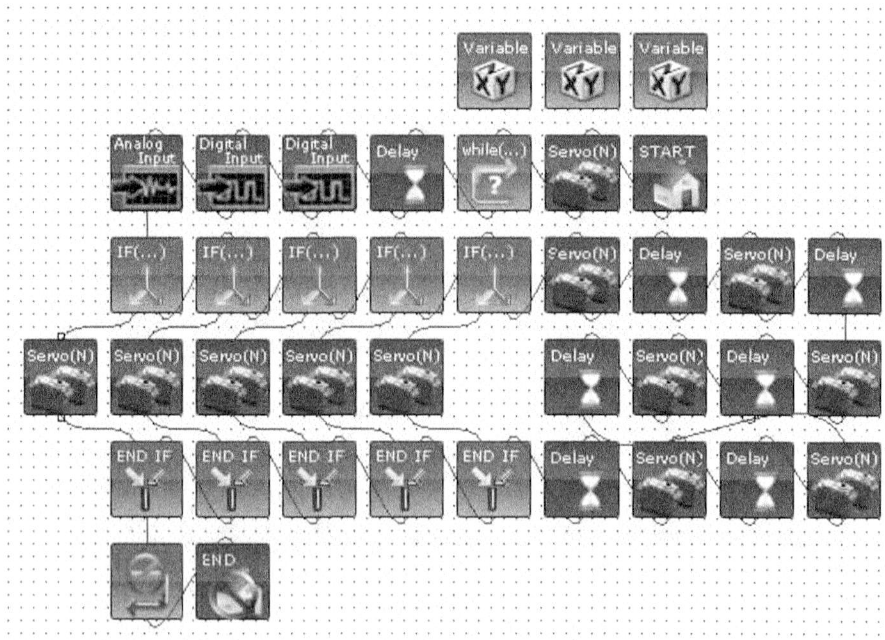

（c）除障处理及完整图形化程序

图 29.5　除障机器人图形化程序编写流程（续）

第30章 其他类型机器人的实现

30.1　三轮全向运动平台轨迹控制

本节内容对应第 16 章，机器人搭建过程与工作流程可以参考第 16 章的相关内容，这里不再详叙。

工程设置：舵机数量为 3，模式为电机模式。

图形化程序中参数设置与第 16 章相同。

完整的图形化程序可参考图 30.1。

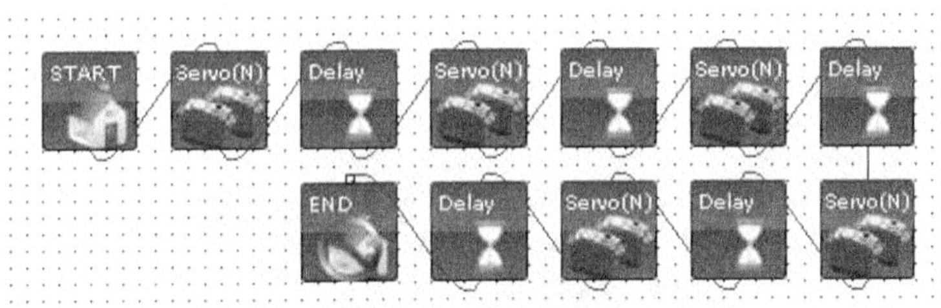

图 30.1　三轮全向运动图形化程序

30.2　四轮全向运动平台轨迹控制

本节内容对应第 17 章，机器人搭建过程与工作流程可以参考第 17 章的相关内容，这里不再详叙。

工程设置：舵机数量为 4，模式为电机模式。

图形化程序中参数设置与第 17 章相同。

完整的图形化程序可参考图 30.2。

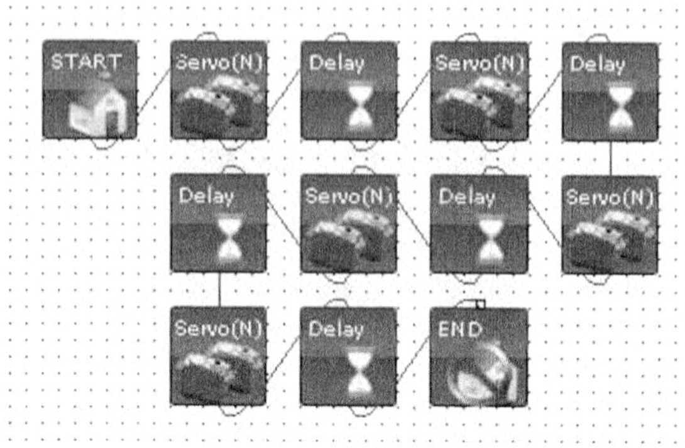

图 30.2　四轮全向运动图形化程序

30.3　四足爬行机器人

本节内容对应第 22 章，机器人搭建过程与工作流程可以参考第 22 章的相关内容，这里不再详叙,只对工作或编程流程进行简单叙述。

工程设置：舵机数量为 8，模式为舵机模式。

图形化程序中参数设置与第 22 章相同。

完整的图形化程序可参考图 30.3。

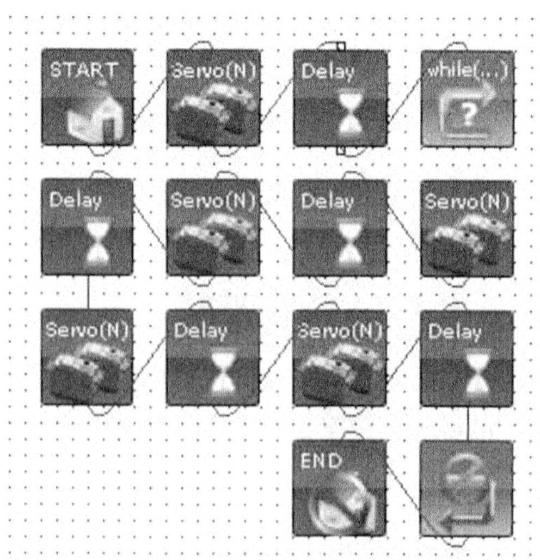

图 30.3　四足爬行机器人图形化程序

30.4 双足步行机器人

本节内容对应第 23 章，机器人搭建过程与工作流程可以参考第 23 章的相关内容，这里不再详叙。

工程设置：舵机数量为 10，模式为舵机模式。

图形化程序中参数设置与第 23 章相同。

完整的图形化程序可参考图 30.4。

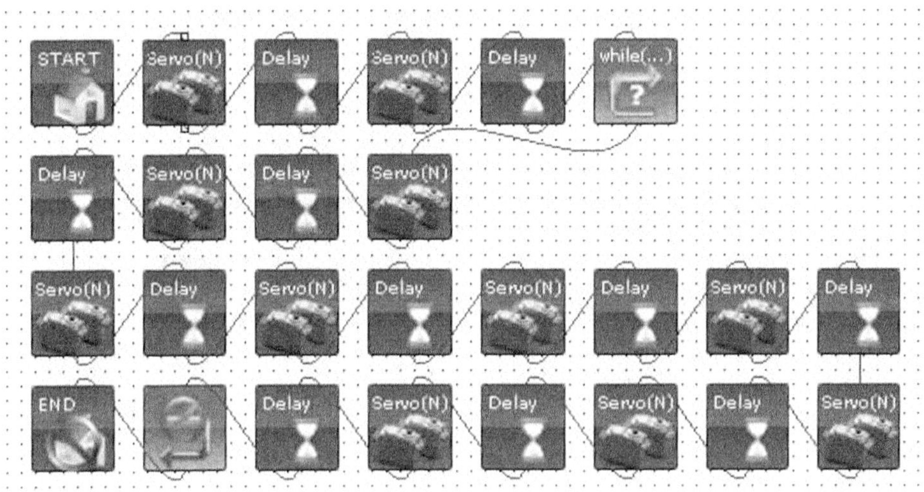

图 30.4 双足步行机器人图形化程序

30.5 循迹机器人

本节内容对应第 24 章，机器人搭建过程与工作流程可以参考第 24 章的相关内容，这里不再详叙,只对工作或编程流程进行简单叙述。

工程设置：舵机数量为 4，模式为电机模式，AD 数量为 3。

图形化程序中参数设置与第 24 章相同，完整的图形化程序可参考图 30.5，编程流程如下。

① 添加 4 个变量控件，分别代表分别代表 3 个灰度传感器信息和处理编号。

② 构建无限循环，设置循环周期和获取传感器信息。

③ 根据灰度传感器信息计算处理编号。

④ 根据处理编号利用 switch 控件分别处理。

⑤ 结束循环内的编程，完成整个图形化程序设计。

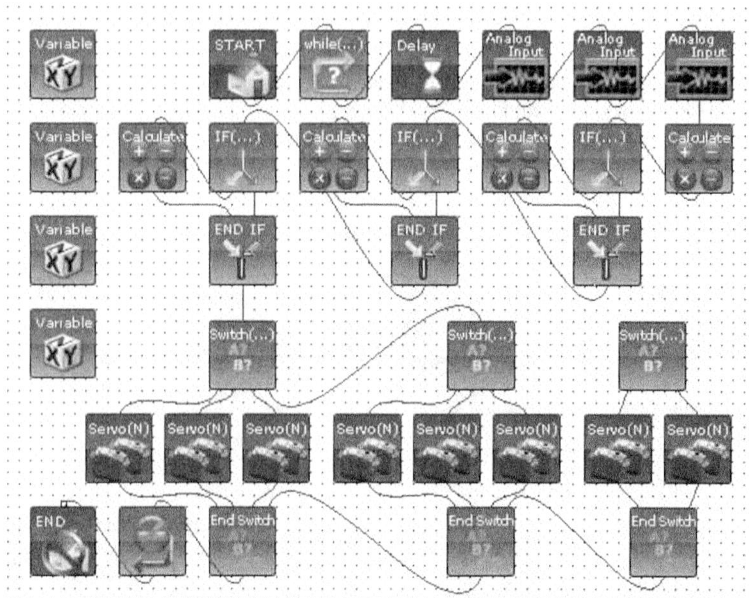

图 30.5　循迹机器人图形化程序

异步社区
人民邮电出版社
www.epubit.com.cn

欢迎来到异步社区！

异步社区的来历

异步社区（www.epubit.com.cn）是人民邮电出版社旗下 IT 专业图书旗舰社区，于 2015 年 8 月上线运营。

异步社区依托于人民邮电出版社 20 余年的 IT 专业优质出版资源和编辑策划团队，打造传统出版与电子出版和自出版结合、纸质书与电子书结合、传统印刷与 POD 按需印刷结合的出版平台，提供最新技术资讯，为作者和读者打造交流互动的平台。

社区里都有什么？

购买图书

我们出版的图书涵盖主流 IT 技术，在编程语言、Web 技术、数据科学等领域有众多经典畅销图书。社区现已上线图书 1000 余种，电子书 400 多种，部分新书实现纸书、电子书同步出版。我们还会定期发布新书书讯。

下载资源

社区内提供随书附赠的资源，如书中的案例或程序源代码。

另外，社区还提供了大量的免费电子书，只要注册成为社区用户就可以免费下载。

与作译者互动

很多图书的作译者已经入驻社区，您可以关注他们，咨询技术问题；可以阅读不断更新的技术文章，听作译者和编辑畅聊好书背后有趣的故事；还可以参与社区的作者访谈栏目，向您关注的作者提出采访题目。

灵活优惠的购书

您可以方便地下单购买纸质图书或电子图书，纸质图书直接从人民邮电出版社书库发货，电子书提供多种阅读格式。

对于重磅新书，社区提供预售和新书首发服务，用户可以第一时间买到心仪的新书。

用户帐户中的积分可以用于购书优惠。100 积分 =1 元，购买图书时，在 

里填入可使用的积分数值，即可扣减相应金额。

特别优惠

购买本书的读者专享异步社区购书优惠券。

使用方法：注册成为社区用户，在下单购书时输入 S4XC5 使用优惠码，然后点击“使用优惠码”，即可在原折扣基础上享受全单9折优惠。（订单满39元即可使用，本优惠券只可使用一次）

纸电图书组合购买

社区独家提供纸质图书和电子书组合购买方式，价格优惠，一次购买，多种阅读选择。

社区里还可以做什么？

提交勘误

您可以在图书页面下方提交勘误，每条勘误被确认后可以获得100积分。热心勘误的读者还有机会参与书稿的审校和翻译工作。

写作

社区提供基于 Markdown 的写作环境，喜欢写作的您可以在此一试身手，在社区里分享您的技术心得和读书体会，更可以体验自出版的乐趣，轻松实现出版的梦想。

如果成为社区认证作译者，还可以享受异步社区提供的作者专享特色服务。

会议活动早知道

您可以掌握 IT 圈的技术会议资讯，更有机会免费获赠大会门票。

加入异步

扫描任意二维码都能找到我们：

异步社区	微信服务号	微信订阅号	官方微博	QQ 群：436746675

社区网址：www.epubit.com.cn

投稿 & 咨询：contact@epubit.com.cn